机械电气控制与西门子PLC 应用详解

黄志坚 编著

化学工业出版社

·北京·

西门子 PLC 控制性能优异，在各行业机电控制中得到了十分广泛的应用。本书结合一系列实例，详细介绍了基于西门子 PLC 的机械电气控制系统设计方法与步骤，包括：控制系统的需求分析，选择 PLC 机型，系统硬件设计，系统软件设计等。全书共 5 章，第 1 章是概论，介绍西门子 PLC 的发展历程及应用情况；第 2 章与第 4 章分别介绍西门子 S7-200 系列与 S7-300/400 系列 PLC 的基础知识；第 3 章与第 5 章分别是西门子 S7-200 系列 PLC 与西门子 S7-300/400 系列 PLC 机电控制实例详解。

本书取材新颖、技术实用、案例典型，适合机械电气控制系统设计开发人员、西门子 PLC 应用人员阅读，本书也可作为高校相关专业师生的教学参考书。

图书在版编目（CIP）数据

机械电气控制与西门子 PLC 应用详解/黄志坚编著.
北京：化学工业出版社，2017.7
ISBN 978-7-122-29648-1

Ⅰ.①机… Ⅱ.①黄… Ⅲ.①工程机械-电气控制
②PLC 技术 Ⅳ.①TU6②TM571.61

中国版本图书馆 CIP 数据核字（2017）第 102245 号

责任编辑：曾 越 张兴辉 文字编辑：陈 喆
责任校对：宋 玮 装帧设计：王晓宇

出版发行：化学工业出版社（北京市东城区青年湖南街 13 号 邮政编码 100011）
印 刷：北京永鑫印刷有限责任公司
装 订：三河市宇新装订厂
787mm×1092mm 1/16 印张 15 字数 397 千字 2017 年 8 月北京第 1 版第 1 次印刷

购书咨询：010-64518888（传真：010-64519686） 售后服务：010-64518899
网 址：http://www.cip.com.cn
凡购买本书，如有缺损质量问题，本社销售中心负责调换。

定 价：79.00 元 版权所有 违者必究

德国西门子（SIEMENS）公司生产的可编程控制器（Programmable Logic Controller，PLC）在我国的应用相当广泛，在机械制造、冶金、化工、能源、起重运输等领域都有应用。

现代机械电气控制技术是精密机械、电力拖动、逻辑控制、微电子、电力电子、计算机、信息处理、网络传输、传感检测、过程控制、液压与气压传动、伺服传动及自动控制等多种技术相互交叉、渗透、融合而成的综合性技术。机电控制的共性相关技术一般归纳为检测传感技术、信息处理技术、自动控制技术、伺服传动技术及系统总体技术。

PLC以其灵活性强、使用方便、适应面广、可靠性高、运行速度高、抗干扰能力强、编程简单等特点，始终在机械电气控制，特别是顺序控制中占有重要的地位。西门子PLC控制性能优异，在各行业机电控制中得到了十分广泛的应用，主要包括：运动与位置控制、PLC过程控制、开关量的逻辑控制、工业生产过程中的模拟量控制、数据处理、集中控制与分布控制、通信及联网等。

本书结合一系列实例，详细介绍了基于西门子PLC的机械电气控制系统设计方法与步骤，包括：控制系统的需求分析，选择PLC机型，系统硬件设计，系统软件设计等。全书共5章：第1章是概论，主要介绍了西门子PLC的发展历程及应用情况；第2章与第4章分别介绍西门子S7-200系列与S7-300/400系列PLC的基础知识；第3章与第5章分别是西门子S7-200系列PLC与西门子S7-300/400系列PLC机电控制实例详解。

本书取材新颖，技术实用，案例涉及西门子PLC的机械电气控制多个应用领域，具有典型意义。本书主要供机械电气控制系统设计开发人员、西门子PLC应用人员阅读，也可作为高校相关专业师生的教学参考书。

编著者

CONTENTS

目 录

第1章
西门子PLC及应用基础

1.1 西门子 PLC 概述

德国西门子(SIEMENS)公司生产的可编程控制器（Programmable Logic Controller，PLC）在我国的应用相当广泛，在机械制造、冶金、化工、起重运输等领域都有应用。西门子公司的 PLC 产品包括 LOGO、S7-200、S7-1200、S7-300、S7-400 等。西门子 S7 系列 PLC 体积小、速度快、标准化，具有网络通信能力，功能更强，可靠性高。

1.1.1 西门子 PLC 的发展历程

西门子 SIMATIC 系列 PLC 诞生于 1958 年，经历了 C3、S3、S5、S7 系列，已成为应用非常广泛的可编程控制器。

西门子公司的产品最早是 1975 年投放市场的 SIMATIC S3，它实际上是带有简单操作接口的二进制控制器。

1979 年，S3 系统被 SIMATIC S5 所取代，该系统广泛地使用了微处理器。

20 世纪 80 年代初，S5 系统进一步升级——U 系列 PLC，较常用机型：S5-90U、95U、100U、115U、135U、155U。

1994 年 4 月，S7 系列诞生，它具有更国际化、更高性能等级、安装空间更小、更良好的 Windows 用户界面等优势，其机型为：S7-200、300、400。

1996 年，在过程控制领域，西门子公司又提出 PCS7(过程控制系统 7) 的概念，将其优势的 WinCC(与 Windows 兼容的操作界面)、PROFIBUS(工业现场总线)、COROS(监控系统)、SINEC(西门子工业网络) 及控调技术融为一体。

西门子公司提出 TIA(Totally Integrated Automation) 概念，即全集成自动化系统，将 PLC 技术融于全部自动化领域。

由最初发展至今，S3、S5 系列 PLC 已逐步退出市场，停止生产，而 S7 系列 PLC 发展成为了西门子自动化系统的控制核心，而 TDC 系统沿用 SIMADYN D 技术内核，是对 S7 系列产品的进一步升级，它是西门子自动化系统最尖端、功能最强的可编程控制器。

1.1.2 产品分类

可以按可编程控制器控制规模大小分类，也可按可编程控制器结构特点分类。

(1) 按控制规模分类

可以分为大型机、中型机和小型机。

① 小型机　小型机的控制点一般在 256 点之内，适合于单机控制或小型系统的控制。西门子小型机有 S7-200：处理速度 0.8～1.2ms；存储器 2K；数字量 248 点；模拟量 35 路。

S7-200 PLC 是超小型化的 PLC，它适用于各行各业，各种场合中的自动检测、监测及控制等。S7-200 PLC 的强大功能使其无论单机运行或连成网络都能实现复杂的控制功能。S7-200 PLC 可提供 4 个不同的基本型号与 8 种 CPU 供选择使用。

② 中型机　中型机的控制点一般不大于 2048 点，可用于对设备进行直接控制，还可以对多个下一级的可编程控制器进行监控，它适合中型或大型控制系统的控制。西门子中型机有 S7-300：处理速度 0.8～1.2ms；存储器 2K；数字量 1024 点；模拟量 128 路；网络 PROFIBUS；工业以太网；MPI。

S7-300 是模块化 PLC 系统，能满足中等性能要求的应用。各种单独的模块之间可进行广泛组合构成不同要求的系统。

与 S7-200 PLC 比较，S7-300 PLC 采用模块化结构，具备高速($0.6～0.1\mu s$) 的指令运算速度；用浮点数运算比较有效地实现了更为复杂的算术运算；一个带标准用户接口的软件工具方便用户给所有模块进行参数赋值；方便的人机界面服务已经集成在 S7-300 操作系统内，人机对话的编程要求大大减少。SIMATIC 人机界面(HMI) 从 S7-300 中取得数据，S7-300 按用户指定的刷新速度传送这些数据。

S7-300 操作系统自动地处理数据的传送；CPU 的智能化的诊断系统连续监控系统的功能是否正常、记录错误和特殊系统事件(例如超时、模块更换等)；多级口令保护可以使用户高度、有效地保护其技术机密，防止未经允许的复制和修改；S7-300 PLC 设有操作方式选择开关，操作方式选择开关像钥匙一样可以拔出，当钥匙拔出时，就不能改变操作方式，这样就可防止非法删除或改写用户程序。

具备强大的通信功能，S7-300 PLC 可通过编程软件 STEP 7 的用户界面提供通信组态功能，这使得组态非常容易、简单。S7-300 PLC 具有多种不同的通信接口，并通过多种通信处理器来连接 AS-i 总线接口和工业以太网总线系统；串行通信处理器用来连接点到点的通信系统；多点接口(MPI) 集成在 CPU 中，用于同时连接编程器、PC 机、人机界面系统及其他 SIMATIC S7/M7/C7 等自动化控制系统。

③ 大型机　大型机的控制点一般大于 2048 点，不仅能完成较复杂的算术运算，还能进行复杂的矩阵运算。它不仅可用于对设备进行直接控制，还可以对多个下一级的可编程控制器进行监控。西门子大型机有 S7-400：处理速度 0.3ms/1K 字；存储器 512K；I/O 点 12672。

S7-400 PLC 采用模块化无风扇的设计，可靠耐用，同时可以选用多种级别(功能逐步升级)的 CPU，并配有多种通用功能的模板，这使用户能根据需要组合成不同的专用系统。当控制系统规模扩大或升级时，只要适当地增加一些模板，便能使系统升级和充分满足需要。

(2) 按结构分类

① 整体式　整体式结构的可编程控制器把电源、CPU、存储器、I/O 系统都集成在一个单元内，该单元叫做基本单元。一个基本单元就是一台完整的 PLC。控制点数不符合需要时，可再接扩展单元。整体式结构的特点是非常紧凑、体积小、成本低、安装方便。

② 组合式　组合式结构的可编程控制器是把 PLC 系统的各个组成部分按功能分成若干个模块，如 CPU 模块、输入模块、输出模块、电源模块等。其中各模块功能比较单一，模块的种类却日趋丰富。例如一些可编程控制器，除了一些基本的 I/O 模块外，还有一些特殊功能模块，像温度检测模块、位置检测模块、PID 控制模块、通信模块等。组合式结构的 PLC 特点是 CPU、输入、输出均为独立的模块。模块尺寸统一、安装整齐、I/O 点选型自

由，安装调试、扩展、维修方便。

③ 叠装式　叠装式结构集整体式结构的紧凑、体积小、安装方便和组合式结构的 I/O 点搭配灵活、安装整齐的优点于一身，它也是由各个单元的组合构成。其特点是 CPU 自成独立的基本单元(由 CPU 和一定的 I/O 点组成)，其他 I/O 模块为扩展单元。在安装时不用基板，仅用电缆进行单元间的连接，各个单元可以一个个地叠装。使系统达到配置灵活、体积小巧。

1.2　西门子 PLC 在机械电气控制的应用

1.2.1　基于 PLC 的机械电气控制

(1) 机械电气控制

现代机械电气控制技术是精密机械、电力拖动、逻辑控制、微电子、电力电子、计算机、信息处理、网络传输、传感检测、过程控制、液压与气压传动、伺服传动及自动控制等多种技术相互交叉、渗透、融合而成的综合性技术。机电控制的共性相关技术一般归纳为检测传感技术、信息处理技术、自动控制技术、伺服传动技术及系统总体技术。

控制性是机电系统的突出特征。自动控制技术通过控制器使被控对象或过程自动按预定的规律运行。因被控对象种类繁多，控制技术的内容非常丰富，有高精度定位控制、速度控制、自适应控制、自诊断、校正、补偿、示教再现、检索等技术。自动控制技术可协调机械、电气各部分来有效完成动作过程，在机电系统中起重要作用。

机电控制技术在不断地深入到各个领域，承担重要角色并迅速向前推进。性能上它向高精度、高效率、高性能、智能化的方向发展；结构与功能上它向小型化、轻型化、多功能方向发展；层次上它向系统化、复合集成化方向发展。

(2) PLC 用于机械电气控制的优点

PLC 以其灵活性强、使用方便、适应面广、可靠性高、运行速度高、抗干扰能力强、编程简单等特点，始终在工业自动化控制特别是顺序控制中占有重要的地位。

① 促进机电一体化　PLC 是通过计算机技术与自动技术有效结合后形成的一种电子装置，其质量好且轻，不会消耗较大的功率，安装与使用都非常的简单，在电气控制系统中应用能够对其进行合理而有效的优化和完善，促使电气控制系统实现机电一体化。

② 适用于各种不同类型的电气控制系统　PLC 技术具有处理数据、预算数据等功能，能够合理地应用不同电气控制系统中的数据，达到优化机械生产的目的。另外，PLC 还能够有效地结合各种先进的科学技术对电气控制系统进行优化，从而满足机械工程发展的某些需要，以此来提高 PLC 的应用范围。

③ 抗干扰能力强　以往所用应用的机械电气控制装置抗干扰性能较差，容易受到干扰而降低其应用效果，无法有效发挥装置的作用，相应的机械生产受到影响。PLC 技术有效地弥补这一问题，因为它有效地利用大量集成电路技术，抵抗各种干扰，促使机械电气控制装置的性能提升，有效地进行机械生产，推动机械工程进步。

④ 自我检测　PLC 具有良好的自我检测功能，一旦其发生故障将会进行自我检测，并自动报警，促使工作人员能够及时发现 PLC 存在的故障，了解故障的原因，为更加准确、合理地进行 PLC 维修创造条件。

(3) 机械电气装置中的 PLC 系统

以 PLC 为主控制器的机械电气控制系统有以下 4 种控制类型。

① 由 PLC 构成的单机控制系统　单机控制系统是由 1 台 PLC 控制 1 台设备或 1 条简易

生产线。

② 由 PLC 构成的集中控制系统 集中控制系统是由 1 台 PLC 控制多台设备或几条简易生产线。

③ 远程 I/O 控制系统 这种控制系统是集中控制系统的特殊情况，也是由 1 台 PLC 控制多个被控对象，但是有部分 I/O 系统远离 PLC 主机。

④ 由 PLC 构成的分布式控制系统 这种系统有多个被控对象，每个被控对象由 1 台具有通信功能的 PLC 控制，由上位机通过数据总线与多台 PLC 进行通信，各个 PLC 之间也有数据交换。

1.2.2　PLC 机械电气控制系统设计

(1) PLC 机械电气控制系统设计的基本原则

PLC 机械电气控制系统的总体设计原则是：根据控制任务，在最大限度地满足生产机械或生产工艺对电气控制要求的前提下，运行稳定，安全可靠，经济实用，操作简单，维护方便。

在设计 PLC 机械电气控制系统时，应遵循的基本原则如下：

① 最大限度地满足被控对象提出的各项性能指标 技术方案需要优化，能整体上最适合运行环境。一些性能指标要求可能相互矛盾，要妥善予以协调或折中处理。

② 确保控制系统的安全可靠 电气控制系统的可靠性就是生命线，不能安全可靠工作的电气控制系统是无法长期投入生产运行的，必须将可靠性放在首位。

③ 力求控制系统简单 在能够满足控制要求和保证可靠工作的前提下不失先进性，应力求控制系统结构简单、经济、实用，使用方便和维护容易。

④ 提供可扩展能力 考虑到生产规模的扩大，生产工艺的改进，控制任务的增加，以及维护方便的需要，在选择 PLC 的容量时，应留有适当的裕量。

(2) PLC 机械电气控制系统的设计步骤

用 PLC 进行机械电气控制系统设计的一般步骤如下所示：

① 控制系统的需求分析 在进行系统设计之前，设计人员首先应该进入现场，对被控对象进行深入的调查、分析和了解，熟悉系统工艺流程及设备性能，并了解生产中可能出现的各种问题，将所有收集到的信息进行整理归纳，确定系统的控制流程和控制方式。

② 选择 PLC 机型 目前，国内外 PLC 生产厂家生产的 PLC 品种已达数百个，其性能各有特点，价格也不尽相同。在设计 PLC 控制系统时，要选择最适宜的 PLC 机型。

在进行 PLC 选型时考虑下列因素：

a. 系统的控制目标 设计 PLC 控制系统时，首要的控制目标就是：确保控制系统安全可靠地稳定运行，提高生产效率，保证产品质量等。

b. PLC 的硬件配置 根据系统的控制目标和控制类型，从众多的 PLC 生产厂中初步选择几个具有一定知名度的公司。

③ 系统硬件设计 PLC 控制系统的硬件设计是对 PLC 外部设备的设计。PLC 控制系统硬件设计包括 I/O 配置、电气电路的设计与安装，例如 PLC 外部电路和电气控制柜、控制台的设计、装配、安装及接线等工作，可与软件设计工作平行进行。

④ 系统软件设计 控制系统应用程序设计是指根据系统硬件结构和工艺要求，在软件系统规格书的基础上，使用相应编程语言，对实际应用程序的编制和相应文件的形成过程。应用系统的软件设计是以系统要实现的工艺要求、硬件组成和操作方式等条件为依据来进行的。应用系统软件设计的内容如下。

a. 参数表的定义：参数表定义就是按一定格式对系统各接口参数进行规定和整理，为编制程序做准备。

b. 程序框图的绘制：程序框图是指依据工艺流程而绘制的控制过程方框图。

c. 程序的编制：程序的编制是程序设计最主要且最重要的阶段，是控制功能的具体实现过程。

d. 程序测试：程序测试是整个程序设计工作中一项很重要的内容，它可以初步检查程序的实际效果。

⑤ 系统的局部模拟运行　上述步骤完成后，便有了一个 PLC 控制系统的雏形，接着便进行模拟调试。在确保硬件工作正常的前提下，再进行软件调试。

⑥ 控制系统联机调试　这是最后的关键性一步。应对系统性能进行评价后再做出改进，反复修改，反复调试，直到满足要求为止。

⑦ 编制系统的技术文档　在设计任务完成后，要编制系统的技术文件。技术文件一般应包括总体说明书、硬件技术文档、软件编程文档以及使用说明书等，随系统一起交付使用。

1.2.3　西门子 PLC 机电控制主要应用

西门子 PLC 控制性能优异，在各行业机电控制中得到了十分广泛的应用。

(1) 运动与位置控制

PLC 既可用于直线运动控制也可用于圆周运动控制。从控制机构配置来说，早期直接用于开关量 I/O 模块连接位置传感器和执行机构，现在一般使用专用的运动控制模块。如可驱动步进电机或伺服电机的单轴或多轴位置控制模块。西门子 PLC 具有丰富的运动控制功能，广泛用于各种机械、机床、机器人、电梯等场合。位置控制是工业自动控制过程中的重要方面和重要内容，西门子 PLC 通过控制步进电机，使步进电机绕组发出脉冲，从而对步进电机进行定位和控制。

(2) PLC 过程控制

过程控制是指对模拟量的闭环控制。作为工业控制计算机，PLC 能编制各种各样的控制算法程序，完成闭环控制。西门子 PLC 在工业生产中的应用十分广泛，用户可以编制出诸多的控制算法程序，完成对工业过程的闭环控制。PLC 是在工业控制过程中使用较多的一种调节方法。一般的 PLC 中大都使用了 PID 调节模块，西门子 PLC 也是如此。目前，西门子 PLC 被广泛地应用到冶金、采矿、化工以及锅炉控制的过程中，应用十分广泛。

(3) 开关量的逻辑控制

开关量的控制是 PLC 技术在机械设备控制中的基本应用功能，通过所编写的程序，实现开关量控制，此外还能够根据程序实现可靠的顺序控制。最初的 PLC 系统只能对某台设备进行单独的开关量启动、停止控制。随着技术的不断完善，西门子 PLC 系统已经能够实现同时对多台系统进行连续同步控制。

(4) 工业生产过程中的模拟量控制

机械设备在实际运行中，需要时常关注运行过程中的温度、湿度以及压力等相关参数，如果这些参数偏离正常范围，那么将可对生产质量带来一系列影响，并可引发安全事故，因此机械设备在运行过程中，需要严格控制相关运行参数。PLC 技术在这方面的作用十分显著，除了通过现场信息采集、分析、数据传输等可快速监测当前的相关运行参数，但此种方式主要是在出现参数异常后，才能检测出运行故障，即便传输速度再快，也会产生一定损失。针对这一问题，PLC 还可根据程序进行模拟运算，预先计算得出相关参数的模拟值及变化范围，根据模拟结果分析程序的可靠性，如果参数模拟值偏离正常范围，就可在没有正式操作前修改程序，直至模拟结果满足运行要求为止。

西门子 PLC 在进行数据模拟量控制时一方面给工业自动化过程控制和维护带来巨大的便利，另一方面保证工业的处理过程达到控制标准。西门子 PLC 在工业控制过程中的应用也大幅度提高了工业控制过程中数据的精准度。

（5）数据处理

随着现代计算技术的快速发展，西门子 PLC 的功能也在不断拓展。西门子 PLC 的计算功能主要涵盖了矩阵运算、函数运算以及逻辑运算等许多方面。在西门子 PLC 运行的过程中对数据进行处理，主要包括信息数据的检索、数据采集、数据传输、数据储存处以及数据变换等几个方面。同时在 PLC 工作的过程中也可以将采集到的数据与存储在系统内部的数据进行参考值比较，进而完成数据处理工作。当然 PLC 的数据处理功能也可以通过 PLC 的通信功能将数据传输给其他的职能装置。

（6）集中控制与分布控制

通过 PLC 技术实现机械设备的集中控制，主要实现方式是将一个配置较强的 PLC 系统作为主系统，由这一系统同时控制多个设备，这些设备的运行状态、运作轨迹具有较强联系，才可实现集中控制。此控制模式成本较低，但因为集中控制系统中的各个下级设备其运作都存在较大联系，因此一旦其中一台发生故障，将会造成小范围影响，并需要停止中央 PLC 系统，这是此模式较为显著的缺陷。针对此问题，人们采用分布式控制模式，主要特点是每台设备都有专管的 PLC 系统，各 PLC 系统单独对各自负责的设备进行管控，如果运行过程中某台设备出现故障，也不会对别的设备造成影响。

（7）通信及联网

PLC 通信功能构成 PLC 重要的功能之一，PLC 通信既包括了不同 PLC 设备之间的通信功能，同时也包括了 PLC 与其他职能设备之间的通信。随着现代计算通信技术的快速发展以及职能技术的不断进步，工业生产过程中自动化网络发展迅速。各大 PLC 主要生产商都十分注重对 PLC 网络通信系统的研究和发展。西门子 PLC 有自己的网络系统，如 PROFIBUS、MPI 等。PLC 都有通信接口，PLC 通信十分便利。

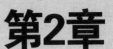
第2章

西门子S7-200 PLC

2.1 西门子 S7-200 PLC 概况

S7-200 PLC 是德国西门子公司生产的一种小型系列可编程控制器，它能够满足多种自动化控制的需求，其设计紧凑，价格低廉，并且具有良好的可扩展性以及强大的指令功能，可代替继电器用于简单控制场合，也可用于复杂的自动化控制系统。

S7-200 系列 PLC 主要有以下几个方面的特点：极高的可靠性；易于掌握；极其丰富的指令集；便捷的操作特性；实时特性；丰富的内置集成功能；强大的通信能力；丰富的扩展模块。

2.1.1 S7-200 PLC 的结构

(1) S7-200 系列 PLC 的硬件系统基本构成

S7-200 系列可编程控制器硬件系统的配置方式采用整体式加积木式，即主机中包含一定数量的输入/输出(I/O)，同时还可以扩展各种功能模块。

① 基本单元 基本单元(Basic Unit) 又称 CPU 模块，也有的称之为主机或本机。它包括 CPU、存储器、基本输入/输出点和电源等，是 PLC 的主要组成部分。

② 扩展单元 主机 I/O 点数量不能满足控制系统的要求时，用户可以根据需要扩展各种 I/O 模块。

③ 特殊功能模块 当需要完成某些特殊功能的控制任务时，需要扩展功能模块。它们是为完成某种特殊控制任务而特制的一些装置。

④ 相关设备 相关设备是为充分和方便地利用系统的硬件和软件资源而开发和使用的一些设备，主要有编程设备、人机操作界面和网络设备等。

⑤ 工业软件 工业软件是为更好地管理和使用这些设备而开发的与之相配套的程序，它主要由标准工具、工程工具、运行软件和人机接口软件等几大类构成。

(2) S7-200 系列 PLC 的主机

① 主机外形 S7-200 的 CPU 模块包括一个中央处理单元、电源以及数字 I/O 点，集成在一个紧凑、独立的设备中(见图 2-1)。CPU 负责执行程序，输入部分从现场设备中采集信号，输出部分则输出控制信号，驱动外部负载。

② 存储系统 S7-200 系列 PLC 的存储系统由 RAM 和 EEPROM 两种类型存储器构成，CPU 模块内部配备一定容量的 RAM 和 EEPROM，同时，CPU 模块支持可选的 EEPROM 存储器卡。还增设了超级电容和电池模块，用于长时间保存数据。

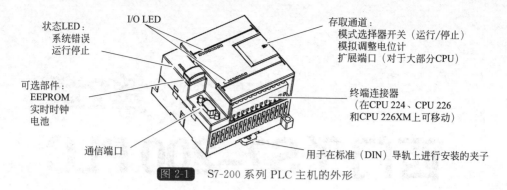

图 2-1 S7-200 系列 PLC 主机的外形

③ 数字量扩展模块　用户根据实际需要，选用具有不同 I/O 点数的数字量扩展模块，可以满足不同的控制需要，节约成本。

④ 模拟量输入输出扩展模块　在工业控制中，某些输入量（如温度、压力、流量等）是模拟量，而某些执行机构（如电动调节阀、晶闸管调速装置和变频器等）也要求 PLC 输出模拟信号，而 PLC 的 CPU 只能处理数字量。这就需要模拟量输入输出扩展模块来实现 A/D 转换（模拟量输入）和 D/A 转换（模拟量输出）。

⑤ PROFIBUS-DP 通信模块　EM 277 PROFIBUS-DP 扩展从站模块用来将 S7-200 连接到 PROFIBUS-DP 网络。

⑥ SIMATIC NET CP 243-2 通信处理器　SIMATIC NET CP 243-2 是 S7-200 的 AS-i 主站，它最多可以连接 31 个 AS-i 站。

⑦ I/O 点数扩展和编址　CPU 22x 系列的每种主机所提供的本机 I/O 点的 I/O 地址是固定的，进行扩展时，可以在 CPU 右边连接多个扩展模块，每个扩展模块的组态地址编号取决于各模块的类型和该模块在 I/O 链中所处的位置。编址时同种类型输入或输出点的模块在链中按与主机的位置递增，其他类型模块的有无以及所处的位置不影响本类型模块的编号。

(3) S7-200 系列 PLC 的内部编程资源

软元件是 PLC 内部具有一定功能的器件，这些器件由电子电路和寄存器及存储器单元等组成。

① 输入继电器（I）　输入继电器一般都有一个 PLC 的输入端子与之对应，它用于接收外部开关信号。外部的开关信号闭合，则输入继电器的线圈得电，在程序中其常开触点闭合，常闭触点断开。

② 输出继电器（Q）　输出继电器一般有一个 PLC 上的输出端子与之对应。当通过程序使输出继电器线圈得电时，PLC 上的输出端开关闭合，它可以作为控制外部负载的开关信号，同时在程序中其常开触点闭合，常闭触点断开。

③ 通用辅助继电器（M）　通用辅助继电器的作用和继电器控制系统中的中间继电器相同，它在 PLC 中没有输入/输出端子与之对应，因此它的触点不能驱动外部负载。

④ 特殊继电器（SM）　有些辅助继电器具有特殊功能或用来存储系统的状态变量、控制参数和信息，我们称其为特殊继电器。

⑤ 变量存储器（V）　变量存储器用来存储变量。它可以存放程序执行过程中控制逻辑操作的中间结果，也可以使用变量存储器来保存与工序或任务相关的其他数据。

⑥ 局部变量存储器（L）　局部变量存储器用来存放局部变量。局部变量与变量存储器所存储的全局变量十分相似，主要区别在于全局变量是全局有效的，而局部变量是局部有效的。

⑦ 顺序控制继电器（S）　有些 PLC 中也把顺序控制继电器称为状态器。顺序控制继电器用在顺序控制或步进控制中。

⑧ 定时器　定时器是 PLC 中重要的编程元件，是累计时间增量的内部器件。

⑨ 计数器(C)　计数器用来累计输入脉冲的个数，经常用来对产品进行计数或进行特定功能的编程。

⑩ 模拟量输入映像寄存器(AI)、模拟量输出映像寄存器(AQ)　模拟量输入电路用以实现模拟量/数字量(A/D)之间的转换，而模拟量输出电路用以实现数字量/模拟量(D/A)之间的转换。

⑪ 高速计数器(HC)　一般计数器的计数频率受扫描周期的影响，不能太高。而高速计数器可累计比 CPU 的扫描速度更快的事件。

⑫ 累加器(AC)　累加器是用来暂存数据的寄存器，它可以用来存放运算数据、中间数据和结果。

2.1.2　S7-200 存储器的数据类型与寻址方式

(1) 数据类型与单位

S7-200 系列 PLC 数据类型有布尔型、整型和实型。常用的单位有位、字节、字和双字等。

(2) 直接寻址与间接寻址

① 直接寻址　将信息存储在存储器中，存储单元按字节进行编址，无论寻址的是何种数据类型，通常应直接指出元件名称及其所在存储区域内的字节地址，并且每个单元都有唯一的地址，这种寻址方式称为直接寻址。直接寻址可以采用按位编址或按字节编址的方式进行寻址。

取代继电器控制系统的数字量控制系统一般只采用直接寻址。下面是各个寄存器进行直接寻址的情况：

a. 输入映像寄存器(I)寻址　输入映像寄存器的标识符为 I(I0.0～I15.7)，在每个扫描的周期的开始，CPU 对输入点进行采样，并将采样值存于输入映像寄存器中。

b. 输出映像寄存器(Q)寻址　输出映像寄存器的标识符为 Q(Q0.0～Q15.7)，在扫描周期的末尾，CPU 将输出映像寄存器的数据传送给输出模块，再由后者驱动外部负载。

c. 变量存储器(V)寻址　在程序执行的过程中存放中间结果，或用来保存与工序或任务有关的其他数据。

d. 位存储器(M)区寻址　内部存储器标志位(M0.0～M31.7)用来保存控制继电器的中间操作状态或其他控制信息。

e. 特殊存储器(SM)标志位寻址　特殊存储器用于 CPU 与用户之间交换信息。

f. 局部存储器(L)区寻址　S7-200 有 64 个字节的局部存储器，其中 60 个可以作为暂时寄存器，或给子程序传递参数。

g. 定时器(T)寻址　定时器相当于继电器控制系统中的时间继电器。

h. 计数器(C)寻址　计数器用来累计其计数输入端脉冲电平由低到高的次数。

i. 顺序控制继电器(S)寻址　顺序控制继电器(SCR)位用于组织机器的顺序操作。

j. 模拟量输入(AI)寻址　S7-200 的模拟量输入电路将现实世界连续变化的模拟量(如温度、压力、电流、电压等)电信号用 A/D 转换器转换为 1 个字长(16 位)的数字量，用区域标识符 AI、数据长度(W)和字节的起始地址来表示模拟量的输入地址。

k. 模拟量输出(AQ)寻址　S7-200 的模拟量输出电路将 1 个字长的数字用 D/A 转换器转换为标准模拟量，用区域标识符 AQ、数据长度(W)和字节的起始地址来表示存储模拟量输出的地址。

l. 累加器(AC)寻址　累加器可以像存储器那样使用读/写单元，例如可以用它向子程序传递参数，或从子程序返回参数，以及用来存放计算的中间值。

m. 高速计数器（HC）寻址　高速计数器用来累计比 CPU 的扫描速率更快的事件，其当前值和设定值为 32 位有符号整数，当前值为只读数据。

② 间接寻址　间接寻址方式是指数据存放在寄存器或存储器中，在指令中只出现所需数据所在单元的内存地址的地址，存储单元地址的地址又称为地址指针。

用间接寻址方式存取数据的过程：建立指针；用指针来存取数据；修改指针。

（3）符号地址与绝对地址

在程序编制过程中，可以用数字和字母组成的符号来代替存储器的地址，这种地址称为符号地址。

绝对地址是指可编程控制器内实际的物理地址。程序编译后下载到可编程控制器时，所有的符号地址被转换为绝对地址。

2.2 S7-200 系列 PLC 的基本指令

在 S7-200 的编程软件中，用户可以选用梯形图 LAD（Ladder）、功能块图（Function Block Diagram）或语句表 STL（Statement List）等编程语言来编制用户程序。语句表和梯形图语言是一个完备的指令系统，支持结构化编程方法，而且两种编程语言可以相互转化。在用户程序中尽管它们的表达形式不同，但表示的内容是相同或相似的。

2.2.1 基本逻辑指令

此类指令是 PLC 中最基本最常用的一类指令，主要包括位逻辑指令、堆栈操作指令、置位/复位指令、立即指令以及微分指令等。

（1）位逻辑指令

位逻辑指令主要用来完成基本的位逻辑运算及控制。

① LD、LDN 和＝（Out）指令

LD（Load）、LDN（Load Not）：取指令。启动梯形图任何逻辑块的第一条指令时，分别连接动合触点和动断触点。

＝（Out）：输出指令。线圈驱动指令，必须放在梯形图的最右端。

LD、LDN 指令操作数为 I、Q、M、T、C、SM、S、V。＝指令的操作数为 M、Q、T、C、SM、S。LD、LDN 和＝指令梯形图及语句表应用示例见图 2-2。

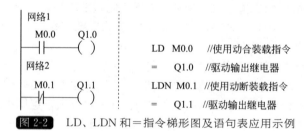

图 2-2　LD、LDN 和＝指令梯形图及语句表应用示例

② A 和 AN 指令

A（And）：逻辑"与"指令，用于动合触点的串联。

AN（And Not）：逻辑"与非"指令，用于动断触点的串联。

A 和 AN 指令的操作数为 I、Q、M、SM、T、C、S、V。A 和 AN 指令梯形图及语句表应用示例见图 2-3。

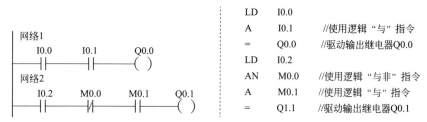

图 2-3 A 和 AN 指令梯形图及语句表应用示例

③ O 和 ON 指令

O(Or)：逻辑"或"指令，用于动合触点的并联。

ON(Or Not)：逻辑"或非"指令，用于动断触点的并联。

O 和 ON 指令的操作数为 I、Q、M、SM、T、C、S、V。O 和 ON 指令梯形图及语句表应用示例见图 2-4。

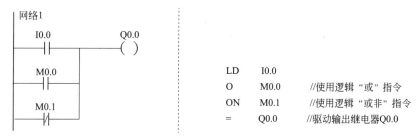

图 2-4 O 和 ON 指令梯形图及语句表应用示例

④ ALD 指令

ALD(And Load)：逻辑块"与"指令，用于并联电路块的串联连接。ALD 指令无操作数。ALD 指令梯形图及语句表应用示例见图 2-5。

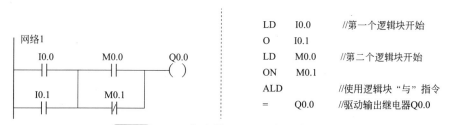

图 2-5 ALD 指令梯形图及语句表应用示例

⑤ OLD 指令

OLD(Or Load)：逻辑块"或"指令，用于串联电路块的并联连接。OLD 指令无操作数。OLD 指令梯形图及语句表应用示例见图 2-6。

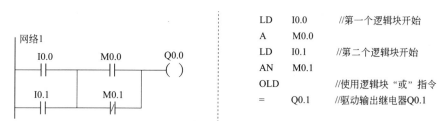

图 2-6 OLD 指令梯形图及语句表应用示例

(2) 堆栈指令

① 堆栈操作 S7-200 有一个 9 位的堆栈，栈顶用来存储逻辑运算的结果，其余 8 位用来存储中间运算结果。堆栈中的数据按"先进后出"的原则存取。对堆栈进行操作时，执行各指令的情况如下：

执行 LD 指令时，将指令指定的位地址中的二进制数据装入栈顶。

执行 A 指令时，将指令指定的位地址中的二进制数和栈顶中的二进制数相"与"，结果存入栈顶。

执行 O 指令时，将指令指定的位地址中的数和栈顶中的数相"或"，结果存入栈顶。

执行 LDN、AN 和 ON 指令时，取出位地址中的数后，先取反，再做出相应的操作。

执行输出指令"＝"时，将栈顶值复制到对应的映像寄存器。

执行 ALD、OLD 指令时，对堆栈第 1 层和第 2 层的数据进行"与""或"操作，并将运算结果存入栈顶，其余层的数据依次向上移动一位。最低层（栈底）补随机数。OLD 指令对堆栈的影响见图 2-7。

② 堆栈操作指令 堆栈操作指令包含 LPS、LRD、LPP、LDS 几条命令，各命令功能描述如下。

LPS(Logic Push)：逻辑入栈指令（分支电路开始指令）。该指令复制栈顶的值并将其压入堆栈的下一层，栈中原来的数据依次向下推移，栈底值推出丢失。

LRD(Logic Read)：逻辑读栈指令。该指令将堆栈中第 2 层的数据复制到栈顶，2～9 层的数据不变，原栈顶值丢失。

LPP(Logic Pop)：逻辑出栈指令（分支电路结束指令）。该指令使栈中各层的数据向上移一层，原第 2 层的数据成为新的栈顶值。

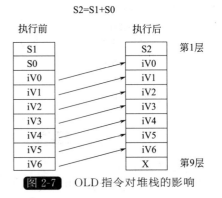

图 2-7 OLD 指令对堆栈的影响

LDS(Logic Stack)：装入堆栈指令。该指令复制堆栈中第 $n(n=1\sim8)$ 层的值到栈顶，栈中原来的数据依次向下一层推移，栈底丢失。

栈操作示意图如图 2-8 所示。

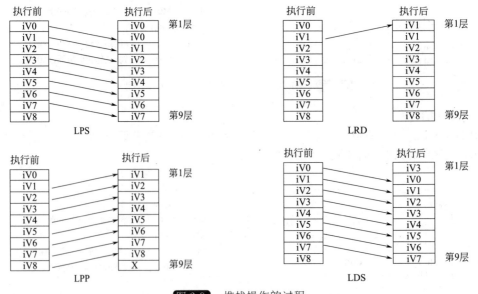

图 2-8 堆栈操作的过程

(3) 置位/复位指令

① 置位指令 S。

S(SET)：置位指令，将从 bit 开始的 N 个元件置 1 并保持。

STL 指令格式：S   bit，N

其中，N 的取值为 1～255。

② 复位指令 R。

R(RESET)：复位指令，将从 bit 开始的 N 个元件置 0 并保持。

STL 指令格式：R   bit，N

其中，N 的取值为 1～255。

置位和复位指令应用的梯形图及指令表如图 2-9 所示。

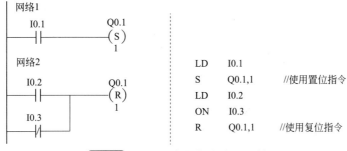

图 2-9   置位和复位指令应用示例

(4) 立即指令 I

立即指令 I 包含 LDI、LDNI、OI、ONI、AI、ANI、＝I、SI、RI 几条命令，各命令功能描述如下。

LDI、LDNI：立即取、立即取非指令。

OI、ONI：立即"或"、立即"或非"指令。

AI、ANI：立即"与"、立即"与非"指令。

＝I：立即输出指令。

SI、RI：立即置位、立即复位指令。

立即指令 I(Immediate) 是为了提高 PLC 对输入/输出的响应速度而设置的，它不受 PLC 扫描周期的影响，允许对输入和输出点进行快速直接存取。当用立即指令读取输入点的状态时，对 I 进行操作，相应的输入映像寄存器中的值并未更新；当用立即指令访问输出点时，对 Q 进行操作，新值同时写到 PLC 的物理输出点和相应的输出映像寄存器。

立即指令应用示例如图 2-10 所示。

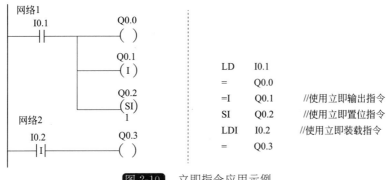

图 2-10   立即指令应用示例

(5) 微分指令

微分指令又叫边沿触发指令，分为上升沿微分和下降沿微分指令。

EU（Edge Up）——上升沿微分指令，其作用是在上升沿产生脉冲。指令格式：┤P├，该指令无操作数。

ED（Edge Down）——下降沿微分指令，其作用是在下降沿产生脉冲。指令格式：┤N├，该指令无操作数。

在使用 EU 指令时，当其执行条件从 OFF 变为 ON 时，EU 就会变成 ON 一个周期，而使用 ED 指令时，当其执行条件从 ON 变成 OFF 时，ED 就会变成为 ON 一个周期。

微分指令应用示例如图 2-11 所示。

图 2-11 微分指令应用示例及时序图

(6) 取反指令

NOT：取反指令。将其左边的逻辑运算结果取反，指令没有操作数。取反指令应用示例如图 2-12 所示。

图 2-12 NOT 指令应用示例

(7) 空操作指令

NOP：空操作指令，不影响程序的执行。指令格式：NOP N，N 为执行空操作指令的次数，N＝0～255。

(8) 定时器指令

定时器是 PLC 常用的编程元件之一，S7-200 系列 PLC 有三种类型的定时器，即通电延时定时器（TON）、断电延时定时器（TOF）和保持型通电延时定时器（TONR），共计 256 个。定时器分辨率（S）可分为三个等级：1ms、10ms 和 100ms。

① 通电延时型定时器 TON（On-Delay Timer） 通电延时型定时器（TON）用于单一时间间隔的定时。输入端（IN）接通时开始定时，当前值大于等于设定值（PT）时（PT＝1～32767），定时器位变为 ON，对应的常开触点闭合，常闭触点断开。达到设定值后，当前值仍继续计数，直到最大值 32767 为止。输入电路断开时，定时器复位，当前值被清零。

② 断电延时定时器 TOF（Off-Delay Timer） 断电延时定时器（TOF）用于断电后的单一间隔时间计时。输入端（IN）接通时，定时器位为 ON，当前值为 0。当输入端由接通到断开时，定时器的当前值从 0 开始加 1 计数，当前值等于设定值（PT）时，输出位变为 OFF，当前值保持不变，停止计时。

③ 保持型通电延时定时器 TONR(Retentive On-Delay Timer)　保持型通电延时定时器 TONR 用于对许多间隔的累计定时。当输入端(IN) 接通时，定时器开始计时，当前值从 0 开始加 1 计数，当前值大于等于设定值(PT) 时，定时器位置 1；当输入 IN 无效时，当前值保持，IN 再次有效时，当前值在原保持值基础上继续计数，TONR 定时器用复位指令 R 进行复位，复位后定时器当前值清零，定时器位为 OFF。

④ 定时器当前值刷新方式　在 S7-200 系列 PLC 的定时器中，定时器的刷新方式是不同的，从而在使用方法上也有所不同。使用时一定要注意根据使用场合和要求来选择定时器。常用的定时器的刷新方式有 1ms、10ms、100ms 三种。

• 1ms 定时器。定时器指令执行期间每隔 1ms 对定时器和当前值刷新一次，不与扫描周期同步。

• 10ms 定时器。执行定时器指令时开始定时，在每一个扫描周期开始时刷新定时器，每个扫描周期只刷新一次。

• 100ms 定时器。只有在执行定时器指令时，才对 100ms 定时器的当前值进行刷新。

(9) 计数器指令

计数器主要用于累计输入脉冲的次数。S7-200 系列 PLC 有三种计数器：递增计数器 CTU、递减计数器 CTD、增减计数器 CTUD。三种计数器共有 256 个。

① 递增计数器 CTU(Count Up)　指令格式如图 2-13 所示。其中，CU 为加计数脉冲输入端；Cn 为计数器编号；R 为复位输入端；PV 为设定值。

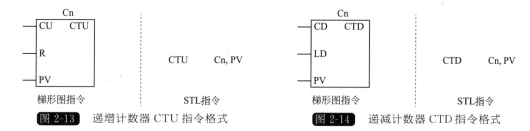

图 2-13　递增计数器 CTU 指令格式　　　图 2-14　递减计数器 CTD 指令格式

② 递减计数器 CTD(Count Down)　指令格式如图 2-14 所示。其中，LD 为复位脉冲输入端；Cn 为计数器编号；CD 为减计数脉冲输入端；PV 为设定值。

③ 增减计数器 CTUD(Count UP/Down) 指令格式如图 2-15 所示。其中，CU 为加计数脉冲输入端；Cn 为计数器编号；CD 为减计数脉冲输入端；PV 为设定值。

图 2-15　增减计数器 CTUD 指令格式

(10) 比较指令

比较指令用来比较两个数 IN1 和 IN2 的大小。在梯形图中，满足比较关系式给出的条件时，触点接通。比较运算符有：=、<>、>、<、>=、<=。

2.2.2　程序控制指令

程序控制类指令主要用于较复杂程序设计，使用该类指令可以用来优化程序结构，增强程序功能。它包括循环、跳转、停止、子程序调用、看门狗及顺序控制等指令。

(1) 循环指令

循环指令主要用于反复执行若干次相同功能程序的情况。循环指令包括循环开始指令

FOR 和循环结束指令 NEXT。

FOR 指令表示循环的开始，NEXT 指令表示循环的结束。当驱动 FOR 指令的逻辑条件满足时，反复执行 FOR 和 NEXT 之间的程序。在 FOR 指令中，需要设置指针或当前循环次数计数器（INDX）、初始值（INIT）和终值（FINAL）。指令格式如图 2-16 所示。

INDX 操作数为 VW、IW、QW、MW、SW、SMW、LW、T、C、AC、*VD、*AC、和*CD，属 INT 型。INIT 和 FINAL 操作数除上面外，再加上常数，也属 INT 型。

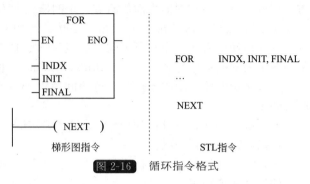

图 2-16 循环指令格式

（2）跳转指令

跳转指令包括跳转指令 JMP 和标号指令 LBL。当条件满足时，跳转指令 JMP 使程序转到对应的标号 LBL 处，标号指令用来表示跳转的目的地址。

JMP 与 LBL 指令中的操作数 n 为常数 0～255。JMP 和对应的 LBL 指令必须在同一程序块中。

（3）停止指令 STOP

停止指令 STOP 可使 PLC 从运行模式进入停止模式，立即停止程序的执行。如果在中断程序中执行停止指令，中断程序立即终止，并忽略全部等待执行的中断，继续执行主程序的剩余部分，并在主程序的结束处，完成从运行方式至停止方式的转换。

（4）结束指令

结束指令包括两条：END 和 MEND。

① END 条件结束指令，不能直接连接母线。当条件满足时结束主程序，并返回主程序的第一条指令执行。

② MEND 无条件结束指令，直接连接母线。程序执行到此指令时，立即无条件结束主程序，并返回第一条指令。

这两条指令都只能在主程序中使用。

（5）看门狗复位指令 WDR

看门狗复位指令 WDR（Watch Dog Reset）作为监控定时器使用，定时时间为 300ms。

（6）子程序

子程序在结构化程序设计中是一种方便有效的工具。S7-200 PLC 的指令系统具有简单、方便、灵活的子程序调用功能。与子程序有关的操作有：建立子程序、子程序的调用和返回。

① 建立子程序 建立子程序是通过编程软件来完成的。

② 子程序调用

a. 子程序调用指令 CALL。在使能输入有效时，主程序把程序控制权交给子程序。

b. 子程序条件返回指令 CRET。在使能输入有效时，结束子程序的执行，返回主程序中。

③ 带参数的子程序调用 子程序中可以有参变量，带参数的子程序调用扩大了子程序的使用范围，增加了调用的灵活性。

a. 子程序参数。子程序最多可以传递 16 个参数，参数在子程序的局部变量表中加以定义。参数包含下列信息：变量名、变量类型和数据类型。

变量名：变量名最多用 8 个字符表示，第一个字符不能是数字。

变量类型：变量类型是按变量对应数据的传递方向来划分的，可以是传入子程序（IN）、传入和传出子程序（IN/OUT）、传出子程序（OUT）和暂时子程序（TEMP）4 种变量类型。

数据类型：局部变量表中还要对数据类型进行声明。数据类型可以是：能流、布尔型、字节型、字型、双字型、整数型、双整数和实型。

b. 参数子程序调用的规则。常数参数必须声明数据类型；

输入或输出参数没有自动数据类型转换功能；

参数在调用时必须按照一定的顺序排列，先是输入参数，然后是输入输出参数，最后是输出参数。

c. 变量表使用。按照子程序指令的调用顺序，参数值分配给局部变量存储器，起始地址是 L0.0。使用编程软件时，地址分配是自动的。

参数子程序调用指令格式为：CALL　子程序，参数 1，参数 2，…，参数 n。

(7)"与" ENO 指令

ENO 是 LAD 中指令块的布尔能流输出端。如果指令块的能流输入有效，且执行没有错误，ENO 就置位，并将能流向下传递。ENO 可以作为允许位，表示指令成功执行。

2.2.3　PLC 顺序控制程序设计

(1) SFC 设计方法

SFC 功能图设计方法是专用于工业顺序控制程序设计的一种方法。它能完整地描述控制系统的工作过程、功能和特性，是分析、设计电气控制系统控制程序的重要工具。

① SFC 基础　SFC 的基本元素为：流程步、有向线段、转移和动作说明。

a. 流程步。流程步又叫工作步，表示控制系统中的一个稳定状态。

b. 转移与有向线段。转移就是从一个步向另外一个步之间的切换条件，两个步之间用一个有向线段表示，说明从一个步切换到另一个步，向下转移方向的箭头可以省略。

c. 动作说明。步并不是 PLC 的输出触点的动作，只是控制系统中的一个稳定的状态。这个状态可以包含一个或多个 PLC 输出触点的动作，也可以没有任何输出动作，步只是启动了定时器或一个等待过程，所以步和 PLC 的动作是两件不同的事情。

② SFC 图的结构

a. 顺序结构。顺序结构是最简单的一种结构，特点是步与步之间只有一个转移，转移与转移之间只有一个步。

b. 选择性分支结构。选择性分支结构是一个控制流可以转入多个可能的控制流中的某一个，不允许多路分支同时执行。具体进入哪个分支，取决于控制流前面的转移条件哪一个为真。

c. 并发性分支结构。如果某一个工作步执行完后，需要同时启动若干条分支，这种结构称为并发性分支结构。

d. 循环结构。循环结构用于一个顺序过程的多次重复执行。

e. 复合结构。复合结构就是一个集顺序、选择性分支、并发性分支和循环结构于一体的结构。

③ SFC 转换成梯形图　SFC 一般不能被 PLC 软件直接接受，需要将 SFC 转换成梯形图后才能被 PLC 软件所识别。

a. 进入有效工作步。

b. 停止有效工作步。

c. 最后一个工作步。

d. 工作步的转移条件。

e. 工作步的得电和失电。

f. 选择性分支。

g. 并发性分支。

h. 第 0 工作步。

i. 动作输出。

（2）PLC 编程举例

一台汽车自动清洗机的动作：按下启动按钮后，打开喷淋阀门，同时清洗机开始移动。当检测到汽车到达刷洗范围时，启动旋转刷子开始清洗汽车。当检测到汽车离开清洗机时，停止清洗机移动，停止刷子旋转并关闭阀门。当按下停止按钮时，任何时候均立即停止所有动作。

汽车自动清洗机的动作 SFC 如图 2-17 所示，梯形图及语句表如图 2-18 所示。

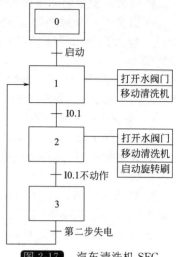

图 2-17 汽车清洗机 SFC

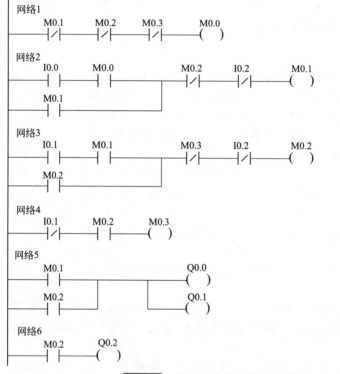

图 2-18 汽车清洗机的梯形图及语句表

2.2.4 顺序控制指令

（1）顺序控制指令介绍

顺序控制指令是 PLC 生产厂家为用户提供的可使功能图编程简单化和规范化的指令。S7-200 PLC 提供了三条顺序控制指令。

一个 SCR 程序段一般有以下三种功能。

① 驱动处理　即在该段状态有效时要做什么工作，有时也可能不做任何工作。

② 指定转移条件和目标 即满足什么条件后状态转移到何处。

③ 转移源自动复位功能 状态发生转移后，置位下一个状态的同时自动复位原状态。

（2）举例说明

在使用功能图编程时，应先画出功能图，然后对应于功能图画出梯形图。图 2-19 所示为顺序控制指令使用的一个简单例子。

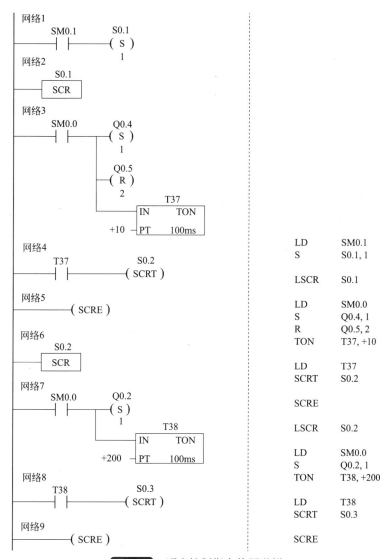

LD	SM0.1
S	S0.1, 1
LSCR	S0.1
LD	SM0.0
S	Q0.4, 1
R	Q0.5, 2
TON	T37, +10
LD	T37
SCRT	S0.2
SCRE	
LSCR	S0.2
LD	SM0.0
S	Q0.2, 1
TON	T38, +200
LD	T38
SCRT	S0.3
SCRE	

图 2-19 顺序控制指令使用举例

（3）使用说明

① 顺控指令仅对元件 S 有效，顺控继电器 S 也具有一般继电器的功能，所以对它能够使用其他指令；

② SCR 段程序能否执行取决于该状态器（S）是否被置位，SCRE 与下一个 LSCR 之间的指令逻辑不影响下一个 SCR 段程序的执行；

③ 不能把同一个 S 位用于不同程序中；

④ 在 SCR 段中不能使用 JMP 和 LBL 指令，就是说不允许跳入、跳出或在内部跳转，但可以在 SCR 段附近使用跳转和标号指令；

⑤ 在 SCR 段中不能使用 FOR、NEXT 和 END 指令；

⑥ 在状态发生转移后，所有的 SCR 段的元器件一般也要复位，如果希望继续输出，可使用置位/复位指令；

⑦ 在使用功能图时，状态器的编号可以不按顺序编排。

(4) 功能图的主要类型

① 直线流程 这是最简单的功能图，其动作是一个接一个地完成。每个状态仅连接一个转移，每个转移也仅连接一个状态。

② 选择性分支和连接 在生产实际中，对具有多流程的工作要进行流程选择或者分支选择。即一个控制流可能转入多个可能的控制流中的某一个，但不允许多路分支同时执行。到底进入哪一个分支取决于控制流前面的转移条件哪一个为真。

③ 并发性分支和连接 一个顺序控制状态流必须分成两个或多个不同分支控制状态流，这就是并发性分支或并行分支。但一个控制状态流分成多个分支时，所有的分支控制状态流必须同时激活。当多个控制流产生的结果相同时，可以把这些控制流合并成一个控制流，即并发性分支的连接。

④ 跳转和循环 单一顺序、并发和选择是功能图的基本形式。多数情况下，这些基本形式是混合出现的，跳转和循环是其典型代表。

利用功能图语言可以很容易实现流程的循环重复操作。在程序设计过程中可以根据状态的转移条件，决定流程是单周期操作还是多周期循环，是跳转还是顺序向下执行。

2.3 S7-200 系列 PLC 功能指令

2.3.1 数据处理指令

此类指令主要涉及对数据的非数值运算操作，主要包括数据传送、移位、交换、循环填充指令。

(1) 数据传送指令

数据传送指令用于各个编程元件之间进行数据传送。根据每次传送数据的数量多少可分为：单个传送和块传送指令。

① 单个数据传送指令 单个数据传送指令每次传送一个数据，数据类型分为：字节传送、字传送、双字传送和实数传送。

a. 字节传送指令。字节传送指令又分为普通字节传送指令和立即字节传送指令。

MOVB：字节传送指令。指令格式如图 2-20 所示。

BIR：立即读字节传送指令。指令格式如图 2-21 所示。

BIW：立即写字节传送指令。指令格式如图 2-22 所示。

b. 字传送指令——MOVW。指令格式如图 2-23 所示。

```
     ┌──────────┐
     │  MOV_B   │
   ──┤EN    ENO ├──          MOVB   IN, OUT
     │          │
   ──┤IN    OUT ├──
     └──────────┘
      梯形图指令              STL指令
```
图 2-20 普通字节传送指令格式

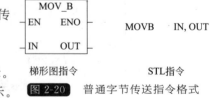

图 2-21 立即读字节传送指令格式 图 2-22 立即写字节传送指令格式

c. 双字传送指令——MOVD。指令格式如图 2-24 所示。

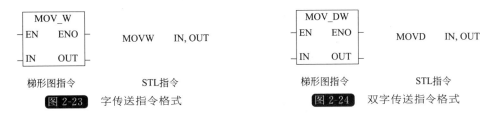

图 2-23　字传送指令格式　　　　图 2-24　双字传送指令格式

d. 实数传送指令——MOVR。指令格式如图 2-25 所示。

② 块传送指令　块传送指令可用来一次传送多个数据，最多可将 255 个数据组成一个数据块，数据块的类型可以是字节块、字块和双字块。

a. 字节块传送指令——BMB。指令格式如图 2-26 所示。

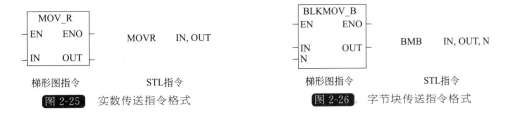

图 2-25　实数传送指令格式　　　　图 2-26　字节块传送指令格式

b. 字块传送指令——BMW。指令格式如图 2-27 所示。

c. 双字块传送指令——BMD。指令格式如图 2-28 所示。

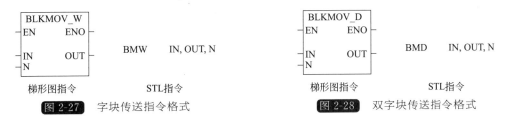

图 2-27　字块传送指令格式　　　　图 2-28　双字块传送指令格式

（2）移位指令

移位指令分为左、右移位和循环左、右移位以及移位寄存器指令三大类。

① 左移和右移指令　左移和右移指令的功能是将输入数据 IN 左移或右移 N 位后，把结果送到 OUT 中。

a. 字节移位指令——SLB：字节左移指令；SRB：字节右移指令。指令格式如图 2-29 所示。

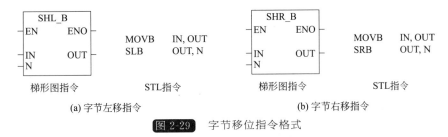

(a) 字节左移指令　　　　(b) 字节右移指令

图 2-29　字节移位指令格式

b. 字移位指令——SLW：字左移指令；SRW：字右移指令。指令格式如图 2-30 所示。

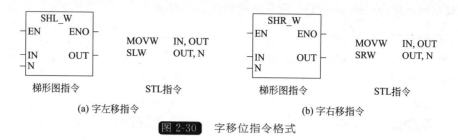

(a) 字左移指令　　　　　　　　　　　　　　　(b) 字右移指令

图 2-30　字移位指令格式

c. 双字移位指令——SLD：双字左移指令；SRD：双字右移指令。指令格式如图 2-31 所示。

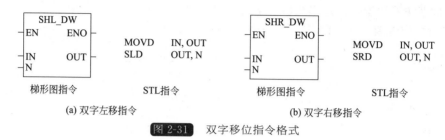

(a) 双字左移指令　　　　　　　　　　　　　　(b) 双字右移指令

图 2-31　双字移位指令格式

② 循环左移和循环右移指令　指令特点：被移位的数据是无符号的；在移位时，存放被移位数据的编程元件的移出端与另一端相连，又与特殊继电 SM1.1 相连，移出位在被移到另一端的同时，也进入 SM1.1；另一端自动补 0；移位次数 N 与移位数据的长度有关，如 N 小于实际的数据长度，则执行 N 次移位；如 N 大于数据长度，则执行移位的次数为 N 除以实际数据长度的余数；移位次数 N 为字节型数据。

a. 字节循环移位指令——RLB：字节循环左移指令；RRB：字节循环右移指令。指令格式如图 2-32 所示。

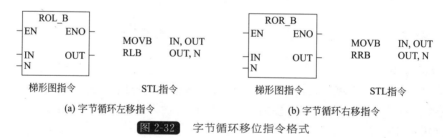

(a) 字节循环左移指令　　　　　　　　　　　　(b) 字节循环右移指令

图 2-32　字节循环移位指令格式

b. 字循环移位指令——RLW：字循环左移指令；RRW：字循环右移指令。指令格式如图 2-33 所示。

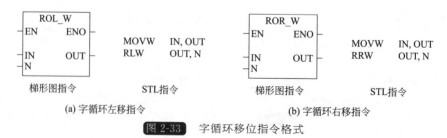

(a) 字循环左移指令　　　　　　　　　　　　　(b) 字循环右移指令

图 2-33　字循环移位指令格式

c. 双字循环移位指令——RLD：双字循环左移指令；RRD：双字循环右移指令。指令格式如图 2-34 所示。

(a) 双字循环左移指令　　　　　　(b) 双字循环右移指令

图 2-34　双字循环移位指令格式

③ 移位寄存器指令　SHRB：移位寄存器指令。指令格式如图 2-35 所示。

移位寄存器的数据类型无字节型、字型、双字型之分。移位寄存器最低位的地址为 S_BIT；最高位地址的计算方法为 MSB＝［｜N｜－1 ＋（S_BIT 的位号）］/8；最高位的字节号为：MSB 的商＋S_BIT 的字节号；最高位的位号为：MSB 的余数。

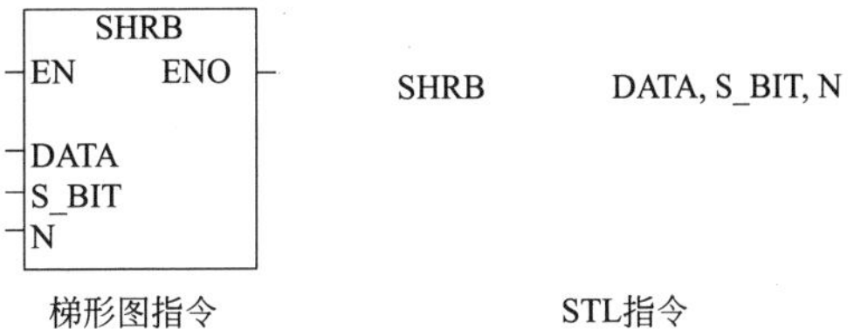

移位寄存器的移出端与 SM1.1 连接。移位寄存器指令影响的特殊继电器为：SM1.0(零)，SM1.1(溢出)；影响 ENO 正常工作的出错条件为：SM4.3(运行时间)，0006(间接寻址)，0091(操作数超界)，0092(计数区错误)。

图 2-35　移位寄存器指令格式

(3) 字节交换与填充指令

① 字节交换指令 SWAP　本指令专用于对 1 个字长的字型数据进行处理。指令格式如图 2-36 所示。

② 填充指令 FILL　填充指令 FILL 用于处理字型数据，将字型输入数据 IN 填充到从 OUT 开始的 N 个字存储单元，N 为字节型数据。指令格式如图 2-37 所示。

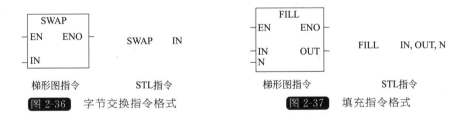

图 2-36　字节交换指令格式　　　　图 2-37　填充指令格式

2.3.2　算术和逻辑运算指令

算术运算指令包括加法、减法、乘法、除法及一些常用的数学函数。逻辑运算包括与、或、非、异或以及数据比较等指令。

(1) 算术运算指令

① 加法指令　加法操作是对两个有符号数进行相加。加法指令可分：整数加法指令（＋I）、双整数加法指令（＋D）、实数加法指令（＋R）。指令格式如图 2-38 所示。

② 减法指令　减法指令是对两个有符号数进行减操作，与加法指令一样，也可分为：整数减法指令(－I)、双整数减法指令(－D) 和实数减法指令(－R)。指令格式如图 2-39 所示。

③ 乘法指令　乘法指令是对两个有符号数进行乘法操作。乘法指令可分为：整数乘法

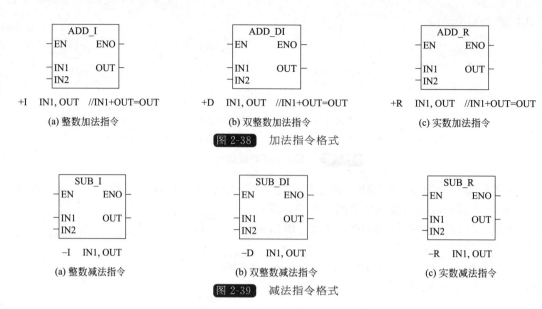

(a) 整数加法指令　　　　　　(b) 双整数加法指令　　　　　　(c) 实数加法指令

图 2-38　加法指令格式

(a) 整数减法指令　　　　　　(b) 双整数减法指令　　　　　　(c) 实数减法指令

图 2-39　减法指令格式

指令(＊I)、完全整数乘法指令(MUL)、双整数乘法指令(＊D)、实数乘法指令(＊R)。指令格式如图 2-40 所示。

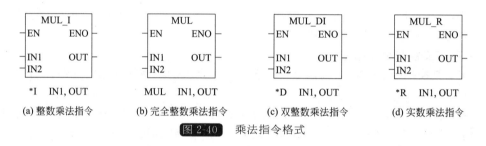

(a) 整数乘法指令　　(b) 完全整数乘法指令　　(c) 双整数乘法指令　　(d) 实数乘法指令

图 2-40　乘法指令格式

④ 除法指令——除法指令是对两个有符号数进行除法操作,除法指令也可分为:整数除法指令(/I)、完全整数除法指令(DIV)、双整数除法指令(/D) 和实数除法指令(/R)。指令格式如图 2-41 所示。

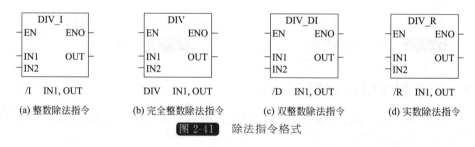

(a) 整数除法指令　　(b) 完全整数除法指令　　(c) 双整数除法指令　　(d) 实数除法指令

图 2-41　除法指令格式

(2) 数学函数指令

S7-200 系列 PLC 中的数学函数指令包括指数运算,对数运算,求三角函数的正弦、余弦及正切值。这些指令都是双字长的实数运算。

SQRT:平方根函数运算指令;LN:自然对数函数运算指令;EXP:指数函数指令;SIN:正弦函数指令;COS:余弦函数指令;TAN:正切函数指令。指令格式如图 2-42 所示。

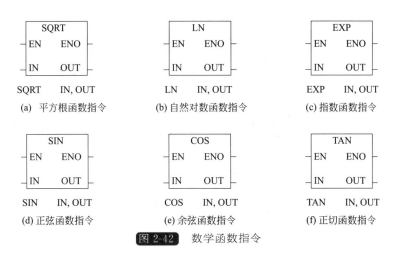

(a) 平方根函数指令 (b) 自然对数函数指令 (c) 指数函数指令

(d) 正弦函数指令 (e) 余弦函数指令 (f) 正切函数指令

图 2-42 数学函数指令

(3) 增减指令

增减指令又称为自动加 1 和自动减 1 指令。

① 字节增减指令 INCB：字节加 1 指令；DECB：字节减 1 指令。指令格式如图 2-43 所示。

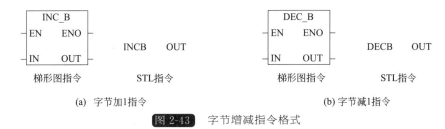

(a) 字节加1指令 (b) 字节减1指令

图 2-43 字节增减指令格式

② 字增减指令 INCW：字加 1 指令；DECW：字减 1 指令。指令格式如图 2-44 所示。

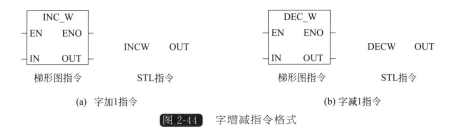

(a) 字加1指令 (b) 字减1指令

图 2-44 字增减指令格式

③ 双字增减指令 INCD：双字加 1 指令；DECD：双字减 1 指令。指令格式如图 2-45 所示。

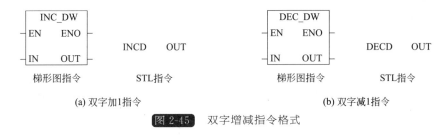

(a) 双字加1指令 (b) 双字减1指令

图 2-45 双字增减指令格式

(4) 逻辑运算指令

逻辑运算指令是对无符号数进行处理操作的，主要包括与、或、非、异或等操作。

① 字节逻辑指令　ANDB：字节逻辑与指令；ORB：字节逻辑或指令；XORB：字节逻辑异或指令；INVB：字节逻辑非指令。指令格式如图 2-46 所示。

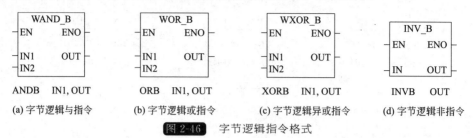

图 2-46　字节逻辑指令格式

② 字逻辑指令　ANDW：字逻辑与指令；ORW：字逻辑或指令；XORW：字逻辑异或指令；INVW：字逻辑非指令。指令格式如图 2-47 所示。

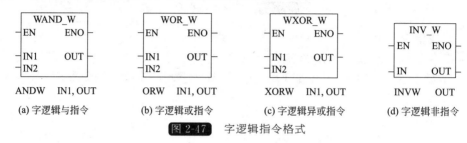

图 2-47　字逻辑指令格式

③ 双字逻辑指令　ANDD：双字逻辑与指令；ORD：双字逻辑或指令；XORD：双字逻辑异或指令；INVD：双字逻辑非指令。指令格式如图 2-48 所示。

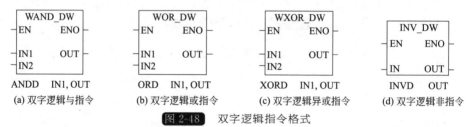

图 2-48　双字逻辑指令格式

2.3.3　表功能指令

S7-200 系列 PLC 的表功能指令包括：填表指令、表中取数指令、查表指令。

(1) 填表指令
ATT(Add To Table)：填表指令。指令格式如图 2-49 所示。

(2) 查表指令
FND(Table Find)：查表指令。指令格式如图 2-50 所示。

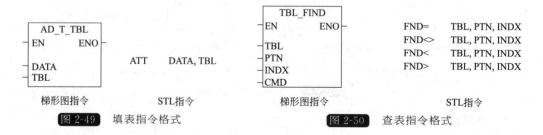

图 2-49　填表指令格式　　　　图 2-50　查表指令格式

(3) 表中取数指令

在 S7-200 中,可以将表中的字型数据按照"先进先出"或"后进先出"的方式取出,送到指定的存储单元。每取一个数,EC 自动减 1。先进先出指令 FIFO,指令格式如图 2-51 所示。后进先出指令 LIFO,指令格式如图 2-52 所示。

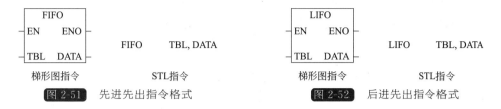

图 2-51 先进先出指令格式   图 2-52 后进先出指令格式

2.3.4 转换指令

转换指令是对操作数的类型进行转换的指令。

(1) 数据类型转换指令

此类指令是将一个固定的数据,根据操作指令对数据类型的需要,进行相应类型的转换。

① 字节与整数转换指令   BTI:字节到整数的转换指令;ITB:整数到字节的转换指令。指令格式如图 2-53 所示。

(a) 字节到整数的转换指令   (b) 整数到字节的转换指令

图 2-53 字节与整数转换指令格式

指令影响的特殊继电器为:SM1.1(溢出)。影响 ENO 正常输出的出错条件为:SM1.1、SM4.3、0006。

② 整数与双整数转换指令   ITD:整数到双整数的转换指令;DTI:双整数到整数的转换指令。指令格式如图 2-54 所示。

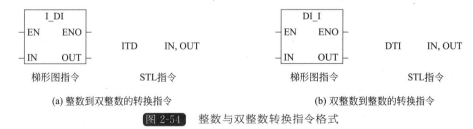

(a) 整数到双整数的转换指令   (b) 双整数到整数的转换指令

图 2-54 整数与双整数转换指令格式

指令影响的特殊继电器为:SM1.1(溢出)。影响 ENO 正常输出的出错条件为:SM1.1、SM4.3、0006。

③ 双整数与实数转换指令

• ROUND:实数到双整数转换指令(小数部分四舍五入)。指令格式如图 2-55 所示。
• TRUNC:实数到双整数转换指令(小数部分舍去)。指令格式如图 2-56 所示。

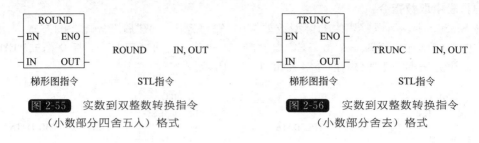

图 2-55 实数到双整数转换指令
（小数部分四舍五入）格式

图 2-56 实数到双整数转换指令
（小数部分舍去）格式

• DTR：双整数到实数转换指令。指令格式如图 2-57 所示。

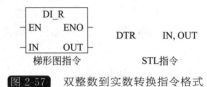

④ 整数与 BCD 码转换指令　IBCD：整数到 BCD 码的转换指令；BCDI：BCD 码到整数的转换指令。指令格式如图 2-58 所示。

图 2-57　双整数到实数转换指令格式

（2）编码和译码指令

编码指令 ENCO，指令格式如图 2-59 所示。译码指令 DECO，指令格式如图 2-60 所示。

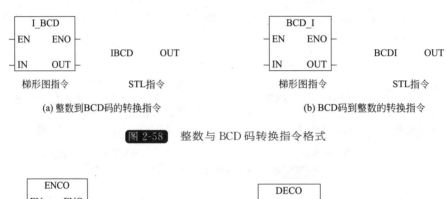

(a) 整数到BCD码的转换指令

(b) BCD码到整数的转换指令

图 2-58　整数与 BCD 码转换指令格式

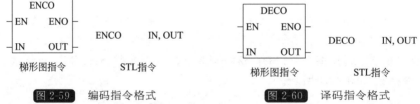

图 2-59　编码指令格式　　　　　图 2-60　译码指令格式

（3）七段显示码指令 SEG

本指令用于 PLC 输出端外接数码管的情况，指令格式如图 2-61 所示。

（4）字符串转换指令

本类指令是将由 ASCII 码表示的 0～9，A～F 的字符串，与十六进制值、整数、双整数及实数之间进行转换。

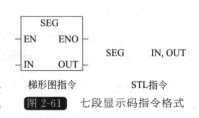

图 2-61　七段显示码指令格式

ATH：ASCII 码到十六进制转换指令；HTA：十六进制数到 ASCII 码转换指令；ITA：整数到 ASCII 码转换指令；DTA：双整数到 ASCII 转换指令；RTA：实数到 ASCII 码转换指令 RTA。指令格式如图 2-62 所示。

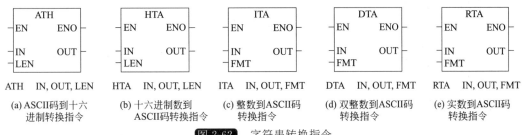

(a) ASCII码到十六 进制转换指令	(b) 十六进制数到 ASCII码转换指令	(c) 整数到ASCII码 转换指令	(d) 双整数到ASCII码 转换指令	(e) 实数到ASCII码 转换指令

图 2-62 字符串转换指令

2.3.5 中断指令

中断是控制系统执行正常程序时，系统中出现了某些急需处理的异常情况或特殊请求，这时系统暂时中断现行程序，转去对随机发生的更紧迫事件进行处理（执行中断服务程序），当该事件处理完毕后，系统自动回到原来被中断的程序继续执行。

(1) 中断源

中断源是中断事件向 PLC 发出中断请求的来源。S7-200 CPU 最多可以有 34 个中断源，每个中断源都分配一个编号用于识别，称为中断事件号。中断源分为三大类：通信中断、输入/输出中断和时基中断。

在 PLC 应用系统中通常有多个中断源。当多个中断源同时向 CPU 申请中断时，要求 CPU 能将全部中断源按中断性质和处理的轻重缓急来进行排队，并给予优先权。给中断源指定处理的次序就是给中断源确定中断优先级。

(2) 中断控制

经中断优先判断，优先级最高的中断请求送 CPU，CPU 响应中断后自动保存逻辑堆栈、累加器和某些特殊标志寄存器位，即保护现场。中断处理完成后，又自动恢复这些单元保存起来的数据，即恢复现场。

(3) 中断程序

中断程序也称中断服务程序，是用户为处理中断事件而事先编制的程序。

2.3.6 高速处理指令

高速处理指令有高速计数指令和高速脉冲输出指令两类。

(1) 高速计数指令

高速计数器 HSC（High Speed Counter） 在现代自动控制的精确定位控制领域有重要的应用价值。高速计数器用来累计比 PLC 扫描频率高得多的脉冲输入（30kHz），利用产生的中断事件完成预定的操作。

① S7-200 系列的高速计数器 S7-200 系列中 CPU221 和 CPU222 有 4 个，它们是 HC0、HC3、HC4 和 HC5；CPU 224 和 CPU 226 有 6 个，它们是 HC0～HC5。

② 中断事件类型 高速计数器的中断事件大致可分为三种方式，即当前值等于预设值中断、输入方向改变中断和外部复位中断。

③ 工作模式和输入点的连接

a. 工作模式。高速计数器最多有 12 种工作模式。不同的高速计数器有不同的模式。高速计数器 HSC0、HSC4 有模式 0、1、3、4、6、7、9、10；HSC1 有模式 0、1、2、3、4、5、6、7、8、9、10、11；HSC2 有模式 0、1、2、3、4、5、6、7、8、9、10、11；HSC3、HSC5 只有模式 0。

b. 输入点的连接。在正确使用一个高速计数器时，除了要定义它的工作模式外，还必须注意它的输入端连接。

④ 高速计数指令　高速计数指令有两条：HDEF 和 HSC。

(2) 高速脉冲输出指令

高速脉冲输出功能是在 PLC 的某些输出端产生高速脉冲，用来驱动负载实现高速输出和精确控制。

① 高速脉冲的输出方式和输出端子的连接

a. 高速脉冲的输出方式。

高速脉冲输出可分为高速脉冲串输出 PTO 和宽度可调脉冲输出 PWM 两种方式。

b. 输出端子的连接。每个 CPU 有两个 PTO/PWM 发生器产生高速脉冲串和脉冲宽度可调的波形，一个发生器分配在数字输出段 Q0.0，另一个分配在 Q0.1。

② 相关的特殊功能寄存器　每个 PTO/PWM 发生器都有 1 个控制字节、16 位无符号的周期时间值和脉宽值各 1 个、32 位无符号的脉冲计数值 1 个。这些字都占有一个指定的特殊功能寄存器，一旦这些特殊功能寄存器的值被设成所需操作，可通过执行脉冲指令 PLS 来执行这些功能。

③ 脉冲输出指令　脉冲输出指令可以输出两种类型的方波信号，在精确位置控制中有很重要的应用。

高速脉冲串输出 PTO 和宽度可调脉冲输出都由 PLC 指令来激活输出；操作数 Q 为字型常数 0 或 1；高速脉冲串输出 PTO 可采用中断方式进行控制，而宽度可调脉冲输出 PWM 只能由指令 PLS 来激活。

2.4　S7-200 PLC 编程软件及应用

2.4.1　编程软件系统概述

STEP 7-Micro/WIN32 是在 Windows 平台上运行的 SIMATIC S7-200 PLC 编程软件，该软件简单、易学，并且能够很容易地解决复杂的自动化任务。

(1) 系统要求

操作系统：Windows 2000、Windows XP 或以上。

计算机硬件配置：586 以上兼容机，内存 64MB 以上，VGA 显示器，500MB 以上硬盘空间，Windows 支持的鼠标。

通信电缆：PC/PPI 电缆(或使用一个通信处理器卡)，用于计算机与 PLC 连接。

以太网通信：网卡、TCP/IP 协议、Winsock2(可下载)。

(2) 软件安装

STEP 7-Micro/WIN32 编程软件在一张光盘上，用户可按以下步骤安装：将光盘插入光盘驱动器；系统自动进入安装向导，或在安装目录中双击 setup.exe，进入安装向导；按照安装向导完成软件的安装。

(3) 硬件连接

S7-200 及以上的 PLC 大多采用 PC/PPI 电缆直接与个人计算机相连。单台 PLC 与计算机的连接或通信，只需要一根 PC/PPI 电缆。在连接时，首先需要设置 PC/PPI 电缆上的 DIP 开关，该开关上的 1、2、3 位用于设定波特率，4、5 位置 0。

(4) 参数设置

安装完软件并且连接好硬件之后，可以按照下面的步骤设置参数：①在 STEP 7-Micro/WIN32 运行后单击通信图标或从菜单中选择"查看"中选择选项"组件"中的"通信"，则会出现一个"通信"对话框,单击"刷新";②在对话框中双击 PC/PPI 电缆的图标,将出现 PG/PC 接口的对话框,如图 2-63 所示;③单击"Properties"按钮,将出现"接口属性"对话框,检查各参数的属性是否正确,其中通信波特率默认值为 9600 波特,网络地址默认值为 0。

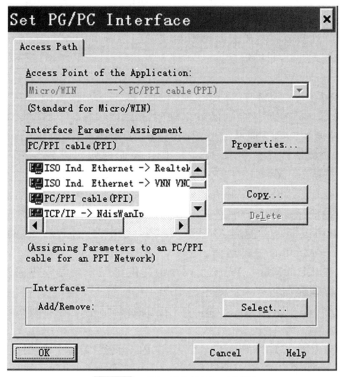

图 2-63 "Set PG/PC"对话框

(5) 建立在线连接

前几步如果都顺利完成,则可以建立与 SIMATIC S7-200 CPU 的在线联系,步骤如下:① 在 STEP 7-Micro/WIN32 下,单击通信图标或从菜单中选择"查看"中选择选项"组件"中的"通信",则会出现一个"通信建立"结果对话框,显示是否连接了 CPU 主机;② 双击"通信建立"对话框中的刷新图标,STEP 7-Micro/WIN32 将检查所连接的所有 S7-200 CPU 站,并为每个站建立一个 CPU 图标;③ 双击要进行通信的站,在"通信建立"对话框中可以显示所选站的通信参数。

(6) 建立修改 PLC 通信参数

如果建立了计算机和 PLC 的在线联系,就可利用软件检查、设置和修改 PLC 的通信参数。步骤如下:① 单击引导条中的系统块图标或从主菜单中选择"查看"菜单中的"系统块"选项,将出现"系统块"对话框;② 单击"通信端口"选项卡,检查各参数,若无误单击"确认",如果需要修改某些参数,可以先进行有关的修改,然后单击"应用"按钮,再单击"确认"后退出;③ 单击工具条中的下载图标,即可把修改后的参数下载到 PLC 主机。

2.4.2 STEP 7-Micro/WIN32 软件功能

(1) 编程软件的功能介绍

STEP 7-Micro/WIN32 是在 Windows 平台上运行的 SIMATIC S7-200 PLC 编程开发工具,它具有强大的扩展功能。

① 基本功能

a. 在离线（脱机）方式下可以实现对程序的编辑、编译、调试和系统组态。

b. 在线方式下可通过联机通信的方式上传和下载用户程序及组态数据，编辑和修改用户程序，还可以直接对 PLC 进行各种操作。

c. 支持 IL、LAD、FBD 三种编程语言，并且可以在三者之间随时切换。

d. 在编辑过程中具有简单的语法检查功能，它能够在程序错误行处加上红色曲线进行标注，利用此功能可以避免语法和数据类型的错误。

e. 具有文档管理和密码保护等功能。

② 其他功能

a. 运动控制。S7-200 提供有开环运动控制的三种方式：脉宽调制（PWM），内置于 S7-200，用于速度、位置或占空比控制；脉冲串输出（PTO），内置于 S7-200，用于速度和位置控制；EM 253 位控模块，用于速度和位置控制的附加模块。

b. 创建调制解调模块程序。使用 EM 241 调制解调模块可以将 S7-200 直接连到一个模拟电话线上，并且支持 S7-200 与 STEP 7-Micro/WIN32 的通信。

c. USS 协议指令库。STEP 7-Micro/WIN32 指令库，该指令库包括预先组态好的子程序和中断程序，这些子程序和中断程序都是专门为通过 USS 协议与驱动通信而设计的。

d. Modbus 从站协议指令。使用 Modbus 从站协议指令，用户可以将 S7-200 组态作为 Modbus RTU 从站与 Modbus 主站通信。

e. 使用配方。STEP 7-Micro/WIN32 软件中提供了配方向导程序来帮助用户组织配方和定义配方。配方存放在存储卡中，而不是 PLC 中。

f. 使用数据归档。STEP 7-Micro/WIN32 提供数据归档向导，将过程测量数据存入存储卡中。

g. PID 自整定和 PID 整定控制面板。S7-200 PLC 已经支持 PID 自整定功能，STEP 7-Micro/WIN32 中也添加了 PID 整定控制面板。

(2) 窗口组件及功能

启动 STEP 7-Micro/WIN32 编程软件，其主界面如图 2-64 所示。

① 操作栏　显示编程特性的按钮控制群组如下：

"视图"——选择该类别，显示程序块、符号表、状态图、数据块、系统块、交叉参考及通信显示按钮控制等。

"工具"——选择该类别，显示指令向导、文本显示向导、位置控制向导、EM 253 控制面板和调制解调器扩展向导的按钮控制等。

② 指令树　提供所有项目对象和为当前程序编辑器（LAD、FBD 或 STL）提供的所有指令的树型视图。

③ 交叉引用窗口　希望了解程序中是否已经使用和在何处使用某一符号名或存储区赋值时，可使用"交叉引用"表。"交叉引用"列表识别在程序中使用的全部操作数，并指出 POU、网络或行位置以及每次使用的操作数指令上下文。

④ 数据块/数据窗口　该窗口可以设置和修改变量存储区内各种类型存储区的一个或多个变量值，并可以加注释加以说明，允许用户显示和编辑数据块内容。

⑤ 状态表窗口　状态表窗口允许将程序输入、输出或将变量置入图表中，以便追踪其状态。在状态表窗口中可以建立多个状态图，以便从程序的不同部分监视组件。每个状态图在状态图窗口中有自己的标签。

⑥ 符号表/全局变量表窗口　允许用户分配和编辑全局符号。用户可以建立多个符号表。

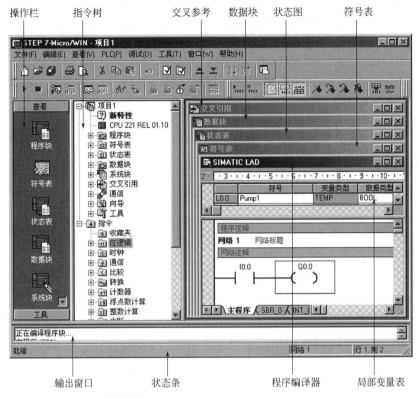

图 2-64 STEP 7-Micro/WIN32 窗口组件

⑦ 输出窗口 该窗口用来显示程序编译的结果信息。

⑧ 状态条 提供在 STEP 7-Micro/WIN32 中操作时的操作状态信息。

⑨ 程序编译器 包含用于该项目的编辑器（LAD、FBD 或 STL）的局部变量表和程序视图。

⑩ 局部变量表 每个程序块都对应一个局部变量，在带有参数的子程序调用中，参数的传递就是通过局部变量表进行的。

⑪ 主菜单条 同其他基于 Windows 系统的软件一样，位于窗口最上方的就是 STEP 7-Micro/WIN32 的主菜单。它包括 8 个主菜单选项，这些菜单包含了通常情况下控制编程软件运行的命令，并通过使用鼠标或键击执行操作。用户可以定制"工具"菜单，在该菜单中增加自己的工具。

⑫ 工具条 工具条是一种代替命令或下拉菜单的便利工具，通常是为最常用的 STEP 7-Micro/WIN32 操作提供便利的鼠标访问。

2.4.3 程序编程

(1) 程序文件操作

① 新建项目 双击 STEP 7-Micro/WIN32 图标，或从"开始"菜单选择"SIMATIC"→"STEP 7-Micro/WIN"，启动应用程序，会打开一个新 STEP 7-Micro/WIN32 项目。

可以单击工具条中的"新建"按钮或者使用"文件"菜单中的"新建"命令来新建一个工程文件，此时在主窗口中将显示新建程序文件的主程序区。

新建的程序文件以"项目?(CPU221)"命名。用户可以根据实际需要对其进行修改。

a. 确定 CPU 主机型号。具体方法如下：右击"CPU221 REL 0.1.10"图标，在弹出的命令中选择"类型"，或者用菜单命令 PLC 中的"类型"来选择 CPU 型号。通过选择 PLC 类型，可以帮助执行指令和参数检查，防止在建立程序时发生错误。

b. 程序更名。在项目中所有的程序都可以修改名称，通过右键单击各个程序图标，在弹出的对话中选择重命名，则可以修改程序名称。

c. 添加子程序或中断程序。右键单击程序块图标，选择"插入/子程序"或"插入/中断程序"即可添加一个新的子程序或中断程序。

d. 编辑程序。双击想要编辑的程序的图标，即可显示该程序的编辑窗口。

② 打开现有的项目　从 STEP 7-Micro/WIN32 中，使用"文件"菜单，选择下列选项之一，完成项目的打开。

③ 编辑程序前应注意的事项

a. 定制工作区。

b. 设置通信。

c. 根据 PLC 类型进行范围检查。

(2) 编辑程序

在使用 STEP 7-Micro/WIN32 编程软件中，有 3 种编程语言可供使用，它们是梯形图编程 LAD、功能块图编程 FBD 以及语句表编程 STL。

① 输入编程元件　在 STEP 7-Micro/WIN32 编程软件中，编程元件的输入方法有 2 种：从指令树中双击或者拖放；工具条按钮。

② 在 LAD 中构造简单、串联和并联网络的规则　在 LAD 编程中，必须遵循一定的规则，才能减少程序的错误。

a. 放置触点的规则。每个网络必须以一个触点开始，但网络不能以触点终止。

b. 放置线圈的规则。网络不能以线圈开始，线圈用于终止逻辑网络。一个网络可有若干个线圈，但要求线圈位于该特定网络的并行分支上。

c. 放置方框的规则。如果方框有 ENO，使能位扩充至方框外，这意味着用户可以在方框后放置更多的指令。

在网格中，一个单独的网络最多能垂直扩充 32 个单元格或水平扩充 32 个单元。

d. 网络尺寸限制。用户可以将程序编辑器窗口视作划分为单元格的网格。在网格中，一个单独的网络最多能垂直扩充 32 个单元格或水平扩充 32 个单元。

③ 在 LAD 中输入操作数　用户在 LAD 中输入一条指令时，参数开始用问号表示，例如(??．?)或(????)。问号表示参数未赋值。

④ 在 LAD 中输入程序注解　LAD 编辑器中共有四个注释级别：项目组件注释；网络标题；网络注释；项目组件属性。

⑤ 在 LAD 中编辑程序元素

a. 剪切、复制、粘贴或删除多个网络。通过拖拽鼠标或使用"Shift"键和"Up"（向上）、"Down"（向下）箭头键，用户可以选择多个相邻的网络，用于剪切、复制、粘贴或删除选项。

b. 剪切、复制、粘贴项目元件。将鼠标移到指令树或编辑器标签上，然后单击鼠标右键。由弹出菜单中选取"复制"命令，以复制整个项目部件。

c. 编辑单元格、指令、地址和网络。当单击程序编辑器中的空单元格时，会出现一个方框，显示已经选择的单元格。用户可以使用鼠标右键单击弹出菜单在空单元格中粘贴一个选项，或在该位置插入一个新行、列、垂直线或网络。

⑥ 如何使用查找/替换和转入功能　使用查找/替换和转入功能，能够方便快捷地对程序中的元件、参数以及网络等进行查看、编辑和修改。

⑦ 使用符号表　使用符号表，可以将直接地址编号用具有实际意义的符号代替，有利于程序结构的清晰易读。

a. 在符号表/全局变量表中指定符号赋值。在符号表中，用户可以为每个地址指定有意义的符号，并加以注释。

b. 查看重叠和未使用的符号。如果要查看符号表中的"重叠"列或"未使用的符号"列，则用户首先要选择"工具(Tools)"→"选项(Options)"菜单项目。

c. 在符号寻址和绝对地址视图之间切换。在符号表/全局变量表中建立符号和绝对地址或常数值的关联后，用户可在操作数信息的符号寻址和绝对寻址显示之间切换。

d. 同时查看符号和绝对地址。要在 LAD、FBD 或 STL 程序中同时查看符号地址和绝对地址，使用菜单命令"工具(Tools)"→"选项(Options)"，并选择"程序编辑器"标签。选择"显示符号和地址"。

⑧ 编译　程序编辑完成后，可以用"工具条"按钮或"PLC"菜单进行编译。

⑨ 下载　如果编译无误，便可以单击"下载"按钮，将用户程序下载到 PLC 中。

2.4.4　调试及运行监控

STEP 7-Micro/WIN32 编程软件有一系列工具，用户可直接在软件环境下调试并监视用户程序的执行。

(1) PLC RUN/STOP（运行/停止）模式

要使用 STEP 7-Micro/WIN32 软件控制 RUN/STOP（运行/停止）模式，必须在 STEP 7-Micro/WIN32 和 PLC 之间存在一条通信链路。

(2) 选择扫描次数监控用户程序

通过选择单次或多次扫描来监视用户程序，可以指定 PLC 对程序执行有限次数扫描。

① 初次扫描　将 PLC 置于 STOP 模式，使用"调试(Debug)"菜单中的"初次扫描(First Scans)"命令。

② 多次扫描　方法：将 PLC 置于 STOP 模式，使用"调试(Debug)"菜单中的"多次扫描(Multiple Scans)"命令，来指定执行的扫描次数，然后单击"确认(OK)"按钮进行监视。

③ 关于状态监控通信与扫描周期　PLC 在连续循环中读取输入、执行程序逻辑、写入输出和执行系统操作和通信。该扫描周期速度极快，每秒执行多次。

(3) 用状态表监控与调试程序

"状态监控"这一术语是指显示程序在 PLC 中执行时的有关 PLC 数据的当前值和能流状态的信息。

① 使用状态图表　在引导条窗口中单击"状态图(Status Chart)"或用"视图(View)"菜单中的"状态图"命令。当程序运行时，可使用状态图来读、写、监视和强制其中的变量。

② 强制指定值　用户可以用状态图表来强制用指定值对变量赋值，所有强制改变的值都存到主机固定的 EEPROM 存储器中。

(4) 程序监视

利用三种程序编辑器(梯形图、语句表和功能表) 都可在 PLC 运行时监视各元件的执行结果，并可监视操作数的数值。

利用梯形图编辑器可以监视在线程序状态。用户还可利用语句表编辑器监视在线程序状态。

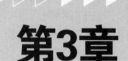

Chapter 03 第3章

西门子S7-200 PLC 机电控制设计实例

3.1 基于 S7-200 PLC 的变频调速电梯控制系统的设计

电梯是机电一体化的典型产品。现代电梯有高度安全性要求，并不断往节能、群控、网络化、信息化等方向发展。近年来，电梯普遍采用变频技术，即 VVVF 电梯（调频调压调速电梯）。变频调速采用先进的 SPWM（脉冲宽度调制）技术，明显改善了电动机供电电源的质量，谐波少，起有效的节能效果。

3.1.1 电梯结构与性能要求

（1）电梯结构

电梯由轿厢升降拖动系统、门拖动系统、电梯呼叫系统和指示系统、电梯安全保护系统等组成。

① 轿厢升降拖动系统　电梯顶部装有微型直流电机和减速机构组成的升降拖动系统，拖动轿厢和对重装置作升降运动。图 3-1 示出了电梯轿厢运动的过程，编号 3 为钢丝绳，两头连接着轿厢和对重装置，钢丝绳与曳引轮产生摩擦力，拖动轿厢做上下运动，图 3-1（a）中，轿厢在上方，对重装置（编号 4）在下方，在曳引轮的带动下，轿厢下降，对重装置上升，如图 3-1（b）所示。升降电机采用电压变频调速，分高速和低速两挡。为了改善舒适性，要求电梯能平滑减速为零，准确平层，即"无速停车抱闸"，不出现运行或低速抱闸，产生振动。电机转轴上装有旋转编码器，它随着转轴运行并产生两相相互正交的脉冲波 A 相、B 相。PLC 对两相脉冲波进行正交计数，正转增计数，反转减计数，计数结果作为电梯换速信号和楼层平层使用。

② 门拖动系统　在轿厢顶部装有微型直流电机，用于驱动轿厢门的开和关，图 3-2 所示为一种常见的门拖动系统，图 3-2（a）中轿厢门为开状态，当按下关按钮时，轿厢顶部的电机旋转，驱动轿厢门开，开门后的状态如图 3-2（b）所示。若要改进轿厢门的开关门形式，也可以采用变频调速的形式。轿厢运行到不同楼层时，由轿厢上的门刀拖动该层层门同时作开、关门动作。

③ 电梯呼叫系统和指示系统　电梯呼叫系统包括内选按钮和外呼按钮，内选按钮拥有 6个，底层到 5 层每层对应 1 个按钮；外呼按钮有 10 个，除底层和顶层只有上呼按钮和下呼

按钮外，其余各层(C1 层~4 层) 各有两个按钮，用于上呼和下呼。电梯指示系统也分为两部分，一部分是记录内选按钮的情况，另一部分是记录外呼按钮情况，每个按钮对应一个指示灯。

④ 电梯安全保护系统　为保证电梯运行的安全，保障乘客人身安全和货物的安全，电梯系统中设有各种安全装置。

a. 限速器和安全钳保护系统。当发生意外事故时，如钢丝绳断裂、曳引轮蜗轮啮合失灵等原因引起轿厢运行超速或者高速下滑，这时限速器会紧急制动，通过安全钢索及连杆机构，带动安全钳动作，使轿厢在导轨上停止下滑。

b. 轿厢、对重弹簧缓冲装置。缓冲器是电梯极限位置的安全装置，当电梯因故障造成轿厢或对重蹲底或冲顶时(极限开关保护失效)，轿厢或对重撞击弹簧缓冲器，由缓冲器吸收电梯的能量，从而使轿厢或对重安全减速直至停止。

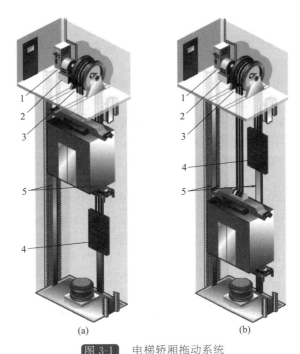

图 3-1　电梯轿厢拖动系统

1—控制柜；2—拖动系统；3—钢丝绳；4—对重装置；5—导轨

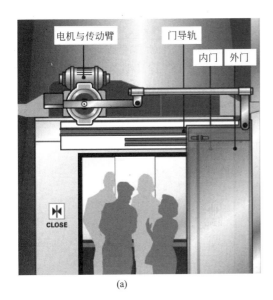

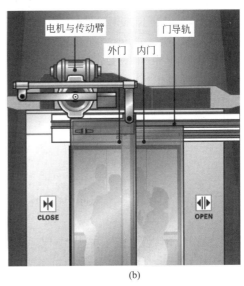

图 3-2　门拖动系统

c. 终端极限开关安全保护系统。在电梯井道的顶层及底层装有终端极限开关。当电梯因故障失控，轿厢发生冲顶或蹲底时，终端极限开关切断控制电路，使轿厢停止运行。

d. 门安全保护装置。在轿厢门的边沿上，装有活动的安全触板。当门在关闭过程中，安全触板与乘客或障碍物相接触时，通过与安全触板相连的连杆，触及装在轿厢门上的微动开关动作，使门重新打开，避免事故发生。

e. 门机力矩安全装置。门机用一定的力矩同时关闭轿厢门和层门。当有物品或人夹在门中时，就增加了关门力矩，于是通过相连的行程开关使轿厢门和厅门自动重新打开，从而避免事故发生。

f. 厅门自动闭合装置。电梯层门的开与关，是通过安装在轿门上的开门刀片来实现的。每个层门都装有一把门锁。层门关闭后，门锁的机械锁钩啮合，同时层门与轿门电气联锁触头闭合，电梯控制回路接通，此时电梯才能启动运行。

（2）电梯控制性能要求

① 电梯有强制工作、自动工作状态两种模式。

② 电梯到位后，具有自动手动开门功能。

③ 轿厢层间高速运行，快到相应楼层时，切换成低速运行，无速停车抱闸。

④ 行车方向由内选信号决定，顺向优先执行。

⑤ 行车过程如遇外呼，顺向截车，逆向不截车。

⑥ 内选、外呼信号具有记忆功能，执行后解除。

⑦ 内选信号、外呼信号、轿厢行驶方向及所在楼层位置均有显示。

⑧ 电梯启动、到站、开门均有语音提示。

⑨ 平层时，可自动开门、关门，有障碍物（夹人）自动改为开门。

⑩ 轿厢超重不能关门，发出警告声音。

⑪ 行车时，层门和轿门都不能开，开门后，不能行车，形成互锁。

⑫ 电梯具有各种安全保护装置。

3.1.2 PLC的系统配置及控制功能

（1）PLC控制系统的系统配置及I/O地址分配

系统按照5层电梯进行设计，根据控制要求，需输入点数33点，输出点数29点，考虑10％～15％的裕量，另外，由于采用旋转编码器定位，需要PLC具有高速脉冲输入，故选择西门子S7-200系列CPU 226 PLC为主机，配以EM 223 DC 24V数字量16输入/16输出扩展模块。CPU 226输入/输出点数为24入/16出，EM 223为16入/16出，形成输入点数40点，输出点数32点，满足系统要求，其地址编号如图3-3所示。

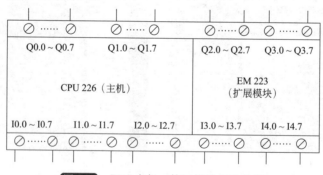

图 3-3 PLC主机、扩展模块I/O分配

PLC输入信号有：外呼按钮、内选按钮、限位开关、旋转编码器输出信号、手动开关、轿厢开/关按钮等。输出信号有：外呼信号指示、内选信号指示、楼层显示信息、电梯上/下行信息、变频器控制信号、语音提示信号等。输入/输出信号的具体分配如表3-1所示。

表 3-1　I/O 地址分配

PLC 输入点	电梯实物内部接口（I/O）	PLC 输出点	电梯实物内部接口（I/O）
I0.0	编码器高速计数输入 A 相	Q0.0	RH
I0.1	编码器高速计数输入 B 相	Q0.1	RL
I0.2	轿厢安全开关	Q0.2	STF
I0.3	五层外呼下按钮	Q0.3	STR
I0.4	四层外呼上按钮	Q0.5	关门驱动
I0.5	四层外呼下按钮	Q0.6	开门驱动
I0.6	三层外呼上按钮	Q0.7	五层外呼下指示
I0.7	三层外呼下按钮	Q1.0	四层外呼上指示
I1.0	二层外呼上按钮	Q1.1	四层外呼下指示
I1.1	二层外呼下按钮	Q1.2	三层外呼上指示
I1.2	一层外呼上按钮	Q1.3	三层外呼下指示
I1.3	一层外呼下按钮	Q1.4	二层外呼上指示
I1.4	底层外呼上按钮	Q1.5	二层外呼下指示
I1.5	下基准限位开关	Q1.6	一层外呼上指示
I1.6	下极限限位开关	Q1.7	一层外呼下指示
I1.7	检修开关	Q2.0	底层外呼上指示
I2.0	手动开门按钮	Q2.1	显示驱动 A
I2.1	手动关门按钮	Q2.2	显示驱动 B
I2.2	手动上行按钮	Q2.3	显示驱动 C
I2.3	手动下行按钮	Q2.4	显示驱动 D
I2.4	急停按钮	Q2.5	电梯上行指示
I2.5	消防按钮	Q2.6	电梯下行指示
I2.6	关门限位开关	Q2.7	底层内呼指示
I2.7	开门限位开关	Q3.0	一层内呼指示
I3.0	底层内呼按钮	Q3.1	二层内呼指示
I3.1	一层内呼按钮	Q3.2	三层内呼指示
I3.2	二层内呼按钮	Q3.3	四层内呼指示
I3.3	三层内呼按钮	Q3.4	五层内呼指示
I3.4	四层内呼按钮	Q3.5	电子报站
I3.5	五层内呼按钮		
I3.6	轿厢开门按钮		
I3.7	轿厢关门按钮		
I4.0	上极限限位开关		

（2）旋转编码器与 PLC 脉冲检测

旋转编码器是一种旋转式测量装置，通常安装在被测轴上，随被测轴一起转动，用以测量转角，并将其转换成数字形式的输出信号。旋转编码器的两相输出分别与 PLC 的 I0.0、I0.1 相连。由于旋转编码器输出的脉冲频率较高，普通的计数器无法计数，必须采用高速计数器。CPU 226 拥有 6 个高速计数器，分别是 HSC0～HSC5。每一个高速计数器有 12 种工作模式，可分成四类：无外部方向输入信号的单相加/减计数器、有外部方向输入信号的单相加/减计数器、有加计数时钟和减计数时钟输入的双相计数器、有 AB 相正交计数器。由于旋转编码器的输出是两相互差 90°的脉冲，因此，高速计数器必须工作在模式 9～模式 11 之间，即工作在 AB 相正交计数模式。这里以模式 9 为例，说明正交计数的工作原理。当工作在模式 9 时，HSC 以 I0.0、I0.1 为 A、B 两相计数源，若 A 相时钟脉冲超前 B 相 90°，正计数，若 A 相时钟脉冲滞后 B 相 90°，则为减计数。AB 相正交计数器工作时，还可设定为 1 倍速正交模式和 4 倍速正交模式。1 倍速正交模式，接收到一个计数脉冲时计一个数。图 3-4 示出了高速计数器工作在模式 9，4 倍速正交的时序图。

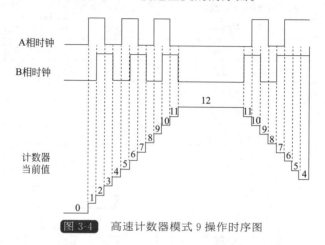

图 3-4 高速计数器模式 9 操作时序图

旋转编码器与曳引机的转轴相连，根据曳引轮的转轴方向及转动角度，编码器输出 A/B 相相位差 90°的一系列脉冲波，正向旋转，A 超前 B，逆向旋转，B 超前 A。高速计数器则根据相位超前情况，进行正计数或者减计数。若在轿厢在底层时，高速计数器的当前值为零，随着轿厢的上升，高速计数器的值不断增加，当下降时，高速计数器的值不断下降，根据高速计数器的值的变化反映出轿厢所在楼层的精确位置。由于旋转编码器测量准确，使用方便，优于其他方法，因此成为当前测量电梯所在位置的主流方法。

（3）电梯运行的速度曲线

为了能准确平层，并使乘客有很好的舒适感，电梯的速度控制是至关重要的环节。电梯必须按照设定好的速度运行，才能保证电梯平层的准确性。当 PLC 接收到平层信息时，必须使轿厢及时降速并停在指定位置。为使乘客有乘车的舒适感，电梯的速度变化不能跳变，特别是电梯启动和停止的时候，速度变化要缓慢，即轿厢运行的加速度比较小。综合上述要求，对于电梯的运行速度曲线可采用下面两种方法：

① 线性加减速方式 设置变频器的启动、停止时间，使得电动机的启动、停止时间逐渐变化。图 3-5 给出了变频器输出电源的频率 f 与时间的函数变化，图中，$0～t_1$ 为加速时间，可由 FR-A540 变频器的 Pr.7 设置，$t_2～t_3$ 为减速时间，可由 Pr.8 设置，Pr.20 用于设置加/减速参考频率。加/减速时间越长，电梯启动越平稳，线性加减速方式能够基本满足电梯准确平层及乘客乘车的舒适感。按照此速度运行，当电梯运行在楼层之间时，高速运行，接收到平层信号时，电梯轿厢改为低速运行并准确平层。

② S 形加减速方式 变频器具有 S 形曲线输出功能，以非线性的形式工作。它的特点是在起始的一段时间，加速速度相对缓慢；在启动之后，基本成线性运行，加速度不变，而后，加速度逐渐减为零。这样，在整个加速过程中，速度与时间关系呈 S 形方式，如图 3-6

所示。电梯轿厢按照 S 形速度曲线运行，会使得乘客的舒适感大大提高。FR-A540 变频器的 Pr.20 设置变频器按照哪种曲线加/减速，Pr.20＝1，为 S 形加/减速 A 曲线输出，Pr.3 设置基底频率，加速时间和减速时间分别由 Pr.7 和 Pr.8 设置。

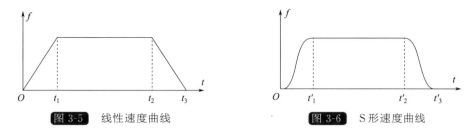

图 3-5　线性速度曲线　　　　　　　　图 3-6　S 形速度曲线

3.1.3　FR-A540 变频器的参数设置

FR-A540 变频器的参数非常多，变频器的引脚也非常多，图 3-7 示出了常用的端子。

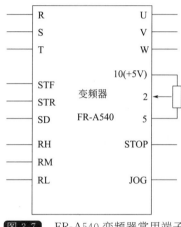

图 3-7　FR-A540 变频器常用端子

通过给输入端子不同的信号，变频器将 50Hz（工频）的三相交流电变换成给定信号对应的频率，变频器各端子的用法见表 3-2。

表 3-2　变频器的各端子说明

端子记号	端子名称	说明
R, S, T	交流电源输入	连接工频电源
U, V, W	变频器输出	接三相异步电动机
STF	正转启动	STF 信号处于 ON 便正转，处于 OFF 便停止
STR	反转启动	STF 信号处于 ON 便正转，处于 OFF 便停止
RH, RM, RL	多段速度选择	用 RH，RM，RL 信号的组合可以选择多段速度
SD	公共输入端子	接点输入端子和 FM 端子的公共端
STOP	启动自保持选择	STOP 信号处于 ON 时，可以选择启动信号自保持
JOG	点动模式选择	JOG 信号 ON 时，选择点动运行，用 STF 或 STR 点动运行
10	频率设定用电源	输出 5V 电压
2	频率设定（电压）	输入 0～5V DC，变频器输出与输入成比例的频率
5	频率设定公共端	频率设定信号的公共端子

变频器常用的操作模式为：外部操作模式、PU 操作模式、组合操作模式，通过变频器操作面板上的 PU/EXT 键可选择操作模式，如图 3-8 所示。当变频器处于外部操作模式时，EXT 显示灯亮，此时连接到外部的端子控制变频器的运行。当变频器处于 PU 操作模式时，PU 显示灯点亮，此时，变频器的操作可用 PU 键盘进行，无需外接操作信号。当变频器处于组合操作模式时，EXT 灯显示和 PU 显示灯皆亮，此模式具备了外部操作模式和 PU 操作模式的功能。

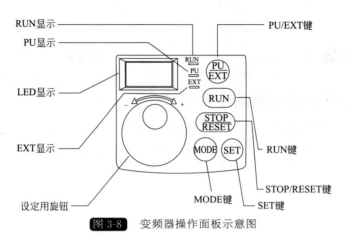

图 3-8　变频器操作面板示意图

FR-A540 变频器常用参数见表 3-3。

表 3-3　FR-A540 变频器常用参数

参数号	名称	设定范围	出厂设定	参数号	名称	设定范围	出厂设定
1	上限频率	0 ~ 120Hz	120Hz	20	加减速参考频率	1 ~ 400Hz	50Hz
2	下限频率	0 ~ 120Hz	0Hz	24	多段速度设定（速度 4）	0 ~ 400Hz	
3	基底频率	0 ~ 400Hz	50Hz	25	多段速度设定（速度 5）	0 ~ 400Hz	
4	多段速度设定（高速）	0 ~ 400Hz	60Hz	26	多段速度设定（速度 6）	0 ~ 400Hz	
5	多段速度设定（中速）	0 ~ 400Hz	30Hz	27	多段速度设定（速度 7）	0 ~ 400Hz	
6	多段速度设定（低速）	0 ~ 400Hz	10Hz	29	加减速曲线	0，1，2，3	0
7	加速时间	0 ~ 360s	5s	79	操作模式选择	0 ~ 8	0
8	减速时间	0 ~ 360s	5s				

3.1.4　系统框图及电气图设计

PLC 是电梯的控制核心，图 3-9 示出了 PLC 控制系统的框图。

内选按钮每个楼层对应一个，从底层到五层共 6 个，供乘客选择确定楼层。外呼按钮每层设两个，一个用于向上呼叫，另一个用于向下呼叫，但底层和顶层只有一个，底层只设上呼按钮，顶层只设下呼按钮。

平层信号是根据高速计数器对旋转编码器的脉冲计数值，通过控制器对采集的数据的处理，计算出轿厢所在准确位置（楼层）。若达到某一楼层，由 PLC 发出平层信号，平层是指停车时轿厢的底和门厅地面相平齐，一般都有平层误差规定。由于存在惯性，在停车之前，便需要先进行减速，减速需要有个过程，提高平层的准确性以及乘客的舒适感。同一层有两个平层基准，即上平层信号和下平层信号，皆由旋转编码器计算得到。

开关门信号由轿厢内的按钮发出，或者由 PLC 自动发出。电梯设置有固定的自动关门时间，在这段固定的时间内，若没有乘客按下关门按钮，电梯自动关门，若有乘客按下关门按钮，则马上关门。

安全保护信号包括上下限位、开关门限位、检修、消防、急停等开关信号。上下限位按钮是检测电梯达到顶端和底端极限的位置的按钮，上限为闭合时，说明电梯到达最高端，需要改变行车方向，下限为开关与上限位作用一样。开关门限位是检测轿厢门开或关时，判断开门/关门是否结束。检修、消防、急停等开关信号是电梯处于强制工作中使用，当遇到紧急情况或检修、调试等情况时，可按下检修开关，屏蔽自由工作状态。

旋转编码器与曳引轮相连，输出两相正交的方波输入到 PLC 的高速脉冲输入端。旋转编码器输出的两相方波，相位互为正交，相位超前或滞后反映曳引轮正转或反转。

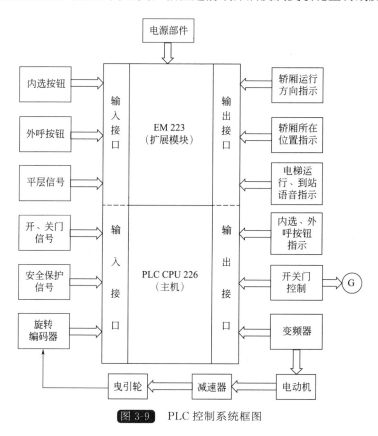

图 3-9　PLC 控制系统框图

轿厢运行方向指示轿厢上行或者下行情况。轿厢位置采用数码管动态显示轿厢当前所在位置。语音提示主要提醒乘客到达指定楼层或开始启动电梯。内选、外呼按钮指示记录乘客欲到楼层的情况。

开关门控制是当轿厢到达对应楼层后，控制电动机开门、关门的输出信号。

PLC 对变频器的控制目的是对曳引轮的转速控制，使轿厢在楼层间运行时，高速旋转，平层前改为低速运行，再抱闸停车。

电梯部分控制系统如图 3-10 所示。

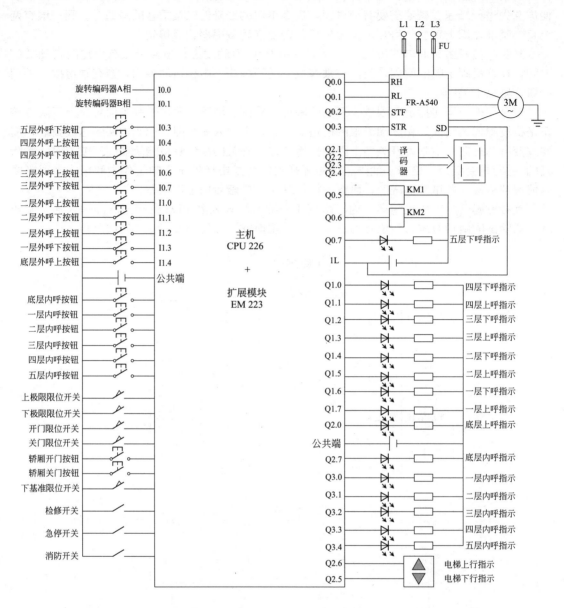

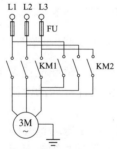

图 3-10 电梯电气控制图

3.1.5 电梯的控制方式与系统程序设计

(1) 电梯的控制方式

对电梯的控制可以分为两种状态：强制工作和自动工作状态。

当电梯的初始位置需要调整或者电梯需要检修时，打开消防、检修站门，按下"检测"按钮。电梯便进入强制工作状态，此时电梯不响应正常的呼叫，通过"手动上升按钮""手动下降按钮""手动关门按钮""手动开门按钮"可以使电梯沿着导轨上、下间自由移动。"手动关门按钮""手动开门按钮"只有电梯在各楼层时，轿厢门才能打开。当处理完毕后，可用恢复正常工作按钮使电梯退出强制工作状态。

电梯正常工作时，当检测到有外呼按钮或轿厢内的内选按钮有呼叫时，通过内选按钮记录情况，确定轿厢运行方向。电梯通过轿厢拖动系统，按照S形曲线低速启动转变为高速运行，当检测到平层信号后，再降速运行并停车抱闸，达到平稳过渡，实现舒适性。平层后开门，直到碰见开门限位开关，开门结束。在一段固定延时时间内，若未检测到轿厢关门开关按下，轿厢门自动关闭。电梯的工作过程按照顺向优先响应，逆向截车的原则，不断从一层启动到另外一层停止的过程。

(2) 用模拟电位器实现延时时间可调的自动关门

主机 CPU 226 拥有两个模拟电位器，位于 CPU 前方运行开关下方。当用小螺丝刀旋转电位器（顺时针方向增加，逆时针方向减少）时，可以改变 PLC 的特殊标志位存储器 SMB28 和 SMB29 的值。此电位器实际上是一个模数转换器，将模拟量转换为对应的数字量。调节电位器，相当于调整了输入电压值，从而改变了数字量，模拟电位器 0 的数字量存入 SMB28。将 SMB28 的值作用定时器的预设值，可以采用硬件形式修改定时时间。图 3-11 所示的梯形图是采用 SMB28 的值作为定时器预设值，并将此时间作为电梯自动关门等待时间，可以实现不修改程序而改变定时时间，方便、实用。

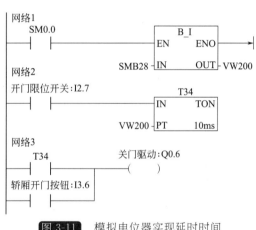

图 3-11 模拟电位器实现延时时间可调的自动关门的梯形图

(3) 内选、外呼指示灯控制

① 内选指示灯控制　轿厢内部装有每一层楼的内选按钮及对应的指示灯。当按下按钮后，对应指示灯点亮，指示轿厢应到达的楼层。内选指示灯的点亮条件：当按下内选按钮且轿厢不在按下的内选按钮所在楼层时，对应指示灯点亮。熄灭的条件：当轿厢在对应的楼层平层开门后，指示灯熄灭，参考程序如图3-12所示。

② 外呼指示灯控制　外呼指示灯除底层和顶层外，每层都设有上呼指示灯和下呼指示灯，底层只有上呼指示灯，顶层只有下呼指示灯。指示灯点亮条件和内选指示灯一致，熄灭条件为：轿厢运行到该楼层，且运行方向和按钮呼唤方向一致。图 3-13 所示为底层、顶层和一层的外呼指示灯控制参考程序。

(4) 楼层显示程序

楼层显示程序是采用数码管显示轿厢所在的位置。它是一个动态显示，随着轿厢位置的改变而不断改变。为了实时显示楼层位置，必须借助旋转编码器输出的正交脉冲不断检测、判断

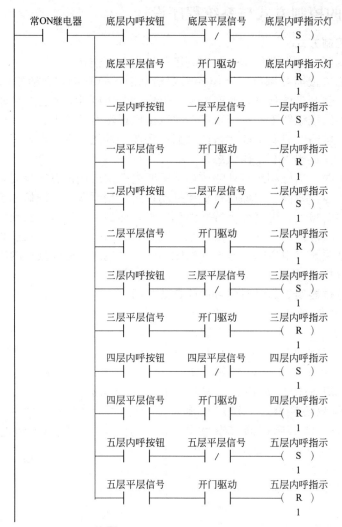

常ON继电器　底层内呼按钮　底层平层信号　底层内呼指示灯

底层平层信号　开门驱动　底层内呼指示灯

一层内呼按钮　一层平层信号　一层内呼指示

一层平层信号　开门驱动　一层内呼指示

二层内呼按钮　二层平层信号　二层内呼指示

二层平层信号　开门驱动　二层内呼指示

三层内呼按钮　三层平层信号　三层内呼指示

三层平层信号　开门驱动　三层内呼指示

四层内呼按钮　四层平层信号　四层内呼指示

四层平层信号　开门驱动　四层内呼指示

五层内呼按钮　五层平层信号　五层内呼指示

五层平层信号　开门驱动　五层内呼指示

图 3-12　内选指示灯控制参考程序

轿厢所在位置，即判断高速计数器的计数值在哪个楼层范围，程序流程图如图 3-14 所示。

（5）轿厢自动开关门控制

为了使电梯能够及时、准确平层，每一楼层都必须先确定好上、下平层的高度值。当电梯上行时，在要停靠楼层碰到下平层信号，电梯则由高速转为低速运行再平层。当电梯下行时，在要停靠楼层碰到上平层信号，电梯则由高速转为低速运行再平层。轿厢的开门条件是遇到平层信号且电梯的停止运行，轿厢的关门条件有：一是乘客按下关门按钮，二是开门后一段时间内，未检测到有乘客按关门按钮，则自动关门，图 3-15 示出了轿厢自动开关门控制的程序流程图。

（6）电梯轿厢上、下行控制

电梯上行的总体原则是，当电梯上行时，若较轿厢所在楼层高的所有楼层有呼叫（包括上呼和下呼），则电梯继续上行，若无呼叫，则电梯不上行，改为下行或者停止。例如，电梯从底层上升至三层（无内选按钮呼叫），此时四层有乘客下呼，欲到二层，一层有乘客上呼，欲到三层，按照电梯运行原则，电梯应该继续上行至四层，到达四层后，由于五层无外呼，电梯改为下行。图 3-16 为电梯上行的程序设计流程图，下行控制同样原理。

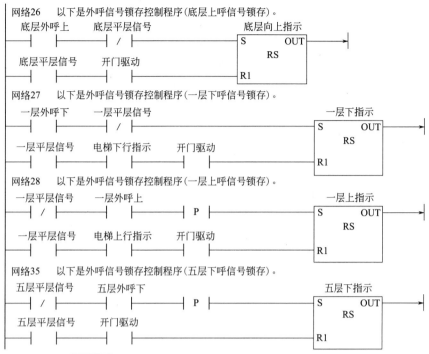

网络26   以下是外呼信号锁存控制程序(底层上呼信号锁存)。

图 3-13   底层、顶层和一层的外呼指示灯控制参考程序

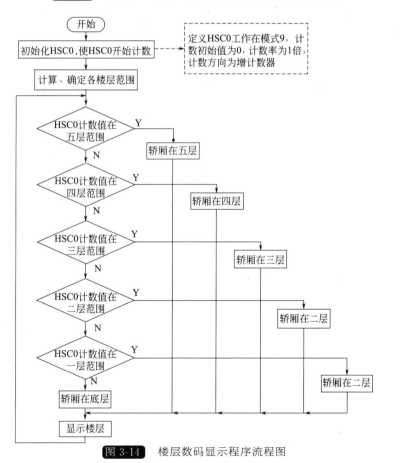

图 3-14   楼层数码显示程序流程图

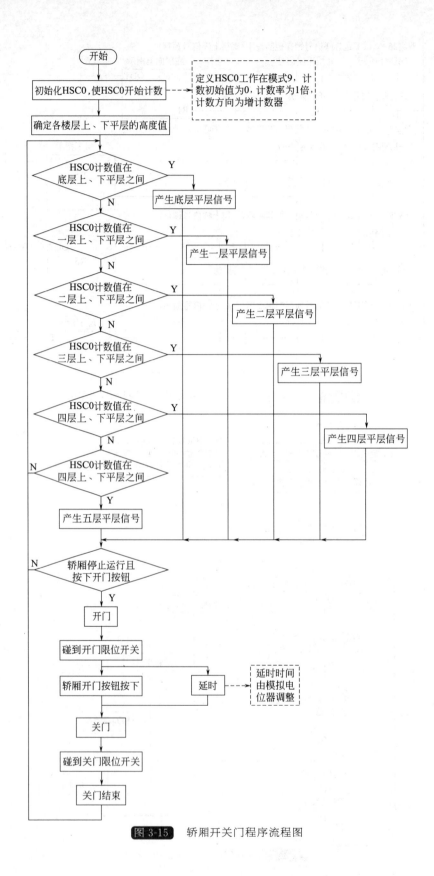

图 3-15 轿厢开关门程序流程图

(7) 电梯平层控制

电梯平层指电梯到达某一层时，减速停止运行。电梯平层的条件是当电梯运行到某一楼层时，如果该楼层有内选按钮或者与电梯同方向有外呼按钮按下，则电梯进行平层，图3-17为平层控制的程序流程图。

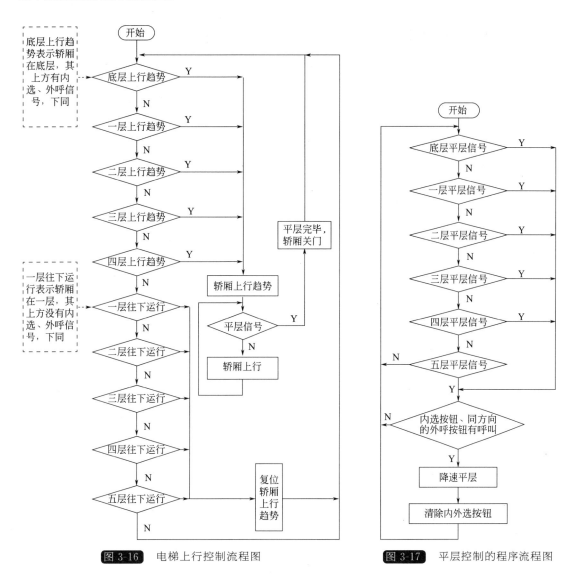

图 3-16　电梯上行控制流程图　　　　图 3-17　平层控制的程序流程图

(8) 电梯总体运行方案

图3-18为电梯总体运行方案。电梯的初始位置在底层，底层有乘客按下外呼按钮欲上二层，同时，一层有乘客欲到底层，按下"一层下呼按钮"，二层有乘客欲到三层，按下"二层上呼按钮"，三层有乘客欲到底层，按下"三层下呼按钮"，四层有乘客欲到五层，按下"四层上呼按钮"，五层有乘客欲到三层，按下"五层下呼按钮"。电梯在运行过程中，按照同一方向的呼叫能够相应截车，反方向的呼叫不截车的原则。

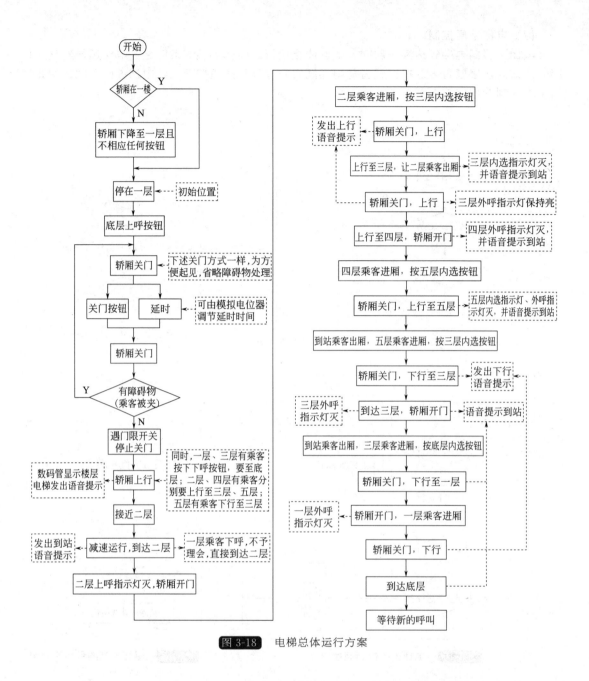

图 3-18 电梯总体运行方案

3.2 基于 S7-200 PLC 的闸门卷扬启闭机测控系统设计

闸门卷扬启闭机测控系统用于对水库闸门进行控制，能在闸门运行过程中，实现实时监测运行参数及状态，具有出现异常情况自动报警并停机的保护功能，通过显示控制设备能实现参数设置、故障自检及工程校准等功能。系统能实时、准确及有效地完成被控对象的控制及安全监测。

3.2.1 闸门卷扬启闭机测控系统需求分析

根据设计原则及功能要求，闸门测控系统具体需求分析如下。

(1) 控制及保护功能

在闸门控制系统中，自动模式下，能在本地通过控制柜按钮及触摸屏按钮实现本地控制闸门启闭操作，并能随意上升或下降到指定高度，在远程上位机也能够控制闸门开启/关闭到指定高度，电机的启动方式采用平稳可靠的变频启动。为了提高系统的安全性及可靠性，同时在本地保留手动模式，防止在自动模式下出现 PLC 损害及通信异常等问题时而不能操控闸门。在系统运行过程中可能出现异常情况，如系统上电及运行过程中出现缺相、过压、欠压、过载、欠载、卡滞阻塞、飞车、粘连、下滑、动力矩失电、超限等异常信息时，需自动紧急抱闸刹车停机并报警提示用户，若这些异常信息不能得到及时处理，可能会造成设备损坏，甚至可能造成重大的安全事故。

(2) 人机交互功能

系统能通过各终端数据采集设备（绝对型编码器、多功能电力检测仪表、压力传感器等）采集闸门运行时的各种实时数据（闸门开度、电压、电流、功率、直接荷载等），并把采集到的数据传送到 PLC 内部寄存器单元中，PLC 再将数据传送到本地触摸屏及远程上位机中，实现实时数据显示、记录、处理、打印及分析，为控制系统安全稳定运行提供可靠的依据和参考。管理工作人员可方便直接地通过界而获取闸门运行时的各类参数，并且能够通过界面采用键盘及鼠标设置系统运行初始参数及过程参数。在本地控制柜面板上具有指示灯，提供给用户在手动按键操作时使用。在出现异常报警情况下，各人机联系单元（指示灯、报警铃、触摸屏、上位机）都可以实现报警提示，并请求用户确认报警，同时也需提供在线帮助，为用户能更好地操作系统并分析系统故障原因及解决方案提供帮助。

(3) 故障自检及工程校准功能

为实现系统调试、运行状态判断及工程维护智能化，需提供故障自检及工程校准界面。系统需进行 PLC 运行状态及电机相序等智能检测判断，同时还具备通信异常检测与处理等相关的故障自检功能。闸门后期维护需进行参数的工程校准，如闸门的三个重要参数：闸门开度、直接荷载及系统荷载，其校准算法可根据实际的工程需要选择不同的方式，通过工程校准来提高闸门运行参数的准确度、精确度，为闸门的安全运行提供有力的保障。

(4) 通信网络快速可靠

闸门控制系统通信网络的可靠性及快速性直接关系到整个系统是否能稳定可靠运行。PLC 与各终端数据采集设备之间采用现场总线技术，即基于 RS-485 总线的 Modbus 协议，其应用简单、调试方便及成本低廉，且通信连线少、抗干扰能力强、可靠性高，能完全满足单主查询方式的通信系统。PLC 与触摸屏通过西门子的专用协议 PPI/MPI 实现点对点或多点的通信，用于多台 S7-200、TD200/TD400 人机界面、Smart 700 IE 触摸屏和上位 PC 之间的通信，在这种通信方式中，主站发出请求，从站响应，从站只是响应主站的要求，只需通过 S7-200 系列 PLC 自身通信端口（PORT0 或 PORT1）就可实现通信，其只需在主站侧编写程序，其应用简单，可靠性及快速性均能满足系统要求。PLC 与上位机通信是基于 TCP/IP 通信协议的工业以太网通信，要完成此通信方式，需外加西门子 CP 234-1 以太网扩展模块与 PLC 相连接，CP 243-1 扩展模块的 RJ45 以太网口通过网线与上位机电脑相连接，其开放性、高性能、实时性、快速性、可靠性、抗干扰性为实现远距离传输及联网监控提供了可靠的技术保证。

(5) 系统可扩展性及稳定性

系统的控制中心采用 PLC 作为中央控制器，可编程逻辑控制器扩展的灵活性，可根据系统的规模变化不断进行扩展。扩展包括容量的扩展、功能的扩展、应用和控制范围的扩展。系统扩展不仅可以通过增加 I/O 模块单元，还可通过多台可编程逻辑控制器与上位机的通信来扩大容量和功能，甚至可通过与集散控制系统集成来扩展其功能，与外部设备进行数据的交换。系统终端数据采集设备是基于 Modbus 通信协议，系统可适当增加从站设备达到多个监测点的数据采集。与上位机连接是基于 TCP/IP 的通信协议，支持多用户和多任务的工作方式，方便系统组网扩建。

稳定性是任何一个智能化系统都必须重视的问题，特别是工业应用场合，其现场环境的复杂性，对控制系统稳定性要求特别重视，这就要求系统硬件及软件都具有较高抗干扰能力。在硬件的选型上，其性能指标应适应现场环境，并要求硬件系统接地良好、电源稳定、防雷措施可靠。软件上应设计相应的控制算法提高系统抗干扰能力。

3.2.2　闸门卷扬启闭机测控系统总体框架

本闸门测控系统采用分层分布式开放结构，整个控制系统分为三层：远程上位机监控层、本地 PLC 控制层、现场数据采集设备层。它们通过各自的通信网络连接起来，有机协调地完成对系统的实时测控。

(1) 远程上位机监控层

闸门监控单元主要由本地触摸屏及远程上位机组成。远程上位机监控中心设在中央控制室，由计算机及力控组态软件 V6.1 组成，远程监控中心完成系统的闸门实时开度、闸门直接荷载及系统荷载、系统电力参数及闸门启闭状态等数据监测显示，还可完成数据存储、处理、打印等功能，并具备安全监视及报警提示、参数设置、远程控制及自动化管理等功能。

(2) 本地 PLC 控制层

闸门控制层由以 PLC 为控制中心的自动方式控制回路及以传统继电器、接触器为控制器件的手动方式控制回路构成，并兼有远程/就地及手动/自动控制方式选择的转换开关，控制柜面板上并具有控制闸门上升、下降、停止的按键，同时还有相关的显示指示灯，提示用户闸门当前的运行状态。PLC 采用西门子 CPU 224XP CN AC/DC/RLY 型作为整个控制系统的核心，此型号 PLC 具有 14 个数字输入、10 个继电器输出，可以扩展 7 个 I/O 模块，2 输入/1 输出共三个模拟量 I/O 点，2 个 RS-485 通信端口。PLC 处于整个系统中间层，肩负着与上位机及触摸屏的通信及自动控制功能实现的重任。为了使系统具有更高的可靠性及灵活性，具有远程监控的同时，还设有西门子 Smart 700 正触摸屏本地监控中心，本地触摸屏及控制柜面板上的指示灯实现现地监测及控制，其监测与控制功能与上位机类似。本地及远程两种监控途径互为补充备用，一方监控中心如出现故障，现场管理人员可通过另一监控中心实现对系统的实时监控。

(3) 现场数据采集设备层

为了满足系统智能化要求，需实时采集闸门当前的运行状态参数。闸门开度、系统荷载、直接荷载、电力参数的采集都需应用传感器来实现数据采集功能，闸门实时开度的采集采用绝对型编码器，通过 SSI 接口（同步串行接口）传输相应轴的位置值，即反映为闸门当前实际的开度就对应一个编码值。其输出信号为 SSI 同步串行信号需经过 SSI 转 Modbus 模块后，才能将数据传送到 PLC。闸门直接荷载的测量是通过压力传感器或拉力传感器经过 A/D 转换模块来实现的，经过 A/D 模块获得的值与闸门直接荷载成一定对应关系，通过 PLC 程序处理 A/D 模块传输过来的数据后，就能真实反映闸门的直接荷载。系统荷载及电力参数的采集是通过维博 WB51AO01 系列多功能网络电力检测仪表实现的，它能高精度测量三相电压、三相电流、有功功率、无功功率、频率、功率因数、四象限电能等，长寿命 LED 显示仪表测量参数和电网系统的运行信息，带有 RS-485 通信接口，采用 Modbus RTU 通信协议，它可直接与 PLC 通信端口相连实现对电力参数的采集。

系统的整体框架如图 3-19 所示。各级通过各自的通信网络有机地连成一个整体,它们之间互相配合、有条不紊地完成整个系统测控工作。

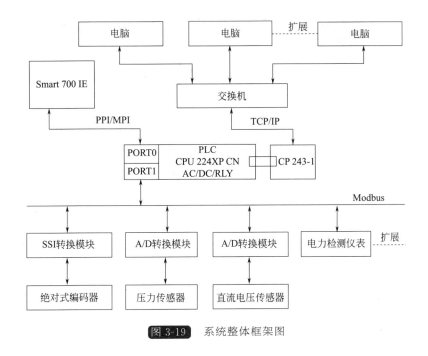

图 3-19 系统整体框架图

3.2.3 闸门卷扬启闭机测控系统通信网络

本闸门测控系统为分布式系统,整个通信系统分为三种方式:PLC 与各终端数据采集模块 W 的 Modbus 通信方式;PLC 与触摸屏间的 PPI/MPI 通信方式;PLC 与上位机的以太网通信方式。它们通过各自的通信网络连接起来,有机协调地完成对闸门运行参数的检测。由于在水利水电工程中现场环境相对复杂,这就对通信网络的选择及设计要求非常严格,系统的可靠性及稳定性都建立在通信网络的基础之上,一旦通信网络由于受现场电磁、机械振动、温度等因素干扰,直接可能影响通信速率,若受干扰源影响较大,甚至可能导致整个通信系统瘫痪,直接影响到闸门的安全运行。因此,系统各级通信方式的选择与设计是保证系统能否正常安全运行的前提条件。

(1) S7-200 PLC 与各终端数据采集模块的 Modbus 通信方式

Modbus 通信方式广泛应用于工业控制领域,已成为一种通用的行业标准,不同厂家通信设备之间可通过此协议连接成通信网络,从而实现集中控制。西门子 224XP CN PLC 自身具有 2 个通信端口,其传输介质都是基于 RS-485,所以 PLC 与各终端数据采集模块间的通信方式选择基于 RS-485 接口的 Modbus 通信方式。RS-485 是采用差分信号负逻辑,差分信号采用双绞线传输,其中一条线定义为 A,另一条线定义为 B,其收、发端均可通过平衡双绞线将 A-A 与 B-B 对应相连,当接收端 A、B 之间的电平大于+200mV 就定义为正逻辑,小于-200mV 就定义为负逻辑。这种通信方式噪声抑制能力强,传输速率快,通信距离较远,其工作原理图如图 3-20 所示。

Modbus 支持 ASCII、RTU 和 TCP 三种通信模式。RTU 相比 ASCII 模式的主要优点是在同样波特率下,可传输更多的数据。为了提高系统的快速稳定性,PLC 与各从站数据采集设备的通信协议采用 Modbus RTU。RTU 帧格式如表 3-4 所示。

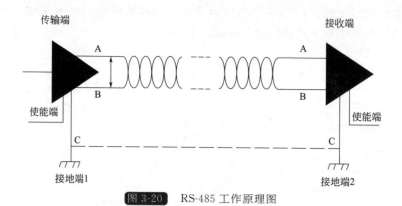

图 3-20　RS-485 工作原理图

表 3-4　Modbus　RTU 帧格式

起始位	设备地址	功能代码	数据域	CRC 校验	结束符
T1 ~ T4	8 位	8 位	（地址、长度、数据）	16 位	T1 ~ T4

　　Modbus 协议采用主站查询，从站响应的机制，PLC 作为通信网络中的唯一主站，分时循环查询整个 A、B 总线上的从站设备，同一时间 PLC 主站只能查询一个从站设备。只有主站设备发出查询命令后，从站设备才做出相应的响应。当查询命令由主设备发往从设备时，其数据帧中的功能代码将告诉从设备需要执行的动作，此时从设备根据功能代码做出相应的响应。可根据从设备回应帧的功能代码来判断是正常响应还是异常响应。Modbus 定义了许多的功能代码，其主要功能代码的意义如表 3-5 所示。

表 3-5　Modbus 主要功能代码

功能码	名称	功能
01H	读取线圈输出状态	读取从机一组逻辑线圈的当前状态（ON/OFF）
02H	读取输入状态	读取从机一组开关输入的当前状态（ON/OFF）
03H	读取保持型寄存器	读取一个或多个保持寄存器中当前二进制值
04H	读取输入寄存器	读取一个或多个输入寄存器中当前二进制值
05H	强置写单线圈输出状态	强置写从机的一个逻辑线圈通断状态（ON/OFF）
06H	预置写单寄存器	把具体二进制值数据写入到指定的保持寄存器中
10H	预置写多寄存器	把具体二进制值写入到一串连续的保持寄存器中
xxH	其他	协议规定了 24 个功能码，最多可以支持到 255 个

（2）S7-200 PLC 与触摸屏的 PPI/MPI 通信方式

　　一个大型的自动化工程项目中常常包含若干个控制相对独立的 PLC 站，PLC 站间通常需要传递一些联锁信号，HMI 系统通过网络控制 PLC 站的运行并采集过程数据信号归档，这些都需要 PLC 的通信功能实现。西门子工业通信网络统称为 SIMATIC NET，它提供了各种开放的、应用于不同通信要求及安装环境的通信网络。SIMATIC NET 主要定义如下内容：网络传输介质、通信协议和服务、PLC 及 PC 联网所需要的通信处理器（CP，Communication Processor）。

　　PPI、MPI 和 PROFIBUS 都是基于 OSI（开放系统互联）的七层网络结构模型，符合欧洲标准 EN 50170 所定义的 PROFIBUS 标准。西门子 S7-200 CPU 上的通信口支持的通信协议有：PPI 协议、MPI 协议、自由口模式。自由口模式是由用户自定义的通信协议，用于与其他串行通信设备通信。

PPI（Point to point）为点对点接口，是西门子专为 S7-200 开发的通信协议，是基于"令牌环"的工作机制，PPI 为一种主从通信，通信主站之间传递令牌，分时控制整个网络的通信活动，读/写从站的数据。主站靠一个 PPI 协议管理的共享连接来与从站通信。PPI 网络可以有多个主站，PPI 并不限制与任意一个从站通信的主站数量，但不能在网络上安装超过 32 个主站，主站也可以响应其他主站的通信请求。PPI 可构成单主站、多主站及复杂的 PPI 网络。

MPI（Multipoint Interface）也是编程接口，MPI 协议在 S7-200 上不完全支持，PLC 只能做从站。通过 MPI 可组成 S7 系列 PLC 最简单的通信网络。MPI 通信可使用 S7-200/300/400、操作面板 TP/TO 及上位机 MPI/PROFIBUS 通信卡等进行数据交换，MPI 网络的通信速率为 19.2kbps～12Mbps，通常默认通信速率为 187.5kbps，只有能够设置为 PROFIBUS 接口的 MPI 网络才支持 12Mbps 的通信速率。MPI 网络最多可以连接 32 个节点，最大通信距离为 50m，但可以通过中继器来扩展通信距离。扩展的方式主要有两种情况：两个中继器间有站点，两个中继器间没有站点。对于两个中继器间有站点的场合，每个中继器最长可以扩展 50m。针对中继器间没有站点的情况，PLC 到中继器的最长距离为 50m，中继器间最长可以扩展 1km，其 MPI 通信网络扩展如图 3-21 所示。在整个 MPI 通信网络中最多可扩展 10 个中继器，这样就可使两个站点之间通信距离长达 9.1km，注意需在总线的两端使用终端匹配电阻。

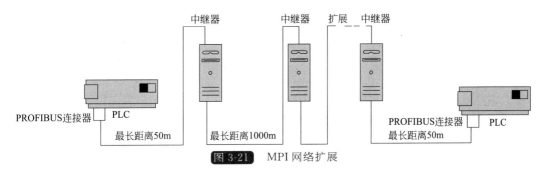

图 3-21 MPI 网络扩展

(3) S7-200 PLC 与上位机的以太网通信方式

工业以太网（Industrial Ethernet）就是应用于工业自动化领域的以太网技术。近几年来，随着互联网技术的普及及推广，以太网也得到了飞速的发展，以太网的通信速度一再提高，由 10Mbps 到 100Mbps、1000Mbps，甚至可达到 10Gbps，在相同的通信量条件下，速度的提高就意味着网络稳定性和可靠性的提高；为了适应大型工业控制系统的需要，需通过以太网交换机提供大量的数据交换端口，其端口可连接不同的网络设备。因端口上的每个网络节点都具有独立的带宽，且采用全双工通信技术为每一连接提供数据收发的专用通道，根本不用考虑网络资源竞争和冲突。

与现场总线技术或其他工业通信网络相比较，以太网技术主要具有以下三个优点。第一，应用广泛，以太网技术受到广泛的技术支持，几乎所有的编程语言都支持 Ethernet 的应用开发，如 Java、C#、C++ 等，由于以太网技术具有多种开发工具及开发环境，其已经发展成为应用最为广泛的计算机网络技术之一。第二，成本低廉，由于其应用广泛，支持其通信连接的硬件也多种多样，市场竞争及集成电路技术的发展都导致了其开发成本逐渐下降。第三，通信快速稳定，目前的以太网通信速率普遍已经到达 100～1000Mbps，10Gbps 的以太网也将很快走向市场。工业以太网的应用，不但可以降低系统的建设和维护成本，还可以实现工业自上而下的紧密集成，并有利于最大范围地实现水利信息共享及综合管理调度。

S7-200 PLC 通过外加以太网扩展模块 CP 243-1 与上位机力控组态软件实现工业以太网通信，CP 243-1 是一种以太网通信处理器，基于标准的 TCP/IP 协议，它可以将 S7-200 系统连接到工业以太网（IE）中，一个 CP 243-1 可同时与 8 个以太网 S7 系列控制器通信，同时还支持一个 STEP 7-Micro/WIN 的编程连接。

3.2.4 闸门卷扬启闭机测控系统主回路设计

闸门卷扬启闭机测控系统的主电气回路主要包括：接触器、过电流继电器、空气开关、断路器、电流互感器、绝对型编码器、压力传感器、电机、制动器、减速器、变压器、开关电源等。在手动模式下采用全压启动，通过时间继电器的延时接通/断开功能，避开启动瞬时电流过大而过电流保护断开，从而导致主电路断开。在自动模式下，电机的启动和调速采用变频器控制。系统的主电气回路设计如图 3-22 所示。

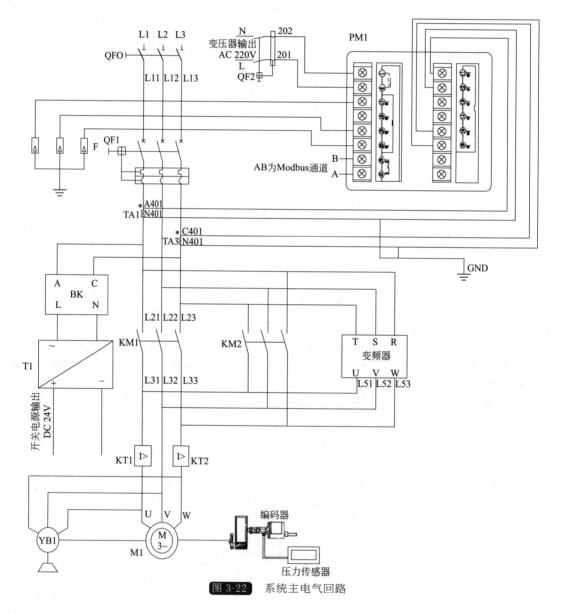

图 3-22 系统主电气回路

(1) 闸门卷扬启闭机测控系统主回路原理

系统通过刀熔开关 QF0 给电力检测仪表供电，提供避雷器 F 以保护电力系统中各种电气设备免受雷电过电压、操作过电压的冲击，自动开关 QF1 用来接通和断开负载电路，既能手动断开电路，又能自动检测过流、过载、短路、欠压等非正常情况，而自动断开负载电路，即它既具有控制作用，同时又具有保护作用。接触器 KM、过电流继电器 KI 的作用主要也是接通和断开主电路。接触器可快速切断交流与直流主回路，可频繁地接通与控制大电流电路，经常运用于控制电机正反转，也可用作控制工厂自动化设备、电热器、工作母机和各种电力机组等电力负载，接触器不仅能接通和切断电路，还具有低电压释放保护作用。接触器控制容量大，适用于频繁操作和远距离控制，是自动控制系统中的重要元件之一。图 3-22 中主回路通过 KM1、KM2 接触器主触点实现三相电压相序的变化，从而实现电机正反转功能，即实现闸门上升和下降控制。过电流继电器是由流入元件的电流产生电磁力，当电流增大到整定电流时，电磁力矩大于弹簧的反作用力矩，使控制电路断开，从而使接触器失电，主电路断开，实现负载的过流保护。

制动单元 YB1 与电机得失电情况相同，电机一上电，制动器同时得电，让抱闸器松开。电机一失电，制动器同时失电，让抱闸器合闭，牢牢锁死闸门电机转轴，使电机立即停止运转，让闸门停在当前位置。

此主回路采用三相三线制给系统供电，电力检测仪表接线需采用三相三线制接法。电力检测单元 PM1 主要实现对系统电力参数进行实时检测。由于电力检测仪表有输入电流额定值限制，一般为 5A 左右，因此考虑使用外部电流互感器 TA，根据电机的额定电流来确定电流互感器的型号，再根据其电流比确定其穿芯匝数。

由于系统采用三相三线制接法，其线电压为 380V 左右，但系统的压力传感器、编码器、触摸屏需要提供 24V 电压供电，因此，系统需经过隔离变压器 BK 提供 220V 左右电压，再通过开关电源 T1 得到 24V 电源，此 24V 电源可以提供给上述设备供电，也可以提供给 PLC 输入控制回路单元供电。

(2) 电机变频调速启动

在电机直接全压启动时，由于电机的瞬时启动电流很大，常常导致接触器或过电流继电器因过流保护而断开主回路，同时对电网冲击污染较大。此启动方式仅适合非频繁手动运行，可通过时间继电器避开启动到稳定运行的过渡过程。在频繁的自动运行方式下，就需要提供一种安全可靠的启动方式。目前，我国电机主要的启动方式包括：传统的降压启动、晶闸管调压软启动、变频调速启动。

传统的降压启动主要采用 Y-△控制启动、串接电阻/电抗器降压启动及自耦变压器启动。这几种启动方式都通过降低电动机的启动电压来减小启动电流，即降低加在电动机定子绕组上的电压，因电枢电流和电压成正比，所以降低电压可以减小启动电流。启动过程完成后再将电压恢复到额定值，使之在正常电压下运行。但由于其接线复杂，控制回路中转换触点数的增加也就导致了系统故障率的增高，转矩特性及功率因素都损失严重，在大型电机及频繁启动场合对电网冲击较大。

晶闸管调压软启动是微处理器与大功率晶闸管相结合的新技术，其启动器设备同时具有控制、保护、通信等功能。通过控制电路控制大功率晶闸管导通角，实现负载电压按照预设的函数曲线从零开始上升到额定值或从额定值下降到零，以完成控制电机的启动、停机过程。系统出现短路、过载和缺相等情况时，晶闸管调压软启动器能及时作出判断，断开与负载的电气连接，实现系统保护功能。利用自身携带的通信接口可与计算机、PLC 等通信设备实现通信连接。相比传统的降压启动，其对电网的谐波污染较小，工作效率高及能耗低。但由于受晶闸管技术限制，其耐压等级有待提高，其控制回路复杂，维护困难，对用户的技术水平要求较高，价格也相当昂贵。

变频调速可以应用于标准电动机，可以连续调速，可通过电子控制回路改变相序、改变转速方向。可以通过预置升/降速时间和升/降速方式等参数来控制电动机升/降，利用变频器的升速控制可以很好地实现电动的软启动，其特点是启动电流小，可调节加减速度。保护功能齐全（过流及过载保护、短路保护、过压及欠压保护、防止失速保护、主器件自保护和外部报警输入保护等）。随着其成本的日益降低，目前已广泛应用于工业自动控制领域中。变频器有两种方式控制电动机的停车，一种是变频器由工作频率按照用户设定的下降曲线下降到零使电动机停车，但有些场合有较大的惯性存在，为防止"爬行"现象出现，要求进行直流制动，在变频器中使用直流制动时，要进行直流制动电压、直流制动时间和直流制动起始频率的设定。变频器可由外部的控制信号或可编程逻辑控制器（PLC）等控制系统进行控制，也可以完全由自身预先设置好的程序完成控制，大部分场合变频器需要和 PLC 一起组成控制系统。

由于在水利水电工程中所需电机的功率都较大，大型电机驱动设备一般都是保证水利安全的核心设备，直接影响闸门的安全运行，为了满足系统各设备都能安全稳定地运行，对电网的冲击小，满足节能的要求，同时也能满足双电机控制一闸门调速实现平衡稳定运行，本系统采用变频器调速软启动。其变频器控制原理如图 3-23 所示。

其中变频器的 R、S、T 三个端子接三相交流电源，变频器输出 U、V、W 驱动电动机 M1。在闸门快速停止及闸门下降时，电动机处于发电状态，电动机发出的电能通过反并联二极管给滤波电容充电，导致变频器内部直流电压升高。如果这些能量不进行恰当的处理，就会导致变频器直流电压 U_D 超过高限，一般高限值为DC 650V 左右，考虑到变频器的IGBT 和滤波电容的耐压问题，变频器会产生过压报警停车。如果要求在出现此情况时，不能让闸门自动停止

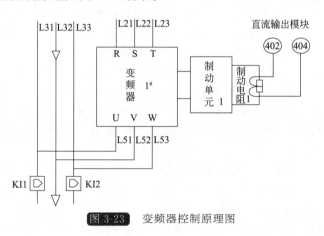

图 3-23　变频器控制原理图

运行，就必须对此进行处理，处理的方法有两种，一种是把这部分能量反馈回电网，另一种是通过制动电阻把这部分能量消耗掉，但由于第一种方法技术开发难度较高，如外加模块则开发费用较高，且一般闸门运行的时间也有限，反馈到电网的能量也比较少，不满足系统经济可行性要求，因此大都采用第二种方法，用制动电阻把能量消耗掉。在闸门启动、停止及下降过程中，系统要能准确反应闸门当前的系统荷载，就需要把这部分消耗的能量通过直流电压传感器采集出来，并与通过电力检测仪表检测到的有功功率相加，才是闸门当前运行的实际功率，这对反映闸门真实的系统荷载至关重要。

3.2.5　闸门卷扬启闭机测控系统控制回路设计

系统控制电器回路主要由自动开关 QF、继电器 KA、时间继电器 KT、转换开关 SA、限位开关 SQ、指示灯 HL、按钮 SB、接触器线圈及辅助触点等组成。整个控制系统可通过远程/就地转换开关实现本地触摸屏/按钮控制及远程上位机控制，可通过自动/手动转换开关实现闸门自动控制及手动控制选择。它们之间互相为对方提供备份操作，以防一方出现问题而失去对闸门的控制作用，为系统的安全稳定运行提供了保障。系统控制电气回路如图 3-24 所示。

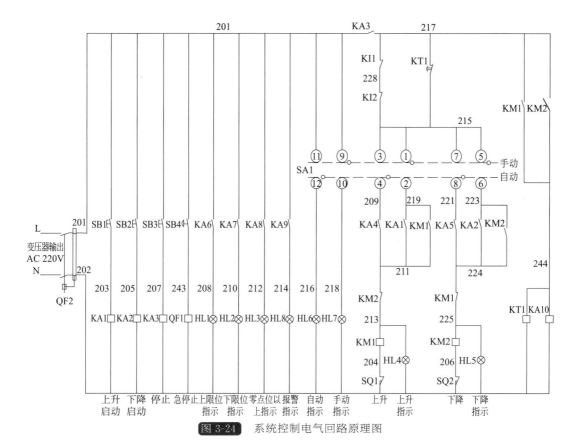

图 3-24 系统控制电气回路原理图

　　根据系统控制电气回路原理，合理分配 PLC 的 I/O（输入/输出）点数。输入器件统称为操作类元件（如控制按钮、转换开关等）、检测类器件（如行程开关、光电开关、传感器等）等。PLC 输出驱动负载的器件主要包括各种执行器件，如电磁阀、继电器、信号灯等，其 I/O 端子分配如表 3-6 所示。按照输入/输出器件的分类，分组分配 I/O 点，以便于 PLC 程序设计及系统维护。开关量输入信号的供电电源可由 PLC 内部供电，但该电源容量为几十毫安到几百毫安，用其驱动负载时需注意容量要求，可根据容量的需要独立配置一个具有短路保护的 +24V 开关电源，为外部开关量输入的电气元件或设备提供电源。PLC 的供电电源采用隔离变压器提供的 220V 电源，并提供给 PLC 输出设备构成回路。其 PLC 电气回路接线如图 3-25 所示。

表 3-6　PLC I/O 分配

信号名称		符号	地址	信号名称		符号	地址
开关量输入	上升命令	KA1	I0.0	开关量输出	上升	KM1, L1	Q0.0
	下降命令	KA2	I0.1		下降	KM2, L2	Q0.1
	停止命令	KA3	I0.2		上限位指示	KM3, L3	Q0.2
	上升反馈	KM1	I0.3		下限位指示	KM4, L4	Q0.3
	下降反馈	KM2	I0.4		零点位以上指示	KM5, L5	Q0.4
	过电流保护	KI1, KI2	I0.5		报警指示	KM6, L6	Q0.5
	远程/就地选择	SA2	I0.7				

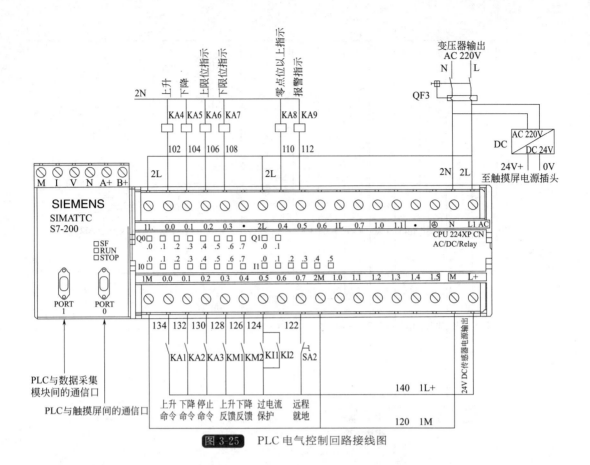

图 3-25 PLC 电气控制回路接线图

3.2.6 闸门卷扬启闭机测控系统数据采集模块设计

系统数据采集网络如图 3-26 所示。整个闸门控制系统数据采集模块主要分为对闸门运行电力参数进行采集的电力检测仪表，对闸门实时开度进行采集的绝对型编码器，对闸门停止及运行时的直接荷载进行数据采集的压力传感器，对闸门下降过程中消耗在变频器制动电阻上的能量进行采集的 DC 电压传感器。这些设备部件的精确度和稳定性直接关系到系统的可靠性，为实现系统实时监控提供基础。为了满足系统可靠性及智能化的要求，系统应选用优质的传感器产品，保证其有效、高速、可靠、长期地运行。

(1) 电力参数检测模块

闸门控制系统电力参数常应用智能化仪表对其进行实时检测，常用的功率仪表主要对三相电压、电流、有功功率等进行检测，并把仪表测量的参数和系统的运行信息以 LED 显示，同时也可通过带有 RS-485 通信接口与 PLC 建立通信连接。因功率仪表时刻反映系统的电力情况，同时对计算系统荷载有着直接的关系，也对系统过载、欠载、过压、欠压、缺相、荷载预警等保护作用至关重要，所以对其快速性、精确性、可靠性有严格的要求。常用的功率仪表品种很多，针对实验室闸门卷扬启闭机系统及水利水电工程实际应用，主要应用到以下几种电力检测仪表。

① 圣斯尔 CE-D 型三相交流智能数显表 圣斯尔 CE-D 型三相交流智能数显表是具有可编程功能、自动化测量、数码管显示、电能累加、变送输出、开关量输出、RS-485 输出、测量四象限功率值等功能的综合电力参数检测仪表，输入：AC 500V 5A，最大电压分辨率：0.1V，最大电流分辨率：0.001A，工作电源：AC/DC 85～265V，功耗：≤3.5V·A，工

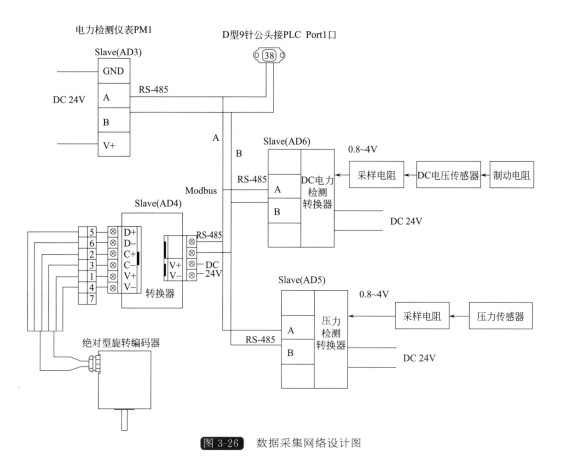

電力检测仪表PM1

Slave(AD3)

D型9针公头接PLC Port1口

㊳

图 3-26 数据采集网络设计图

作温度－10～＋50℃。根据实际现场应用，此电力检测仪表设置参数较复杂，数据存储空间只占用两个字节，采集电压、电流、功率的精度及范围满足不了大功率电机系统要求。读取其内部寄存器的值并非实际电力参数值，需编程转换，程序设计相对较麻烦。只满足三相四线制接法，不适用于三相三线制场合，检测电力参数较少（不能对线电压、线电流等进行实时检测，不具备全参数输出），工作温度范围较窄，通信波特率固定（9600bps）不可选择，抗干扰能力也较差。

② 维博 WB1876＊＊5 电力参数采集模块　WB1876＊＊5 电力参数采集模块采用电磁隔离技术测量三相四线电路的相电压、线电压、功率等参数，输出 RS-485 数字信号，体积小巧、性价比较高。输入：AC 220V 5A，响应速度：≤300ms，通信距离：1200m，环境温度：－40～＋85℃，供电电源：DC 24V。此设备因经济适用及功耗较低常应用在电网较稳定场合，但由于其输入电压范围较窄，如电网电压不稳定就会导致设备异常。读取其内部寄存器也为两字节整数，且寄存器返回的参数值需要进行相关代数运算转换，导致其测量精度也较低，编程也较复杂，此传感器也未设置防雷击电路，当传感器输入与输出馈线暴露于室外恶劣的环境之中时，很容易被雷击而损坏设备，给系统带来了巨大的安全隐患。此设备也只能采用三相四线制接法，不满足三相三线制场合。

③ 安东 LU 192A 智能电力监测仪　LU192A 智能电力监测仪具有可编程功能、自动化测量、数码管显示、电能累加、数字通信等功能，接线方式多种可供选择。输入：0～150V/450V 1A/5A（量程可自动切换，无需任何硬件和软件调整），温度范围：－10～＋50℃，工作电源：AC 85～265V/DC 85～330V，功耗：≤4W。其输出的数据都被一定的公式规范在 2 个字节的寄存器内，读取回来的数据并非实际的电力参数，需要经过公式转

化，对不同 CT（电流互感器）及 PT（电压互感器）值对应编程也不一样，程序可移植性较差，测量精度也相对较低、对现场抗击电磁干扰的能力也较弱。

④ 维博 WB51AO01 多功能网络电力仪表　WB51AO01 多功能网络电力仪表采用电磁隔离原理，测量三相三线或三相四线制电路的相电压、线电压、功率等参数，输出 RS-485 数字信号，其接线简单、安装方便、维护方便、现场可编程设置参数，能够完成与业界不同 PLC、工控计算机通信软件的组网。输入：AC 220V 5A，功耗：≤0.5V·A（每相），供电电源：AC/DC 85～264V，环境温度：－10～50℃。此电力参数检测仪表能进行电力全参数测量，测量值以浮点数输出，测量精度较高，测量范围较宽，可直接读取其内部寄存器单元，返回的电力参数值就为实际需测量的值，编程简单，方便调试。响应速度也较快，抗干扰能力也较强。能同时满足三相三线及三相四线制用户使用，只需改变接线方式。根据实际的工程应用，WB51AO01 多功能网络电力仪表能满足水利水电现场电力参数实时测量的要求，并根据用户提供的反馈信息，此多功能网络电力仪表出现异常故障率较低。用此型号设备，系统能可靠、稳定、长时间运行。

(2) 开度及直接荷载检测模块

闸门卷扬启闭机的开度及荷载是控制水利大坝安全生产的重要参数。闸门开度测量不准，电子上下限位软保护不能准确实现，又由于机械上下限位开关保护装置结构复杂，随着运行时间推移，容易发生故障。有些场合采用视频监控，用肉眼观测闸门开度，这种凭个人感觉来确定闸门启闭高度，测量误差将更大。荷载若不能准确测量，就无法实现系统有效保护，如闸门运动过程中，出现卡滞阻塞等情况时，不能自动停机，这就会造成钢丝绳拉断或缠绕的险情。为了提高系统的安全性，设计系统时就选择较大功率的电机来提高系统的安全系数，使得电机处于低功率因数下运行，无功功率较大，对电能造成了巨大的浪费。面对这种情况，就难以安全实现水资源的合理调度及水利信息智能化管理。

为了提高闸门开度及荷载的测量精度，目前对闸门开度及直接荷载的采集，主要采用绝对型角编码器和压力传感器，再利用单片机整合起来，把数据传递给 PLC 转换处理后来计算闸门的开度及直接荷载。

① 开度检测模块　电动机经过减速器连接到卷筒，考虑到现场安装条件及角编码器精度问题，常把角编码器安装在减速器转轴。常用的编码器有直接以 Modbus 信号输出，或更多的是以同步串行信号 SSI 输出。

编码器按码盘的刻孔方式不同可分为光电增量式编码器及绝对式编码器。增量式编码器是将位移转换成周期性的电信号，再把此电信号转变成计数脉冲，用脉冲的个数表示位移的大小，转轴带动增量编码器转动时输出脉冲，通过计数设备来知道其位置，其计数起点可以任意设置，可实现多圈无限累加和测量。此种编码器价格便宜，接线简单，使用方便，在电磁干扰比较大的场合，易造成误计数，从而影响闸门开度的测量精度。闸门处于静止状态下没有脉冲输出，断电后，脉冲计数值复位，不能准确地读出停电或关机位置的码值（即不具有停电记忆功能）。且通过 PLC 的高速计数器来计数脉冲，并进行闸门运动方向的判断，编程复杂，维护难度较大。光电绝对式编码器是集光、机、电技术于一体的数字化传感器，其体积小、驱动扭拒小、码盘间无机械接触、转速较高、功耗低、寿命长、精确度高及无重复误差，特别适应于经常运动的场合，可以高精度测量转角或直线位移。此类型编码器旋转时，有与其位置一一对应的码值，当停电或关机后，再开机重新检测时，仍可准确地读出停电或关机位置的码值（即具有停电记忆功能）。

徐州正天 GD79-65536 光电多圈绝对型编码器，每圈输出码数（格雷码、二进制码）65535，连续圈数为 64 圈，根据型号的不同，输出信号有 4～20mA 的标准模拟信号、并行格雷码输出、串行 RS-485 通信接口（Modbus 协议，正天协议）、SSI 同步串行信号接口，工作电压：DC 12～24V，工作温度：-15～75℃，消耗电流：≤80mA，最高机械转速：1000r/min，可设置编码值顺时针及逆时针增减方式。此类型的编码器具有多种信号输出，方便用户选择，测量精度较高。但由于其测量量程受限，不适合高扬程闸门开度测量，即只能输出65535×64个码，若在现场编码器安装不当，则会造成编码器翻转，需考虑编程判断编码器是否翻转。

海德汉（HEIDENHAIN）绝对式多转编码器 ROQ425，每圈输出码数：8192（13bit），圈数：4096圈，可根据实际应用的通信接口标准选择 SSI 信号格雷码输出、PROFIBUS-DP 纯二进制输出，机械允许转速：12000r/min，精度：±60″，供电电源：10～30V，电流消耗：200mA，工作温度：-40～70℃。此多圈式绝对编码为25位，除传输绝对位置值外，还可改变增量旋转方向及当前位置编码值置零。其电磁兼容性及抗噪声干扰能力也较强，数据传输速度也较快，每圈输出码数也满足测量精度要求，连续可转圈数较大，不会出现因闸门扬程过高而导致编码器翻转。但此编码器价格较高，不满足系统经济可行性的要求。

精浦 GMX425 RE10 SGB SSI 同步串行信号输出，多圈25位绝对值编码器。每圈分辨率12位4096线，连续12位4096圈。SSI 数字输出，最快可设时钟频率500kHz，高速度、高精度控制。工作电压：10～30V DC，极性保护消耗电流：40mA（24V DC）、80mA（12V DC），准确度：0.3°，工作温度：-25～80℃，允许转速：2400r/min，停电保存当前位置值。测量精度及量程完全满足闸门控制系统要求，不需考虑编码器翻转问题，电磁兼容性及抗噪声能力也较强，数据传输速度也较快，价格相对便宜，满足系统准确性、可靠性、稳定性及经济性设计要求。

闸门开度的测量使用精浦 GMX425 RE10 SGB SSI 同步串行信号输出的绝对型编码传感器，SSI 接口编码器需要将同步串行信号转换成 RS-485 串行通信信号输出，并支持 Modbus RTU协议，这就需要 SSI-Modbus 转换器来实现信号的转换。实验室自制的信息融合转换器，适用于转换各种 SSI 绝对型编码器的同步串行信号，且以25位精度的二进制编码值输出，采集的数据以 Modbus 方式提供给 PLC 或计算机处理。SSI 接口具有时钟及数据两组信号，并分别进行传输，精浦 GMX425 RE10 SGB SSI 电缆接口输出及 SSI-Modbus 转换模块接口说明如表3-7所示。

表 3-7 绝对式编码器与 SSI-Modbus 模块接线端子说明

编码器电缆输出		SSI-Modbus 6 孔插座		SSI-Modbus 4 孔插座	
棕色	10～30V DC（工作电源）	V+	10～30V DC	24V	24V 工作电源
蓝色	0V GND（电源0V）	GND	0V GND	GND	0V GND
黑色	DIR（旋转方向）			A	RS-485 A 线
白色	MID P（中点定位）			B	RS-485 B 线
绿色	CLOCK+（时钟正）	C+	CLOCK+		
黄色	CLOCK-（时钟负）	C-	CLOCK+		
灰色	DATA+（数据正）	D+	DATA+		
红色	DATA-（数据负）	D-	DATA+		

② 直接荷载检测模块　传统方式是采用压力传感器经高度荷载仪对闸门直接荷载进行实时测量，但测量误差较大、精度较低。并且随压力传感器的安装位置不同而不同，测量点的设置有三种；第一种是在卷筒的下方支架安装压力传感器；另一种是在静滑轮或动滑轮内安装压力传感器；还有一种就是把拉力传感器直接安装在钢丝绳上，这种安装虽能直接反映闸门重

量，但因为存在安全隐患，所以很少使用。本闸门控制系统对直接荷载的测量是通过安装在卷筒基座下，采用徐州电子技术研究所 QCX2-1-20T 压力传感器及配套变送器进行测量，其精度：±0.1％F.S，线性度：±0.01％F.S，工作温度：−20～+60℃，工作电压：+24V（DC），传输距离：≥130m（变送器至测量仪表），输出方式：4～20mA DC（对应量程0～20T）。变送器转换的 4～20mA 模拟信号经过 200Ω 的采样电阻得到 0.8～4V 的模拟量信号，此采集模块可同时接入四路 0～5V 的模拟量输入，并以 Modbus 协议规范输出数字量信号，并把数据传送到 PLC 及计算机处理。模拟量信号采集模块接线端子分配如表 3-8 所示。

表 3-8　模拟信号采集模块接线端子说明

A/D 转换模块 6 孔插座			A/D 转换模块 4 孔插座	
V+	10～30V DC	24V	24V 工作电源	
GND	0V GND	GND	0V GND	
C+	第四路模拟量输入	A	RS-485 A 线	
C−	第三路模拟量输入	B	RS-485 B 线	
D+	第二路模拟量输入			
D−	第一路模拟量输入			

（3）变频器直流检测模块

大型闸门卷扬启闭机系统普遍采用变频器来完成其启动及调速过程，但闸门在下降过程中由于电动机由电动状态变为发电状态，其发出的电能不能通过变频器返回到电网，用常规的功率仪表测量不到功率，电动机发出的多余能量将由制动电阻器消耗掉。因此就需要一套检测制动电阻器消耗功率的装置，此装置可采用绵阳维博电子有限公司生产的 V127U01 _ 0.5 交直流电压传感器来测量消耗的功率。

维博 V127U01 _ 0.5 采用线性光电隔离原理，能对电网或电路中的交、直流电压进行实时测量。其具有交直流电压通用、高精度、高隔离、宽频响应、快响应时间、低漂移、低功耗、宽温度范围等特点。适用于正弦波、非正弦波（矩形波、三角波、锯齿波及其他有较大失真的波形）电压的隔离测量。其传感器外形和端子定义分别如图 3-27 和图 3-28 所示。

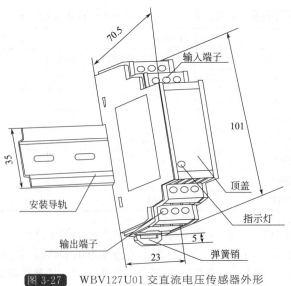

图 3-27　WBV127U01 交直流电压传感器外形

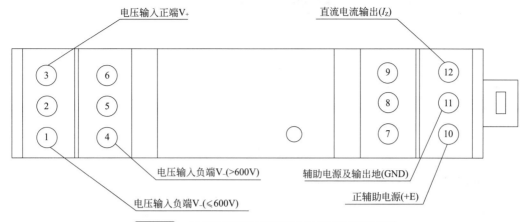

电压输入正端V₊

直流电流输出(Iz)

电压输入负端V₋(>600V)

辅助电源及输出地(GND)

电压输入负端V₋(≤600V)

正辅助电源(+E)

图 3-28 WBV127U01 交直流电压传感器端子定义

该交直流电压传感器对制动电阻的直流电压（AC/DC 0～800V）进行实时测量，将测量电压值转换为电流 I_z（0～20mA）输出。当被测电压小于或等于 600V 时，被测电压由 3、1 端接入，当被测电压大于 600V 时，被测电压由 3、4 端接入。其接线如图 3-29 所示。

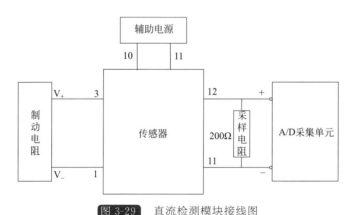

图 3-29 直流检测模块接线图

3.2.7 S7-200 PLC 程序设计

PLC 软件系统主要由系统程序及用户程序两部分组成，系统程序是由 PLC 自行完成输入处理、输出处理、更新时钟、通信服务、监控、编译、自诊断等，用户程序则是根据用户开发需要，由开发人员来实现各种控制及通信等功能。根据本闸门卷扬启闭机控制系统的 I/O 点数及存储容量，选用西门子 S7-200 224XP CN 型 PLC 作为整个控制系统的核心，应用西门子编程软件 STEP 7-Micro/WIN 完成控制系统程序开发。

整个闸门控制系统软件设计采用模块化设计，主程序调用各功能子程序模块，主程序主要实现闸门基本控制及保护功能，其五个子程序主要实现上电初始化复位、系统通信、数据断电保持（数据写进 PLC 的 EEPROM）、故障自检、工程校准。

为了实现软件设计结构清晰，调试及维护方便，对每个功能模块分配对应的地址空间。PLC 程序主要用到其内部变量存储器（V）与通用辅助继电器（中间继电器 M）。其 PLC 地址分配如表 3-9 所示。

PLC 地址分配

功能模块	V 存储区	M 存储区
主程序	VB0 ~ VB499	MB0 ~ MB2
通信模块子程序（SBR_Communication）	VB500 ~ VB1999	MB3 ~ MB9
故障自检模块子程序（SBR_EC）	VB2000 ~ VB2999	MB10 ~ MB14
工程校准模块子程序（SBR_Calibrate）	VB3000 ~ VB3999	MB15 ~ MB19
断电保持模块子程序（SBR_EEPROM）	VB4000 ~ VB4999	MB20 ~ MB24
备用	VB5000 ~ VB6000	MB25 ~ MB30

（1）闸门卷扬启闭机测控系统主程序设计

PLC 的主程序主要实现对闸门的基本控制及保护功能，并按条件调用各功能子程序。基本控制就是能实现对闸门进行上升、下降、停止等基本操作。保护功能即是在出现相关的保护动作及异常情况时能报警提示并自动停机。每个子程序分块实现自己的功能，通过主程序来调用每个子程序，实现系统智能化测控。PLC 主程序流程图如图 3-30 所示。

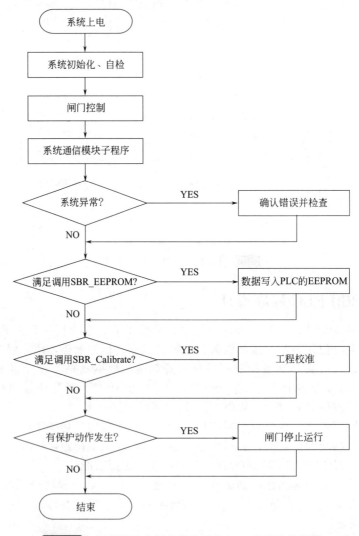

图 3-30 闸门卷扬启闭机测控系统 PLC 主程序流程图

(2) 闸门卷扬启闭机测控系统通信子程序设计

通信是整个系统实现可靠性及稳定性的基础，PLC 处于整个通信网络的中间层，通过通信端口 PROT1 可实现与数据采集设备之间的 Modbus 通信，通过通信端口 PROT0 与触摸屏实现 PPI/MPI 通信，外加以太网模块 CP 243-1 可与上位机实现以太网通信。

① PLC 与数据采集模块之间的 Modbus 通信程序设计　西门子 S7-200 PLC 带有 Modbus RTU 主/从站协议指令库。其 PLC 的主站协议指令库如图 3-31 所示。MBUS_CTRL_P1（PORT1 口）对主站进行通信参数初始化，并启动其控制功能，同一程序只能使用此指令一次。MBUS_MSG_P1 完成主站向从站发送 Modbus 读写请求功能，同一时刻只能有一个读/写 MBUS_MSG 功能使能。

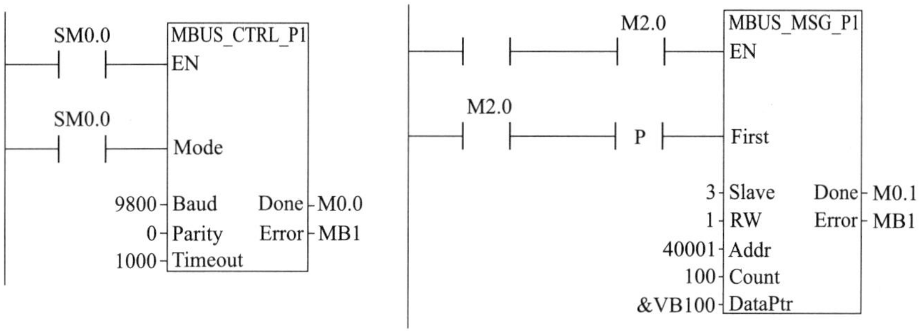

图 3-31　PLC 的 Modbus 主站协议指令库

在使用该主站指令库时，成功编译使用库项目之一前，需对程序块中的库进行库存储区分配，该库需要 284 个字节的全局 V 存储区，该存储区空间不能重复使用。该指令库的各参数意义如表 3-10 所示。

表 3-10　PLC 的 Modbus Master Port1 指令库参数说明

RORT1 口主站初始化子程序 MBUS_CTRL_P1		PORT1 口主站控制子程序 MBUS_MSG_P1	
EN	使能：必须保证每个扫描周期使能	EN	使能：MBUS_MSG 读/写功能使能
Mode	模式：1＝Modbus 协议：0＝PPI 协议	First	读写请求位：必须使用脉冲触发
Baud	波特率：1200～115200	Slave	从站地址：可选范围为 1～247
Parity	校验：0＝无，1＝奇，2＝偶	RW	读/写指定：0＝读，1＝写
Timeout	超时：主站等待从站响应的时间（ms）	Addr	读/写从站的数据地址
Done	完成位：初始化完成自动置 1	Count	数据个数：通信的数据个数（位/字）
Error	初始化错误代码	DataPtr	数据指针：读/写对应的存储器空间
		Done	完成位：读/写功能完成位
		Error	错误代码

PLC 通过四个 MBUS_MSG_P1 控制子程序，分别对电力检测仪表（Modbus 地址为 3）、绝对式旋转编码器经 SII-Modbus 转换器（Modbus 地址为 4）、压力传感器经压力检测转换器（Modbus 地址为 5），DC 电压传感器经 DC 电力检测转换器（Modbus 地址为 6）实

现数据采集。PLC 与各个从站实现数据采集的流程如图 3-32 所示。

图 3-32 中 3#MBUS＿MSG 表示从站地址为 3，其余类似。Done＝1 表示从站读/写完成，如读/写完成，该位置 1，如未完成就等待读/写完成，直至通信超时。每个地址对应 MBUS＿MSG 子程序读写完成后才能驱动下一个地址对应的 MBUS＿MSG 子程序，同一时间只能进行一个 MBUS＿MSG 子程序读/写对应地址从站寄存器空间。

② PLC 与上位机的工业以太网通信设计

PLC 与上位机组态软件通过西门子 S7 扩展模块 CP 243-1 来完成以太网通信，PLC 外加的扩展模块 CP 243-1 作为通信网络中的服务器端（Server），上位机作为客户端（Client）。CP 243-1 具有以下连接接口：用于连接 24V 直流电源的接线端和接地端（L＋接 DC 24V，M 接地），用于以太网连接器的 8 针 RJ-45 插口，用于连接 S7 总线的插头，用于连接 S7 总线的带连接插座的集成扁平电缆，这些连接器位于前门保护盖的下面。正面带有 5 个 LED 灯，在 CP 243-1 启动过程中，SF LED 闪烁两次，然后 LINK 和 RX/TX LED 闪烁多次，只要 RUN LED 一亮，CP 243-1 的启动即已完成。正面 LED 标识代码指示相关状态信息及说明如表 3-11 所示。

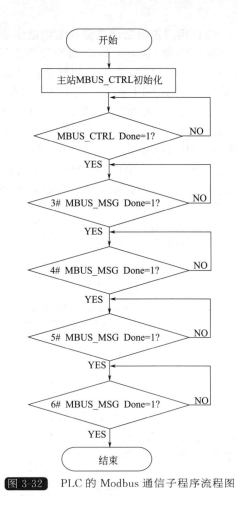

图 3-32　PLC 的 Modbus 通信子程序流程图

表 3-11　CP 243-1 正面 LED 标识代码指示相关状态信息及说明

LED 标识	状态信息	说明
SF	红色：持续点亮	系统故障：出现故障/错误时点亮
	红色：闪烁	系统故障：组态错误或找不到 BOOTP/DHCP 服务器时闪烁
LINK	绿色：持续点亮	通过 RJ-45 接口连接：已建立以太网连接
RX/TX	绿色：闪烁	以太网活动：正在通过以太网接收/发送数据
RUN	绿色：持续点亮	准备好运行：CP 243-1 已做好通信准备
CFG	黄色：持续点亮	组态：通过 CP 243-1 与 S7-200 CPU 主动保持连接时点亮

S7-200 工业以太网通信 Server 端的组态是通过 STEP 7 来完成的，在 PC 上安装并启动 STEP 7 Micro/WIN32 V3.21 或以上版本之后，即可启动以太网向导进行相关参数设置。第一次组态时，由于还没有对 CP 243-1 分配 IP 地址，因而需要通过 PC/PPI 编程电缆连接至 S7-200 PLC 编程口进行参数设置，CP 243-1 与 PC 机的 IP 地址必须处于同一网段，当分配了 IP 地址后，需要将 CP 243-1 重新上电后 IP 地址才有效。组态信息是要占用一定的 V 存储区，该存储区的大小随组态的信息的不同有所变化，且这个存储区在用户程序中不允许被

使用。完成组态后，生成对应连接的子程序 ETH0 _ CTRL，在 PLC 的通信子程序中调用生成的子程序 ETH0 _ CTRL 就能实现与上位机组态软件通信。ETH0 _ CTRL 子程序指令如图 3-33 所示。

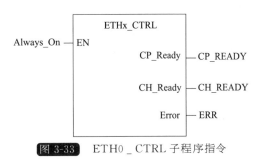

图 3-33 ETH0 _ CTRL 子程序指令

ETH0 _ CTRL 为初始化与控制子程序。在上电开始时，执行以太网模块检测，如果 PLC 想实现与上位机以太网通信，就必须在每次循环扫描开始调用此子程序，且各个模块仅限使用一次该子程序。ETH0 _ CTRL 其输入参数及返回参数说明如表 3-12 所示。

表 3-12 ETH0 _ CTRL 输入参数及返回参数说明

输入参数			返回参数		
名称	类型	含义	名称	类型	含义
EN	BOOL	使能位	CP_Ready	BOOL	CP243-1 的状态：0——未运行，1——运行
			CH_Ready	WORD	每个通道的状态：CH_Ready 的每一位对应一个指定，显示该特定通道的连接状态（0——未连接，1——连接）
			Error	WORD	错误代码：模块的通信状态

如果"CH _ Ready"返回参数中的一个位的数值为"1"，表示相关通道已准备就绪。这就意味着，在组态中所定义的通信伙伴的通信连接可以根据相应通信参数（IP 地址，TSAP）来建立，或在 CP 243-1 中启动了相应的服务。

(3) 向 S7-200 PLC 的 EEPROM 写参数子程序设计

为了让闸门控制系统实现智能化管理，需要管理人员对一些重要参数（如上/下限位及零点位、电机参数、闸门重量参数、压力传感器参数、闸门开度及荷载校准曲线系数等）进行设置，这些参数都需要永久保存。因此，这些重要参数就需要永久保存在 PLC 的 EEPROM 中，避免因 PLC 长时间断电而数据丢失，再次上电后需重新设置参数的麻烦。

S7-200 可以选用以下几种数据保持方法：第一，CPU 的内置超级电容，断电时间不太长时，可以为数据和时钟的保持提供电源缓冲；第二，CPU 上可以附加电池卡，与内置电容配合，长期为时钟和数据保持提供电源；第三，设置系统块—在 CPU 断电时自动保存 M 区中的 14 个字节数据；第四，在数据块中定义不需要更改的数据，下载到 CPU 后，可以永久保存；第五，用户编程使用相应的特殊寄存器功能，将数据写入 EEPROM 永久保存。上述前三种数据保持功能都是在"系统块—数据保持"中设置。

S7-200 的 RAM 区的数据保持靠"内置超级电容＋外插电池卡"的机制。在 CPU 内部有一个超级电容，在掉电后为 RAM 存储器提供电源缓冲，保存时间可达几天之久。S7-200 还可选用外插电池卡，在超级电容耗尽后为 RAM 数据区提供电源缓冲，在连续无供电时，它可使用 200 天左右，RAM 区中的数据能被超级电容和电池卡保持的前提是必须将这些数据通过 STEP 7-Micro/WIN 编程软件的系统块设定 V 区、M 区、T 区、C 区的掉电保持范围。"超级电容＋外插电池卡"也同时用于为 CPU 的实时时钟提供电源缓冲，如果放电完毕，

CPU 时钟会自动复位。

S7-200 CPU 内置的 EEPROM 存储器用于永久保存数据。数据可以用如下方式写入 EEPROM 数据区：在编程软件 Micro/WIN 的 Data Block（数据块）中定义 V 数据区存储单元的初始值，下载数据块时，这些数值也被写入到相应的 EEPROM 单元中；利用特殊存储器 SMB31、SMW32 编程实现将数据写入 EEPROM；在 System Block 中设置数据保持功能，可将 MB0～MB13 的内容自动写入到 EEPROM 中。

数据写入 EEPROM 指令库可完成向 PLC 的 EEPROM 写入数据。EEPROM 指令库编程可采用直接寻址方式及间接寻址方式存储。其对应的指令库子程序分别为 EEPROM_Direct 和 EEPROM_Indirect。EEPROM_Direct 子程序指令如图 3-34 所示，各输入、返回参数说明如表 3-13 所示，EEPROM_Indirect。子程序如图 3-35 所示，各输入、返回参数说明如表 3-14 所示。

表 3-13 **EEPROM_Direct 子程序指令输入及返回参数说明**

参数	变量类型	说明
EN	BOOL	必须始终为 1
Start	BOOL	上升沿触发程序运行，必须保持 1 直到 Busy 位变成 0
V_Start	INT	偏移量指定
Length	INT	从偏移量开始待保存的字节数
Memory	INT	用于子程序的临时存储区（Word）
Busy	BOOL	过程状态：0—程序未运行中，1—程序运行中
Done	BOOL	结束状态：0—未完成保存，1—成功完成保存

表 3-14 **EEPROM_Indirect 子程序指令输入及返回参数说明**

参数	变量类型	说明
EN	BOOL	必须始终为 1
Start	BOOL	上升沿触发程序运行，必须保持 1 直到 Busy 位变成 0
Address	DWORD	指定被保持数据的起始偏移地址
Length	INT	从偏移量开始待保存的字节数
Memory	INT	用于子程序的临时存储区（Word）
Busy	BOOL	过程状态：0—程序未运行中，1—程序运行中
Done	BOOL	结束状态：0—未完成保存，1—成功完成保存

在调用 SBR EEPROM 子程序时，此库指令每个 CPU 循环周期向 EEPROM 备份一个字节数据，因此备份多个数据往往需要多个 CPU 循环周期，必须保证该时间段内使能端（EN）持续为"1"，可采用 SM0.0 调用库指令。如果用户需要永久存储的是实数或双字整数，必须保证保存过程中数据保持不变。

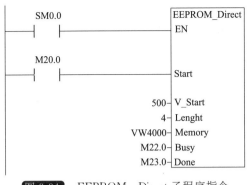

图 3-34　EEPROM _ Direct 子程序指令

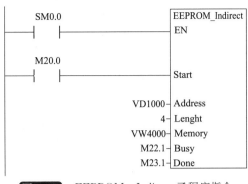

图 3-35　EEPROM _ Indirect 子程序指令

3.2.8　触摸屏及上位机组态软件程序设计

人机界面（HMI）是为了解决 PLC 的人机交互问题而产生的。随着计算机技术及数字电路技术的发展，很多工控设备都具备了串行、以太网、USB 等通信能力。HMI 包含硬件和专用组态软件，硬件部分主要包括处理器、输入单元、显示单元、通信接口、数据存储单元等。

HMI 的软件一般分为两部分，即应用于 HMI 硬件中的系统软件和运行于 PC 机 Windows 操作系统下的组态软件（WinCC、KingVIEW、ForceControl 等）。任何 HMI 设备都有系统软件部分，系统软件运行在 HMI 的处理器中，处理器中需要小型的操作系统管理软件的运行，支持多任务处理功能等使用 HMI 的组态软件制作"工程文件"，再通过 PC 机和 HMI 的通信口，把编制好的"工程文件"下载到 HMI 的处理器中运行。HMI 软件构成如图 3-36 所示。

工业组态软件是面向对象的编程，开放式的结构设计，友好的人机交互画面，开发灵活，可移植性强。工业组态软件很多，如 WinCC、KingVIEW、ForceControl 等，力控（ForceControl）软件是国内发展时间较长的一种，其特点是稳定性好、功能强大，广泛应用于石油、化工、国防、铁路、发电、水利等行业中。

为了提高系统的可靠性、稳定性及灵活性，采用本地触摸屏（西门子 Smart 700 IE）及远程上位机组态软件（ForceControl V6.1）同时监控，它们之间互为备份补充，以防一方出现问题而不能对闸门运行情况进行实时监控。为了方便用户操作及维护管理，系统的组态软件采用模块化的设计原则，结构如图 3-37 所示。

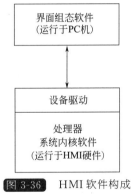

图 3-36　HMI 软件构成

(1) 登录界面设计

为了提高系统的安全性，只有设置了用户访问权限的用户才能登录系统进行操作，系统可以根据不同用户的使用权限允许或禁止其对系统进行相关操作。HMI 或上位机组态软件可通过建立安全系统为项目的操作提供保护，如果操作受口令保护的控制对象，则 HMI 设备或上位机组态软件将请求输入口令，登录对话框将打开，可在其中输入口令，在完成登录后，方可操作受保护的控制对象。系统触摸屏与上位机力控组态软件的用户登录界面分别如图 3-38、图 3-39 所示。

(2) 用户管理界面设计

本闸门控制系统创建 3 个级别用户，其访问权限从高到低分别为开发工程师、系统管理

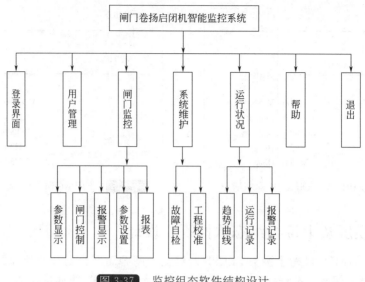

图 3-37　监控组态软件结构设计

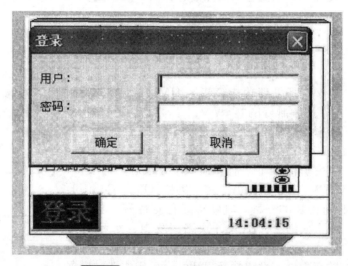

图 3-38　Smart 700 IE 用户登录界面

员、操作工。其中开发工程师具有最高权限，可以访问整个系统及对系统程序进行修改；操作工的级别最低，只能进行系统监控不能修改参数；系统管理员级别用户可以进行系统参数设置及系统后期维护。高级别的用户可以改写低级别用户的属性。若系统开始没有创建任何用户，或在进入系统时，没有登录到一个已经创建用户时，系统缺省提供的访问权限为最低权限的操作工权限。系统的力控组态软件用户管理界面如图 3-40 所示。

　　当打开系统力控用户管理界面时，显示当前已登录的用户，可通过"登录"切换用户，也可通过"注销"退出当前用户的登录状态。如登录的当前用户需修改登录密码可通过"修改口令"来实现。如登录的高级别的用户，可以通过"修改用户"对低级别用户进行管理。为了方便查看并分析历史数据，提供了"备份数据"和"恢复数据"功能，备份数据就是对历史数据进行备份，可选择需要备份历史数据的时间段及所存储文件的路径。恢复数据同样可恢复指定时间段的历史数据，以待分析处理。

图 3-39　ForceControl 用户登录界面

(3) 闸门监控界面设计

闸门监控界面如图 3-41 所示。整个界面包括参数显示、报警显示、闸门控制、参数设置及报表查询与打印。

参数显示则主要对闸门开度、直接荷载及系统荷载、电力参数等实时监视；报警主要对系统过载、欠载、过压、欠压、缺相、上下限位及零点位到等进行声光报警提示用户；闸门控制则实现闸门上升/下降/停止操作，并通过闸门动态模拟直观反映闸门当前的位置状态；报表提供了类似 Excel 的电子表格，可将闸门运行过程的实时参数以表格的形式显示、查询及打印，也可直接把表格以 Excel 电子表格形式导出存储在计算机硬盘中，可供查询、分析及存档使用。

参数设置主要设置电机参数、闸门满载及空载重量参数、压力传感器量程及采样电阻参数、闸门运行的上下限位及零点位参数等。定量升降功能选择并设置其升降高度，充水功能选择并设置其充水高度。这些重要参数设置成功后，单击确定，数据就写进了 PLC 的 EEPROM 中，在未修改前实现永久保存。系统的力控组态软件参数设置界面如图 3-42 所示。

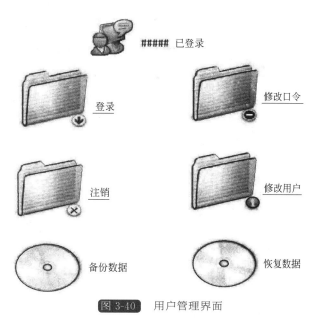

图 3-40　用户管理界面

(4) 系统维护界面设计

① 故障自检　闸门控制系统经过安装调试后，系统正常运行，但随着时间的推移，运行后期阶段，可能会出现通信超时、通信连线损坏、主回路及控制回路的线路断开、

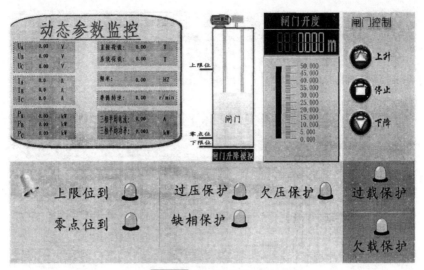

图 3-41　闸门监控界面

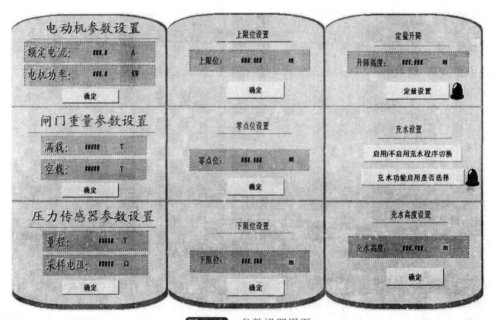

图 3-42　参数设置界面

设备故障及损坏等错误，导致闸门控制系统不能正常运行或根本不能实现基本控制功能。出现这种问题时，现场管理人员可能由于技术缺陷及调试经验不足等原因，导致整个闸门控制系统长时间瘫痪，需联系技术开发商到现场配合才能完成系统维护。为了提高系统的智能化程度，实现现场非专业技术人员也能解决系统的基本错误，即通过故障自检界面查看系统错误信息，并根据提示信息确定解决方案或通过帮助菜单查找错误信息对应的解决方案，排查系统基本错误。但如果现场管理人员由于自身经验不足未能排除错误，也可联系技术开发商，并说明系统错误信息，技术开发商就能从错误信息中分析错误可能出现的地方，避免技术人员无任何信息反馈盲目到现场，可能由于准备不充分而达不到解决问题的目的。

② 工程校准　随着系统长时间的运行，由于物理参数的改变及传感器受损（闸门运动轨道摩擦的减小，钢丝绳伸缩的变化，压力传感器单方向受力而受损等）等原因，可能会出现到达初始零点位或下限位，闸门并没有到达底坎，或是到达底坎，但出现钢丝绳松得很严重。这些原因都可能造成闸门的开度、系统荷载及直接荷载测量不准。解决这些问题可通过系统维护界面中的工程校准来实现，如图 3-43 所示。

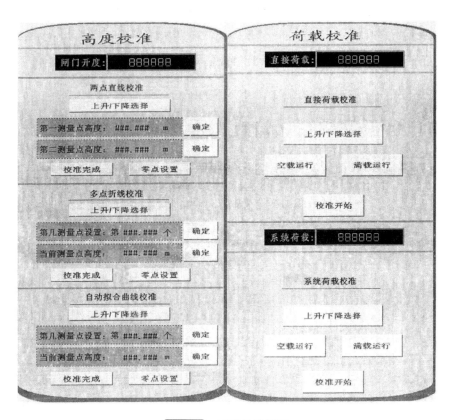

图 3-43　工程校准界面

(5) 运行状况界面设计

运行状态界面主要包括趋势曲线、运行记录及报警记录。力控组态软件在现场采集到的数据经过处理后，可以按照实时数据及历史数据进行显示和存储，采集回来的数据不仅可以在画面和报表中显示，还可以使用各种曲线组件工具进行分析显示。通过这些曲线工具，对当前的实时数据和历史数据进行比较分析，可以捕获一瞬间发生的闸门运行状态，同时可以对曲线进行放大，更加直观细致地对闸门运行情况进行分析，还可以比较两个过程量之间的函数关系。

运行记录则是通过事件记录处理功能模块来实现记录系统各种状态的变化和操作人员的活动情况。例如操作人员的登录与注销、站点的启动与退出或用户修改参数值等事件产生时，事件记录就会被立即触发。用户可以通过日志系统、本地事件和分布式事件记录查看运行记录，也可把运行记录直接打印成文档。

报警分为过程报警和系统报警，过程报警是数据库变量过程值的报警，比如系统电压、电流、闸门重量等模拟量数值超过规定的报警限值或数字量状态发生改变时，系统就会自动提示和记录。系统报警则是当系统运行错误、I/O 设备通信异常或出现设备故障时产生的报警。当报警产生时，报警界面就会自动弹出，提示用户报警发生并可查询相关报警信息，确认报警并排除报警后，闸门控制系统才能正常运行。

（6）帮助界面设计

由于现场的管理人员与操作人员可能对系统的整体结构及设计不是很了解，若出现闸门运行异常，则只能通过电话和网络联系技术开发商，这样不但浪费了宝贵的时间和金钱，而且有可能会造成重大的安全事故（如闸门过载或高度不准等），帮助界面主要提供系统的使用说明、相关异常情况的错误代码及处理方法。

（7）退出界面设计

用户要退出系统登录状态或关闭软件，就要通过退出系统来完成相关功能。若用户要重新登录系统，就要再次打开力控组态软件，并且输入正确的用户名及密码，才能进行闸门监控、参数设置等操作。

3.3 液压泵-马达综合试验台 PLC 系统设计开发

3.3.1 液压泵-马达综合试验台功能需求分析

该试验台主要是做挖掘机上的液压泵和马达试验，但是该试验台的扩展性能好也可以做其他的泵和马达试验。可以对泵和马达的关键性能参数进行检测和分析研究。

泵和马达都是液压系统的关键零部件，泵是液压系统的动力元件，负责把机械能转换成液压能，提供整个系统的液压能；马达是液压系统的驱动元件，负责将液压能转换成机械能。泵和马达的性能将直接影响整个液压系统的性能。市场上的液压泵、马达种类繁多，但是它们的性能参数种类很多都相同，只是控制方式可能不同，所以本试验台的通用性大。

液压系统的缺点主要有漏、振、热，这些缺点都会导致能量的损失，然而液压试验台一般需要长时间连续工作，所以节能研究是一个重点。目前功率回收和变频技术是节能的重要通径，在液压系统及液压元件的试验过程中，为了完成规定项目的试验，必须对被试对象按实际工作条件进行模拟加载，这样当动力源提供的能量将被加载器吸收或通过不同的途径消耗掉。对于大功率液压系统试验、长时间的液压泵和液压马达寿命试验、超载试验等，势必要耗费大量的能量，为了将能量充分利用，必须要考虑功率回收的问题。一般的功率回收方式是将原动机发出的功率传给负载，再经过传动装置传回动力源循环使用。在进行大型液压试验台的设计时，常设计机械补偿回收和液压补偿回收两种功率回收方案；变频技术应用在液压系统中使得系统的电容调速、节流调速复合调速成为可能，变频调速可以实现电机的无级调速，最终实现液压泵的容积调速，这些只要在人机界面上改变输入参数改变电机的输入频率就可以轻松简单地实现。

本课题是建立一个多功能泵-马达综合试验台，主要是做出厂试验，居于该平台可以实现多种泵和马达性能测试试验及原理研究，同时也可以进行基于电液控制的变量机构调节试验。

不同型号泵的额定转速和最大转速可能不同，采用变频器可以进行无级转速设定，同时也可以实现对泵的变速特性测定。因为主要是做出厂试验，所以每种型号批量生产的，设计时考虑到基于一次仅会做一个型号的泵或马达试验，并且每次试验的时间较长，本试验台提供一个泵和马达安装位，并配置相应的控制回路和辅助回路、检测仪器仪表、快速管路接头、法兰盘，每次试验的时候只要安装被测元件，接上快速接头和法兰盘就可以，不必为每种特定型号的泵和马达试验都配置相应的管路和接头，通过电磁阀和手阀实现油路的切换，这种设计简单方便，并且可以共用的仪器仪表尽量共用，减少投资节省成本。

系统所能进行的试验如下：① 液压泵前泵出厂试验；② 液压泵后泵出厂试验；③ 闭式泵出厂试验；④ 行走马达出厂试验；⑤ 旋转马达出厂试验。

3.3.2 液压泵-马达综合试验台液压技术方案

(1) 开式泵试验系统

开式泵的液压试验系统原理如图 3-44 所示。

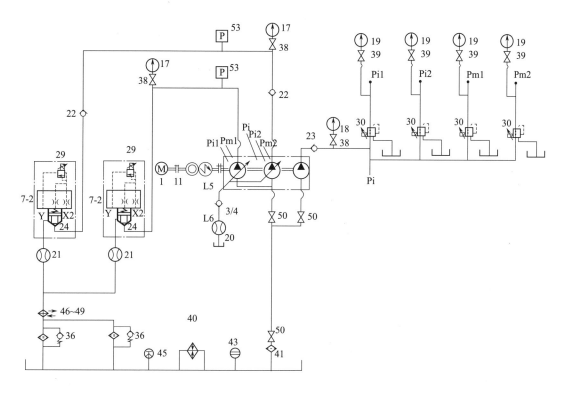

图 3-44 开式泵试验原理图

1—变频电机；11—联轴器；17～19—压力表；20，21—流量计；22，23，42—单向阀；24—插装阀阀芯；
29—先导比例溢流阀；30—先导比例减压阀；36—回油过滤器；38—压力表开关；40—加热器；41—吸油过滤器；
43—液位计；45—液温计；46～49—板式冷却器；50—截止阀；53—压力传感器；7-2—盖板

将被试泵安装在图中被试泵的位置连接好油管，通过变频器设定电机 1 的转速，通过控油口 X 来控制插装阀 24，其中压力大小通过先导比例溢流阀 29 来调节，通过插装阀的油液经过流量计 21、板式冷却器 46～49 和回油过滤器 36 回油箱，通过流量计的读数可以知道泵的流量，通过压力传感器 53 可以采集到被试泵的压力，同时通过扭矩仪可以采集电机的转速和扭矩，可计算出泵的所有参数。

(2) 闭式泵试验系统

根据需要做的闭式泵的试验要求，并根据国家试验标准对闭式泵的测量项目及测试精度要求，闭式泵试验台的试验模块如图 3-45 所示。

启动马达 54 通过联轴器带动闭式泵 56，最终油液通过单向阀 22、插装阀 24、流量计 21、板式冷却器 46～49 和回油过滤器到达油箱，整个系统的压力通过先导比例溢流阀 29 来调节和设定，该参数可以在触摸屏设定或者通过电位器来调节，油液到达流量计 21 时可以测量流量大小，采集到了系统的流量和压力故可以知道闭式泵的待测参数。泵 7 是为闭式系

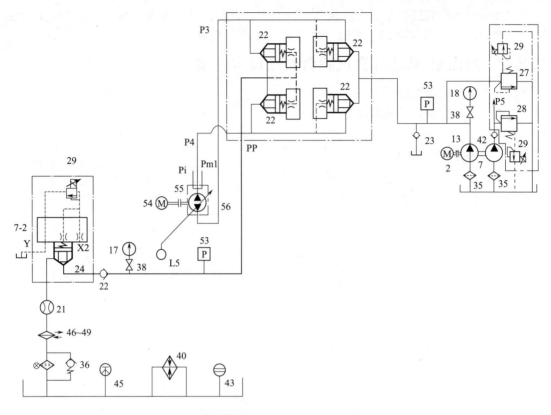

图 3-45 闭式泵试验原理图

2，54—马达；7—双联泵；13，55—联轴器；18—背接式压力表；21—流量计；22，23，42—单向阀；
24—插装阀；27，28—比例溢流阀主阀；29—先导比例溢流阀；35—吸油过滤器；36—回油过滤器；38—压力表开关；
40—加热器；43—液位计；45—液温传感器；46～49—板式冷却器；53—压力传感器；56—被试闭式泵；7-2—盖板

统提供补油租用的，当吸油能力不够时补油泵为系统提供充足的液压油，其中补油泵的输出压力可以通过比例阀主阀 27 和先导比例溢流阀 29 联合设定和调节。P5 口是备用的，提供一个外控压力，当没有独立的外控泵时 P5 就可以用上，并且 P5 的压力可以通过比例阀主阀 28 和先导比例溢流阀 29 联合设定和调节。

（3）马达试验系统

根据被试马达的试验要求，并且根据国家标准对马达试验的测试项目及测试精度要求，马达试验模块如图 3-46 所示。

三联泵为液压系统提供动力源，由插装阀 24 组成的阀组、换向阀 25 一起来控制被试马达 32 的转向，31、33 为转速扭矩仪，测量被试马达的转速和扭矩以及功率，被试马达 32 的进油和出油口处都安装有压力传感器测量进出口的压力，马达进油口的压力通过比例溢流阀 29 加载，返回油箱的油液在流量计 21 处被采集测量，换向阀 16 实现功率回收，控制马达回油口的流量是直接回油箱还是再次进入系统，当要实现功率回收时马达的回油口就需要堵塞，通过回油口的比例溢流阀 29 来压死回油。泵 57 是实现加载功能的，插装阀 22 组成一个阀组，实现被试马达正反方向加载而不受换向的影响，泵 8 为补油泵，为加载泵 57 提供补油作用，加载压力由比例阀 27 来设定和控制。

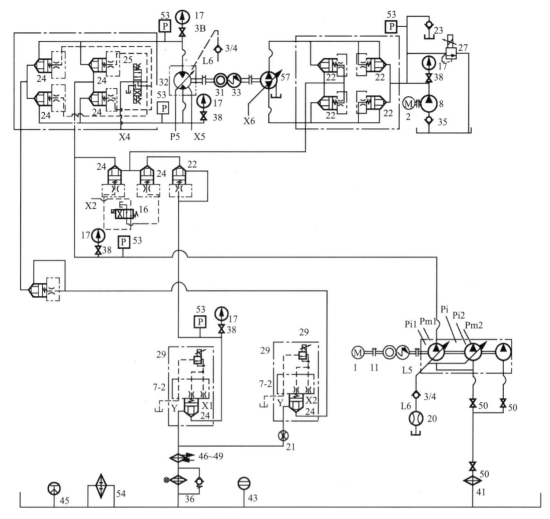

图 3-46 马达试验液压原理图

1—变频电机；2—电机；8—补油泵；11—联轴器；16—二位四通电磁换向阀；
17—背压式压力表；20—流量计，测试泄漏量；21—流量计；22、24—插装阀；23、35—单向阀；
25—三位四通换向阀，中位机能为 P 型；27、29—比例溢流阀；31—转速仪；33—扭矩仪；32—被试马达；
36—回油过滤器；38—压力表开关；41—吸油过滤器；43—液位计；45—液温计；46~49—板式冷却器；
50—手动蝶阀；53—压力传感器；54—加热器；57—加载泵；7-2—盖板；Y、X1、X2—控油接口

3.3.3　测试系统设计

　　系统中需要采集的对象包括压力、流量、转速、转矩、流量、行程开关、油温等信息转换为电信号，进入系统参与控制，并且变频器、比例阀、电磁阀要被操作台和触摸屏远程控制，同时消除变频器对系统的干扰。

(1) 测试系统组成

　　作为液压试验台的测试系统，所有的数据输入都是通过转速转矩采集仪和数据采集卡把数据传输到工控机上实现数据处理和显示，转速转矩仪采集仪把采集到的数据通过 R-232/R-485 接口传输到工控机 COM 口，数据采集卡是插在计算机 PCI 插槽中，通过采集到的数据对比例阀、电机、油温加温器等进行控制和操作，测试系统主要由转速转矩采集仪、数据采集卡、各类传感器、比例放大板、工控机、抗干扰电路及外围设备组成，图 3-47 是测试

系统的硬件结构图。

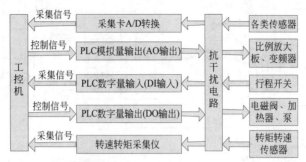

图 3-47 测试系统的硬件结构图

传感器把采集到的物理信号转换成电信号，经过抗干扰电路处理后进入数据采集卡转换成计算机可以识别处理的标准数字量信号，进入工控机进行数据采集、处理和显示并参与液压系统控制。所有的模拟数据输出量是通过 PLC 模拟量输出模块（AO）进行输出的，输出控制量主要有压力、电机转速、油液温度，用户可以再触摸屏上输入控制参数大小结合采集反馈的信号对比例放大板、变频器进行联合控制。

（2）传感器

针对液压泵和液压马达的出厂测试，被测试的信号都是进入采集卡，这就系统中要求被测的压力、流量、转矩、转速、温度等信号要经过电信号转换，转换成计算机可以识别的标准数字信号输入到电脑中。为了规范模拟量的输入以及提高传感器采集的信号在传输过程中的抗干扰能力，试验台的压力、流量、温度传感器都选择二线制的电流型传感器，供电电源为 DC 24V，输出电流为 4～20mA。

① 压力传感器　考虑到被试验压力的量程，所有压力传感器为瑞士 HUBA 公司制造的 5110EM 压力变送器，量程为 60MPa，该压力变送器的线性、迟滞和重复性之和小于 ±0.3%FS，零点及满量程的精度可调整小于 ±0.3%FS。

② 流量传感器　流量计用来测量被试泵和马达的流量以及泄漏量，流量采用 CT 系列涡轮流量计，图 3-46 中 20 为 CT50-5V-B-B，量程为 50L/min，21 为 CT600HP-5V-S-B，量程为 600L/min。

③ 温度传感器　温度传感器用来测量液压油箱中的温度，选用 SBWZ-2480K2300B400 热电阻温度传感器，其量程为 −50～100℃。

④ 转矩转速传感器　转矩转速传感器用来测试被试泵和马达的转速、转矩以及功率，本课题选用 NJ 型转矩转速传感器，该转矩仪通常和 NC 型转矩测量仪或 CB 系列转矩测试卡配套使用，是一种测量各种动力机械转动力矩、转速及机械功率的精密测量仪器。

a. NJ 型转矩转速传感器。其工作原理如图 3-48 所示。弹性轴两端给装一个信号齿轮，各齿轮上方装有一个信号线圈，线圈内部装磁钢，磁钢和信号齿轮组成信号发生器。这两对信号发生器可以产生两组交流信号的频率相同且和轴转速成正比，故可测出转速。在弹性轴受扭力时，将产生扭转变形，使两组交流电信号之间的相位差发生变化，在弹性变形范围内，相位差变化的绝对值与转矩的大小成正比，故可以测出转矩。

b. 性能指标。

• 转矩测量精度——分为 0.1 级和 0.2 级。

• 静校——直接用砝码产生标准转矩校准时，其测量误差 0.1 级不大于额定值的 ±0.1%；0.2 级不大于额定值的 ±0.2%。

• 转速变化的附加误差——在规定转速范围内变化时，转矩读数变化不大于额定转矩的

±0.1%（国家标准为±0.2%）。

⑤ 其他传感器　如蝶阀上的行程开关、液位计等都是开关量信号，供电电源为 DC 24V，回路输出信号到 PLC，电压为 0V 或者 24V。

(3) 转速转矩采集仪

NC-3 转矩仪与磁电式相位差型 NJ 转矩传感器配套使用，可以精确地测定各种动力机械的转矩、转速和功率。NC-3 转矩仪采用高速数字信号处理器（DSP）和大规模可编程逻辑芯片（CPLD）构成简洁高效的数据采集和处理系统，独特的设计和先进的表面贴装

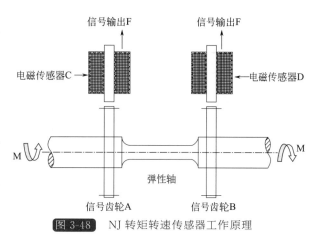

图 3-48　NJ 转矩转速传感器工作原理

工艺大大提高了系统的可靠性和抗干扰能力；硬件具有两级看门狗功能，保证系统在异常时能及时复位。

NC-3 转矩仪功能强大，有极大的灵活性和通用性：①支持 RS-232/485 或者 CAN 通信方式，可以和计算机简便、灵活、快速通信；②支持正反转双向调零，单点或多点调零；③模拟量输入可以适应 0～5V 和 1～5V（4～20mA）；④最快采样时间 1ms。

(4) 比例放大器

所用到的比例放大器都是配合比例压力阀使用，控制电磁铁的电流大小，根据比例控制器或电位器输入的信号调节阀芯的位置控制比例阀的压力大小，输入信号是通过人机界面上输入和电位器控制输入信号大小。选用阿托斯生产的 E-MI-AC-01F，该放大器是一个快速插入式的，放大器放在铝盒里，使用起来方便简单。该比例放大器具有上升/下降，对称（标准）或非对称斜坡发生器，输入和输出线上增加了电子滤波器。

比例放大器的主要特性如表 3-15 所示，接线如图 3-49 所示。

表 3-15　比例放大器特性表

电源：正极接点 1，负极接点 2	额定：24V DC，整流及滤波：$V_{RMS} = 21 \sim 33$（最大峰值脉冲 $= \pm 10\%$）
最大功率消耗	40W
供给电磁铁电流	$I_{max} = 2.7A$，PWM 型方波（电磁铁型号 ZO（R）-A，电阻 3.2Ω）
额定输入信号（工厂预调）	0～10V DC 接点 4，见图 3-49
输入信号编号范围（增益调整）	0～10V（0～5V_{min}），对应电流信号：0～20mA
信号输入阻抗	电压信号 $R_i > 50$kΩ，电流信号 $R_i = 250$Ω
向电位器供电	从点 3 供 +5V/10mA
斜坡时间	最大 10s（输入信号 0～10V 时）
接线	5 芯屏蔽电缆，带屏蔽层，规格是 0.5～1.0mm 截面积（20AWG～18AWG）
连接点形式	7 个接点，呈带状接线端子
盒子格式	盒上配有 DIN43650-IP65 型插头，VDE0110 管级接电磁铁
工作温度	0～50℃
放大器质量	190g
特点	输出到电磁铁的电路有防意外短路保护功能

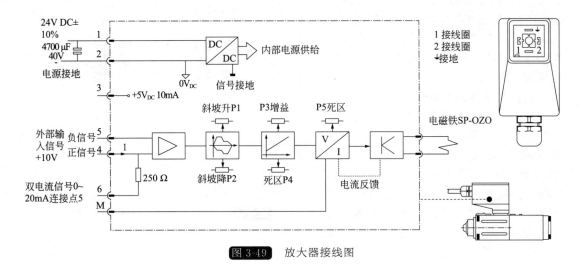

图 3-49 放大器接线图

① 电源 电源必须足够的稳定或经整流和滤波：用单向整流器则至少要 $10000\mu F/40V$ 的电容器；如用三相整流器，至少需要 $4700\mu F/40V$ 的电容器，输入信号和主电气控制柜之间的连接电缆必须是屏蔽十字电缆，注意正负极必须不能反接，将电缆屏蔽可以避免电磁噪声干扰，要符合 EMC 规范，将屏蔽层连接到没有噪声地，放大器应远离辐射源，如大电流电缆、电机、变频器、中继器、便携式收音机等。

② 输入信号 电子放大器接收电位器输入的 $0\sim5V$ 电压信号；接收由 PLC 送来的 $0\sim10V$ 电压信号。

③ 增益调整 驱动电流和输入信号之间的关系可用增益调整器调整，即调整图 3-50 中的 P3。

④ 偏流调整，即死区调整 死区调整是为了使阀的液压零（初始位置调整）与电气零位置相对应，电子放大器与配用的比例阀调整校准，当输入电压等于或大于 $100mV$ 时才有电流。

⑤ 斜坡调整 内部斜坡发生器电流将输入的阶跃信号转换为缓慢上升的输出信号，电流的上升/下降时间可通过图 3-50 中的 P1 调整，输入信号幅值从 0V 上升到 10V 所需最长时间可为 10s。

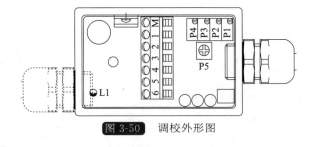

图 3-50 调校外形图

图 3-50 中接线共有 7 个端子：M——检测点信号（驱动电路）；1——正极电源；2——接地端子；3——输出 +5V DC(10mA)；4——正信号输入；5——负信号输入；6——对电流信号与 5 点连接。调整开关一共有 6 个；P1——斜坡升；P2——非对称斜坡降；P3——增益；P4——偏流；P5——颤振；L1——使能指示灯。

（5）数据采集卡

综合试验台液压系统共有 21 个模拟量输入，控制和采集系统的数字量输入和输出都是通过 PLC 来实现的。从性价比综合衡量，最终选用研华的两块 PCI-1711L 数据采集卡，参数如表 3-16 所示。

表 3-16	PCI-1711L 特性
功能	详细介绍
即插即用	PCI-1711/1711L 完全符合 PCI 规格 Rev2.1 标准，支持即插即用。在安装插卡时，用户不需要设置任何跳线和 DIP 拨码开关。实际上，所有与总线相关的配置，如基地址、中断，均由即插即用功能完成
灵活的输入类型和范围设定	PCI-1711/1711L 有一个自动通道/增益扫描电路。在采样时，这个电路可以自己完成对多路选通开关的控制。用户可以根据每个通道不同的输入电压类型来进行相应的输入范围设定。所选择的增益值将储存在 SRAM 中。这种设计保证了为达到高性能数据采集所需的多通道和高速采样（可达 100kS/s）。卡上 FIFO（先入先出）存储器 PCI-1711/1711L 卡上提供了 FIFO（先入先出）存储器，可储存 1K A/D 采样值。用户可以起用或禁用 FIFO 缓冲器中断请求功能。当启用 FIFO 中断请求功能时，用户可以进一步指定中断请求发生在 1 个采样产生时还是在 FIFO 半满时。该特性提供了连续高速的数据传输及 Windows 下更可靠的性能
卡上可编程计数器	PCI-1711/1711L 有 1 个可编程计数器，可用于 A/D 转换时的定时触发。计数器芯片为 82C54 兼容的芯片，它包含了三个 16 位的 10MHz 时钟的计数器。其中有一个计数器作为事件计数器，用来对输入通道的事件进行计数。另外两个计数器级联成 1 个 32 位定时器，用于 A/D 转换时的定时触发
16 路数字输入和 16 路数字输出	PCI-1711/1711L 提供 16 路数字输入和 16 路数字输出，使客户可以最大灵活地根据自己的需要来应用
采集卡特点	PCI-1711L 特点：16 路模拟量输入；12 为 A/D 转换器，采样速率可达 100kHz；每个输入通道的增益可编程；自动通道/增益扫描；卡上 1K 采样 FIFO 缓冲器；有 16 个数字量输入通道和 16 个数字量输出通道；可编程触发器/定时器
模拟量信号连接	PCI-1711L 提供 16 路单端模拟量输入通道，当测量一个单端信号源时，只需一根导线将信号连接到输入端口，被测的输入电压以公共的地为参考。没有地端的信号源称为"浮动"信号源，PCI-1711/1731 为外部的浮动信号源提供一个参考地。浮动信号源连接到单端输入
触发源连接	①内部触发源连接 PCI-1711L 带有一个 82C54 或与其兼容的定时器/计数器芯片，它有三个 16 位连在 10MHz 时钟源的计数器。Counter0 作为事件计数器或脉冲发生器，可用于对输入通道的事件进行计数。另外两个 Counter1、Counter2 级联在一起，用作脉冲触发的 32 位定时器。从 PACER-OUT 输出一个上升沿触发一次 A/D 转换，同时也可以用它作为别的同步信号 ② 外部触发源连接 PCI-1711L 也支持外部触发源触发 A/D 转换，当 +5V 连接到 TRG-GATE 时，就允许外部触发，当 EXT-TRG 有一个上升沿时触发一次 A/D 转换，当 TRG-GATE 连接到 DGND 时，不允许外部触发
外部输入信号测试	测试时可用 PCL-10168（两端针型接口的 68 芯 SCSI-II 电缆，1m 和 2m）将 PCI-1711 与 ADAM-3968（可 DIN 导轨安装的 68 芯 SCSI-II 接线端子板）连接，这样 PCL-10168 的 68 个针脚和 ADAM-3968 的 68 个接线端子一一对应，可通过将输入信号连接到接线端子来测试 PCI-1711 引脚

(6) 测试系统抗干扰措施

在电机的各种调试方式中，变频调速传动占有极其重要的地位，本课题的电机就是选用变频器调试。但是变频器大多运行在恶劣的电磁环境，且作为电力电子设备，内部由电子元器件、微处理芯片等组成，会受外界的电磁干扰。另外变频器的输入和输出侧的电压、电流含有丰富的高次谐波。当变频器运行时，既要防止外界的电磁干扰，又要防止变频器对外界的传感器、二次仪表等设备干扰。每个电子元器件都有自己的电磁兼容性，即每个电子元器件都会对外界产生电磁干扰，同时也会受外界的电磁干扰，为了使这种干扰降到最小，采用以下方案。

① 强电弱电分离方案　电气干扰大多来自强电系统，所以本系统在布线和设计时严格按照强弱电分离原则，把强电统一放在变频器柜，弱电放在弱电操作柜，并且布线是强电和弱电分槽布线，弱电的电源盒信号线也分开布置。传感器的电源和继电器的电源各使用独立的电源。

② 多重屏蔽方案　在布线过程中变频器电柜要接地，并且变频器到电机的电缆线必须采用屏蔽电机电缆，电缆屏蔽层必须连接到变频器外壳和电机外壳，当高频噪声电流必须流回变频器时，屏蔽层形成一条有效的通道。弱电操作柜也要采取屏蔽措施减少外界电磁干扰。传感器信号线也全部采用屏蔽线，并且屏蔽层要接地。

③ 采用滤波器　滤波器是用来消除干扰噪声的器件，将输入或输出经过过滤而得到纯净的直流电，对特定频率的频点或该频点意外的频率进行有效滤除的电路，在此把滤波器主要安装在传感器电源的输入端，提高传感器供电电源的稳定性。

3.3.4　PLC 控制系统设计

(1) 系统构成

如图 3-51 所示，系统中除了压力、温度、流量、转速等模拟量信号外还有数字量输入信号-行程开关，行程开关的主要用在管路和液压元件复用以及安装有蝶阀处，试验室防止对其他模块或者泵的损坏，在没有开启而没有油液进入的时候启动了泵，可以防止泵的损坏。当安装了这些行程开关的时候就可以起到监控作用，当这些行程开关没有到正确的位置时候就不允许启动相应的泵。

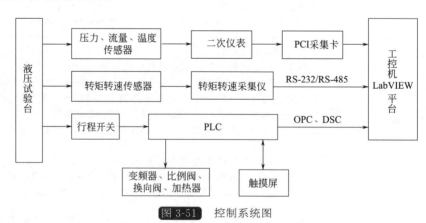

图 3-51　控制系统图

输入信号分别由采集卡和 PLC 分工协作，采集卡只采集模拟量信号，PLC 采集数字量信号使用数字量输入模块。输出信号全部由 PLC 来负责，模拟量输出控制使用模拟量输出模块，数字量输出控制使用数字量输出模块。

选用 PLC 作为电气控制部分，采用维纶通触摸屏为人机界面，采集卡只采集模拟量而不参与控制。

(2) PLC 的选择

PLC 的选择主要参数包括：PLC 的类型、输入输出（I/O）点数的估算、处理速度、存储器容量的估算、输入输出模块的选择、电源的选择、存储器的选择、冗余功能的选择、经济性的考虑等。选择西门子 S7-200 CPU 226 继电器型 PLC，共有 24 个输入点 16 个输出点。两个数字量输入/输出扩展模块 EM 223，一个数字量输入模块 EM 221，每个 EM 223 有 16 个数字量输入点和 16 个数字量输出点，每个 EM 221 有 16 个数字量输入点。

(3) 触摸屏的选择

触摸屏作为一种全新的人机互话设备，操作人员通过触摸屏可以输入相应被控制设备的控制参数、监控设备、报警等，利用触摸屏对应的编程软件可用户自己任意组态，这样方便用户自己定义一些易记醒目的图标作为提示，即使不懂计算机的人员也很快熟悉操作流程和一些文字提示注意事项或者报警。

使用的触摸屏用来输入设备控制参数，主要是被控压力、电机转速、电机的正反转、设备的动作顺序；被监控的参数主要包括手阀的状态信号、液位高度、液温以及采集项目；报警项目包括被检查的项目是否超过了设定值以及被检测的行程开关的状态。结合控制要求及操作界面的复杂程度选用维纶通（Weinview）MT8150X，编程软件为使用软件：EB8000 V3.4.5，该型号触摸屏参数如下。

① 显示器：15 英寸 1024×768 65536 色 TFT LCD；

② 处理器：AMD Geode LX800/500MHz core processor；

③ 内存：256MB；

④ 存储：256MB 自带配方内存；

⑤ 串口：Com1：RS-232/RS-485 2W/4W；Com2：RS-232；Com3：RS-232/RS-485 2W；

⑥ 以太网口：有（10/100Base-T）；

⑦ USB 接口：3 个 USB2.0 接口；

⑧ 电压：1.6A@24V DC

西门子 S7-200 PLC CPU 226 具有两个 RS-485 接口，一个接口和上位机通信，另外一个接口和维纶通 MT8150X 触摸屏通信。PLC 和上位机通信采用 PC/PPI 电缆线。

(4) PLC I/O 接线图

编写 PLC 程序之前要先分配 I/O 地址，图 3-52 所示为 PLC 的接线图。

(5) PLC 控制程序设计

使用编程软件为西门子配套软件 STEP 7-Micro/WIN V4.0 SP4，该控制程序涉及的试验繁多，同时控制程序分为手动和自动两种模式，故程序比较复杂，考虑到程序的可移植性和扩展性，程序采用模块化的设计方法。功能模块如见图 3-53 所示。

主程序代码如下：

```
网络 1
LD      SA1: I0.1
AN      STOPL: M11.5
=       AUTO: V500.0
网络 2
LDN     SA1: I0.1
AN      STOPL: M11.5
=       MAN: V500.1
```

网络 3

```
LD      AUTO: V500.0
AN      STOPL: M11.5
=       KA16R: M1.7
```

网络 4

```
LD      KA16R: M1.7
=       KA16A(KA16B,KA16C): Q1.7
```

网络 5

```
LD      MAN: V500.1
AN      STOPL: M11.5
=       KA34R: M4.2
```

网络 6

```
LD      KA34R: M4.2
=       KA34: Q4.2
```

网络 7

```
LD      MAN: V500.1
ED
=       tz1: M5.6
```

网络 8

```
LD      AUTO: V500.0
ED
=       tz2: M5.7
```

网络 9

```
LDN     SSB1(STOPL): I0.2
O       MOTGUZHUANG: M4.7
O       TIS5: M4.6
O       STOPL: M11.5
AN      SSB4: I7.1
=       STOPL: M11.5
```

网络 10

```
LD      Always_On: SM0.0
CALL    手动自动公用部分: SBR0
CALL    手动: SBR2
CALL    马达空跑效率超载试验: SBR5
CALL    定量泵前泵后泵排量超载: SBR10
```

网络 11

```
LD      Always_On: SM0.0
CALL    输出控制: SBR1
CALL    事件报警: SBR3
CALL    相关清 0: SBR4
CALL    电压与压力关系: SBR6
CALL    触摸半自动: SBR7
CALL    OPC: SBR8
```

(6) 触摸式人机界面

设计人机界面主要考虑：①操作简便性；②程序的可重用性；③根据试验项目要求。

人机界面设计分为：主界面、开式泵前泵排量效率超载冲击测试界面按钮、开式泵前泵变量特性测试界面按钮、开式泵后泵排量效率超载冲击试验界面按钮、开式泵后泵变量特性

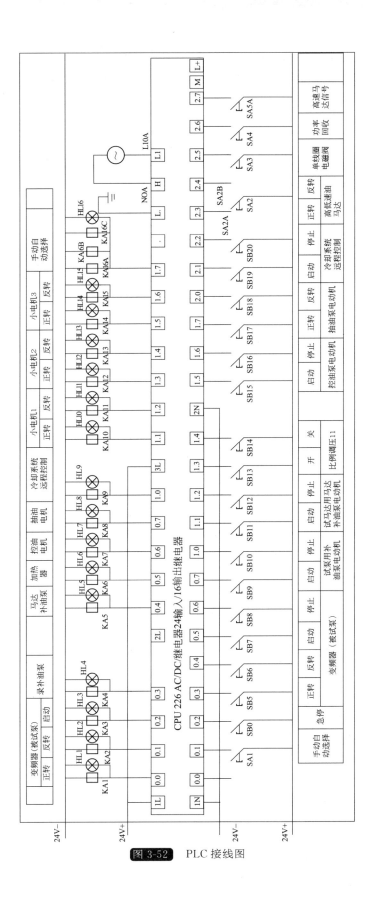

图 3-52 PLC 接线图

测试界面按钮、闭式泵前泵排量效率超载冲击测试界面按钮、闭式泵变量特性测试界面按钮、马达空跑效率超载冲击试验测试界面按钮、马达变量特性测试界面按钮、手动测试界面按钮、系统参数设定界面按钮、报警信息查询界面按钮。主界面如图 3-54 所示，主界面包含有一个试验原理图。

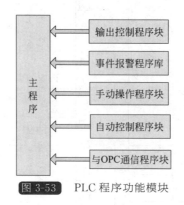

图 3-53　PLC 程序功能模块

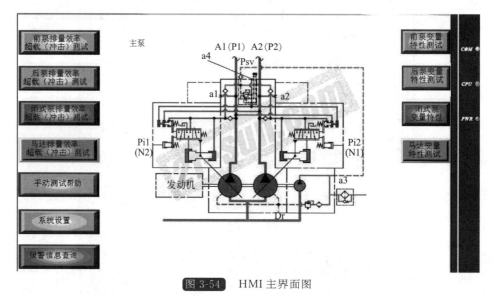

图 3-54　HMI 主界面图

3.3.5　测试系统的软件开发

选择 LabVIEW9.0 作为软件开发平台，采用研华 PCI1711L 数据采集卡。以 LabVIEW 为软件开发平台可以在较短时间内充分利用研华板卡功能和资源，编写强大的数据处理和图形显示软件。

(1) 软件模块组成

本课题液压试验台测试系统软件的功能强大，包括参数设置、用户登入、采集、与 PLC 通信、与转矩仪通信、信号处理和分析、数据和波形显示、数据和波形保存及打印，根据上面要实现的功能种类可以把软件划分为几个模块，包括参数设置模块、用户登入模块、数据采集模块、和 PLC 通信模块、显示模块、数据保存和处理模块，模块结构图如图 3-55 所示。

(2) 测试系统软件流程

根据该系统要实现的功能，软件的程序流程图如图 3-56 所示。该流程具体的实现过程

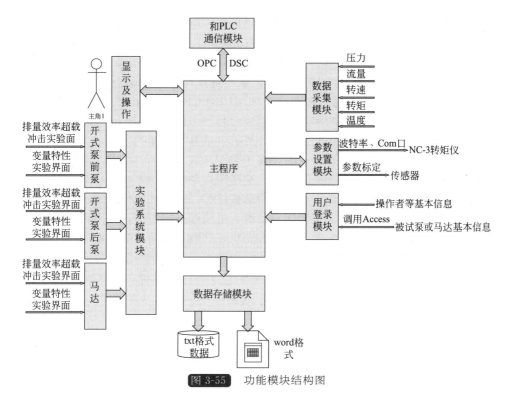

图 3-55 功能模块结构图

为：打开测试试验系统软件，进入系统登入界面输入用户名和密码，若用户名和密码正确则进入采集系统，否则退出采集系统。进入该系统后用户对系统参数进行设定，参数设定包括转矩仪通信参数设定、传感器标定系数设定、更改用户名和密码，转矩仪通信参数设定包括串口和波特率，传感器系数标定就是对应的传感器量程；参数设定好后用户应该进行试验登录，试验登录包括用户基本信息、试验概况、环境参数、被测设备选择、备注信息；用户登录后选择试验项目，然后就开始采集，采集过程的数据是自动保存为 txt 格式的文档，试验完成后用户可以自愿选择是否需要保存试验报告。

（3）主程序模块程序

主程序模块包括数据显示及工具操作，主程序模块分为主界面和各独立试验分支界面，主界面显示所有的采集参数，工具栏自定义能实现参数设置、用户登入、采集、和 PLC 通信、和转矩仪通信、信号处理和分析、数据和波形显示、数据和波形保存及打印基本功能。

本系统是连续工作并且需要多任务同时执行，在数据采集同时要进行数据处理、数据显示、数据存储等，并且要接受来自键盘和鼠标的输入，这就是需要系统的多任务进程。

多任务是指一个程序可以同时执行多个流程的能力。现代的芯片处理器采用分时处理成为了主流。芯片

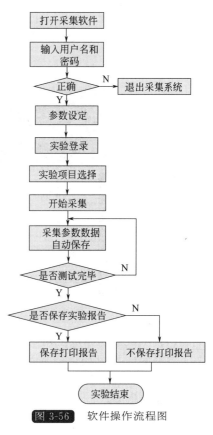

图 3-56 软件操作流程图

在执行分时处理时把系统程序划分为很小的时间片段，每个时间片段执行不同的程序。

在 Windows 系统环境下多任务分为多线程和多进程。多进程是指 Windows 系统允许在内存或一个程序同时存在多个程序并且在内存中可以允许存在多个副本。进程有自己的内存、文件句柄或者其他系统资源的运行程序，单个进程可以包含独立的执行路径，叫做线程。在 Windows 操作系统下，每个线程被分配不同的 CPU 时间片，在某个时刻，CPU 只执行一个时间片内的线程，多个时间片中的相应线程在 CPU 内轮流执行，因每个时间片的时间很短，所以对用户来说仿佛各个线程在计算机中是并行处理的。

如果程序只存在一个主线程，所有的处理函数都放在主线程中，则当程序需要停止时，会出现程序响应很慢，甚至停不下来的情况。这是因为系统开始工作后 CPU 的占用率很高，而窗口发出的停止消息优先级较低，而使得消息被挂起，得不到执行。因此程序设计时应把数据采集放在一个单独的线程中。当程序启动时，主线程开始工作，随后启动工作线程。当程序需要停止时，通过给主线程发送消息以改变状态参数，从而使数据处理过程停止。

为了保证系统采集的精度和速率，利用多线程技术实现数据采集和数据处理，数据采集和与 PLC 通信一直在主程序中运行，数据存储和处理、用户登录、参数设置线程由用户在主程序中调用，主程序组成图如图 3-57 所示，根据上述功能完成主程序主界面如图 3-58 所示。自动程序流程如图 3-59 所示。

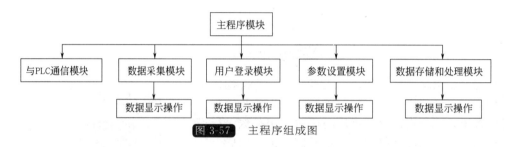

图 3-57　主程序组成图

图 3-58　采集主界面图

(4) Access 数据库应用

数据库技术已经广泛应用在数据管理和数据共享。著名的数据库管理系统有 SQL Server、Oracle、DB2、Sybase ASE、Visual ForPro、Microsoft Access 等。数据库访问接口种类也有很多，包括 DAO，ODBC，RDO，UDA，OLE DB，ADO 等。

Microsoft Access 是在 Windows 环境下非常流行的桌面型数据库管理系统，它作为 Microsoft office 组件之一，是一个功能比较齐全的数据库管理软件。能够管理、收集、查

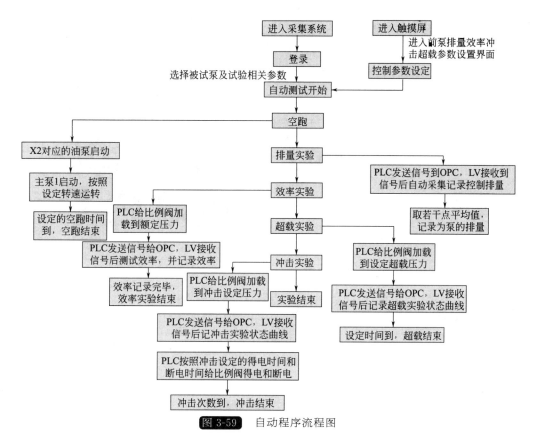

图 3-59　自动程序流程图

找、显示以及打印商业活动或者个人信息，Access 能出来多种类大信息量的数据，微软已经做好了普通数据库管理的初始工作，安装和使用都非常方便，并且支持 SQL 语言，所以本项目采用 Access 数据库。

① DSN 连接数据库　LabVIEW 数据库工具包基于 ODBC（Open Database Connectivity）技术。如图 3-60 所示，在使用 ODBC API 函数时，需要提供数据源名 DSN（Data Source Names）才能连接到实际数据库，所以需要首先创建 DSN。

② UDL 连接数据库　Microsoft 设计的 ODBC 标准只能访问关系型数据库，对非关系型数据库则无能为力。为解决这个问题，Microsoft 还提供了另一种技术：Active 数据对象 ADO（ActiveX Data Objects）技术。ADO 是 Microsoft 提出的应用程序接口（API）用以实现访问关系或非关系数据库中的数据。ADO 使用通用数据连接 UDL（Universal Data Link）来获得数据库信息以实现数据库连接。

由于使用 DSN 连接数据库需要考虑移植问题，把代码发布到其他机器上时，需要手动重新建立一个 DSN，工程复杂可移植性不好，故选择 UDL 连接数据库。

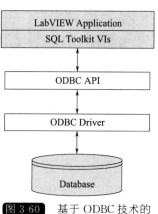

图 3-60　基于 ODBC 技术的
LabVIEW 数据库工具包

第4章

西门子S7 300 /400 PLC

4.1 S7-300/400 PLC 概况

4.1.1 S7-300 PLC 概况

(1) 标准型 S7-300 PLC 的硬件结构

S7-300 PLC 为标准模块式结构化 PLC，各种模块相互独立，并安装在固定的机架（导轨）上，构成一个完整的 PLC 应用系统。

标准型 S7-300 PLC 的硬件结构由以下模块组成：电源单元（PS）、中央处理单元（CPU）、接口模板（IM）、信号模板（SM）、功能模板（FM）和通信模板（CP），如图 4-1 所示。S7-300 PLC 系统典型结构如图 4-2 所示。

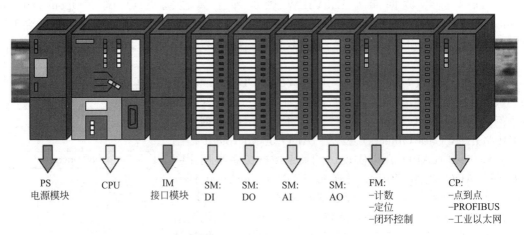

| PS
电源模块 | CPU | IM
接口模块 | SM:
DI | SM:
DO | SM:
AI | SM:
AO | FM:
−计数
−定位
−闭环控制 | CP:
−点到点
−PROFIBUS
−工业以太网 |

图 4-1　S7-300 PLC 组成模块

(2) S7-300 PLC 的 CPU 模块

① CPU 模块的分类　S7-300 PLC 的 CPU 模块可分为紧凑型、标准型、革新型、户外型、故障安全型和特种型。

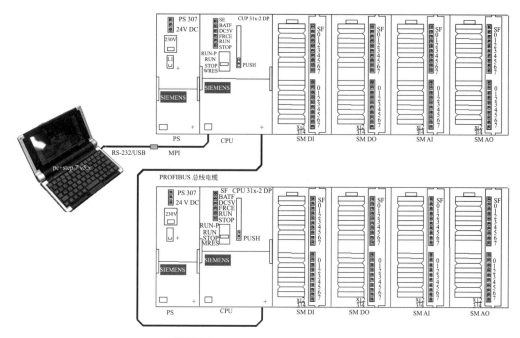

图 4-2 S7-300 PLC 系统典型结构

紧凑型 CPU 包括：CPU 312C、CPU 313C、CPU 313-2 PtP、CPU 313C-2 DP、CPU 314-2 PtP、CPU 314-2 DP。

标准型 CPU 包括：CPU 313、CPU 314、CPU 315、CPU 315-2 DP、CPU 316-2 DP。

革新型 CPU 包括：CPU 312、CPU 314、CPU 315-2 DP、CPU 317-2 DP、CPU 318-2 DP。

户外型 CPU 包括：CPU 312 IFM、CPU 314 IFM、CPU 314（户外型）。

故障安全型 CPU 包括：CPU 315F、CPU 315F-2 DP、CPU 317F-2 DP。

特种型 CPU 包括：CPU 317T-2 DP、CPU 317-2 PN/DP。

② S7-300 PLC CPU 模块的主要特性　表 4-1 所示为常用 S7-300 PLC CPU 模块的主要特性，如 CPU 314 模块，用户内存程序容量为 48KB，最大 MMC 为 8MB，可实现自由编址，数字量 I/O 点数可达 1024 个，模拟量输入/输出数量可达 256，1KB 的指令处理时间为 0.1ms，位存储器 M 为 2048 个，计数器为 256 个，定时器为 256 个，集成有 MPI 通信口，没有集成 DP 和 PTP 通信口，CPU 本身没有集成数字输入/输出点和模拟量输入/输出。

表 4-1 S7-300 PLC 常用 CPU 模块的主要特性

CPU 参数	CPU 312	CPU 312C	CPU 313C	CPU 313C -2 PtP	CPU 313C -2 DP	CPU 314	CPU 314C -2 PtP	CPU 314C -2 DP	CPU 315 -2 DP	CPU 317 -2 DP
用户内存 /KB	16	16	32	32	32	48	48	48	128	512
最大 MMC /MB	4	4	8	8	8	8	8	8	8	8
自由编址	YES	YES	YES	YES	YES	YES	YES	YES	YES	YES
DI/DO	256	256/256	992/992	992/992	992/992	1024	992/992	992/992	1024	1024
AI/AO	64	64/32	246/124	248/124	248/124	256	248/124	248/124	256	256

CPU 参数	CPU 312	CPU 312C	CPU 313C	CPU 313C -2 PtP	CPU 313C -2 DP	CPU 314	CPU 314C -2 PtP	CPU 314C -2 DP	CPU 315 -2 DP	CPU 317 -2 DP
处理时间（1KB指令）/ms	0.2	0.1	0.1	0.1	0.1	0.1	0.1	0.1	0.1	0.1
位存储器	1024	1024	2048	2024	2048	2048	2048	2048	16 384	32 768
计数器	128	128	256	256	256	256	256	256	256	512
定时器	128	128	256	256	256	256	256	256	256	512
集成通信连接 MPI/DP/PtP	Y/N/N	Y/N/N	Y/N/N	Y/N/Y	Y/Y/N	Y/N/N	Y/N/Y	Y/Y/N	Y/Y/N	Y/Y/N
集成 DI/DO	0/0	10/6	24/16	16/16	16/16	0/0	24/16	24/16	0/0	0/0
集成 AI/AO	0/0	0/0	4+1/2	0/0	0/0	0/0	4+1/2	4+1/2	0/0	0/0

③ S7-300 PLC CPU 模块操作

a. 模式选择开关。

S7-300 PLC CPU 模式选择开关 4 个挡位，分别为 RUN-P、RUN、STOP 和 MRES，如图 4-3 所示。

RUN-P：可编程运行模式。在此模式下，CPU 不仅可以执行用户程序，在运行的同时，还可以通过编程设备（如装有 STEP 7 的 PG、装有 STEP 7 的计算机等）读出、修改、监控用户程序。

RUN：运行模式。在此模式下，CPU 执行用户程序，还可以通过编程设备读出、监控用户程序，但不能修改用户程序。

STOP：停机模式。在此模式下，CPU 不执行用户程序，但可以通过编程设备（如装有 STEP 7 的 PG、装有 STEP 7 的计算机等）从 CPU 中读出或修改用户程序。在此位置可以拔出钥匙。

MRES：存储器复位模式。该位置不能保持，当开关在此位置释放时将自动返回到 STOP 位置。将钥匙从 STOP 模式切换到 MRES 模式时，可复位存储器，使 CPU 回到初始状态。

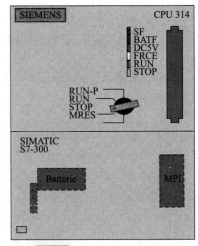

图 4-3　CPU 模式选择开关

b. 状态及故障显示。

SF（红色）：系统出错/故障指示灯。CPU 硬件或软件错误时亮。

BATF（红色）：电池故障指示灯（只有 CPU 313 和 CPU 314 配备）。当电池失效或未装入时，指示灯亮。

DC5V（绿色）：+5V 电源指示灯。CPU 和 S7-300 总线的 5V 电源正常时亮。

FRCE（黄色）：强制作业有效指示灯。至少有一个 I/O 被强制状态时亮。

RUN（绿色）：运行状态指示灯。CPU 处于"RUN"状态时亮；LED 在"Startup"状态以 2Hz 频率闪烁；在"HOLD"状态以 0.5Hz 频率闪烁。

STOP(黄色)：停止状态指示灯。CPU 处于"STOP"或"HOLD"或"Startup"状态时亮；在存储器复位时 LED 以 0.5Hz 频率闪烁；在存储器置位时 LED 以 2Hz 频率闪烁。

BUS DF(BF)(红色)：总线出错指示灯(只适用于带有 DP 接口的 CPU)。出错时亮。

SF DP：DP 接口错误指示灯(只适用于带有 DP 接口的 CPU)。当 DP 接口故障时亮。

(3) S7-300 PLC 的功能

S7-300 PLC 的大量功能能够支持和帮助用户进行编程、启动和维护，其主要功能如下。

① 高速的指令处理。$0.1\sim0.6\mu s$ 的指令处理时间在中等到较低的性能要求范围内开辟了全新的应用领域。

② 人机界面（HMI）。方便的人机界面服务已经集成在 S7-300 PLC 操作系统内，因此人机对话的编程要求大大减少。

③ 诊断功能。CPU 的智能化的诊断系统可连续监控系统的功能是否正常，记录错误和特殊系统事件。

④ 口令保护。多级口令保护可以使用户高度、有效地保护其技术机密，防止未经允许的复制和修改。

4.1.2 S7-300 PLC 模块

S7-300 系列 PLC 是模块化结构设计，各种单独模块之间可进行广泛组合和扩展。如图 4-4 所示，它的主要组成部分有导轨（RACK）、电源模块（PS）、中央处理单元模块（CPU）、接口模块（IM）、信号模块（SM）、功能模块（FM）等。它通过 MPI 网的接口直接与编程器 PG、操作员面板 OP 和其他 S7 系列 PLC 相连。

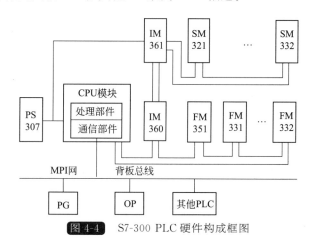

图 4-4 S7-300 PLC 硬件构成框图

(1) S7-300 PLC 的扩展能力

S7-300 PLC 是模块化的组合结构，根据应用对象的不同，可选用不同型号和不同数量的模块，并可以将这些模块安装在同一机架（导轨）或多个机架上。与 CPU 312 IFM 和 CPU 313 配套的模块只能安装在一个机架上。除电源模块、CPU 模块和接口模块外，一个机架上最多只能再安装 8 个信号模块或功能模块。

CPU 314/315/315-2 DP 最多可扩展 4 个机架，IM 360/IM 361 接口模块将 S7-300 背板总线从一个机架连接到下一个机架，如图 4-5 所示。

(2) S7-300 PLC 数字量模块地址的确定

根据机架上模块的类型，地址可以为输入（I）或输出（O）。数字 I/O 模块每个槽划占 4B（等于 32 个 I/O 点）。数字量模块地址如图 4-6 所示。

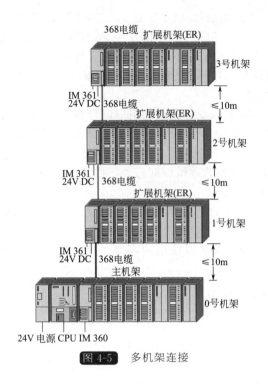

图 4-5 多机架连接

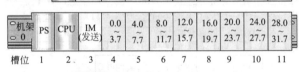

图 4-6 数字量模块地址的分配

(3) S7-300 PLC 模拟量模块地址的确定

模拟 I/O 模块每个槽占 16B（等于 8 个模拟量通道），每个模拟量输入通道或输出通道的地址总是一个字地址。模拟量模块的地址分配如图 4-7 所示。

(4) S7-300 PLC 数字量模块位地址的确定

0 号机架的第一个信号模块槽（4 号槽）的地址为 0.0～3.7，一个 16 点的输入模块只占用地址 0.0～1.7，地址 2.0～3.7 未用，如图 4-8 所示。数字量模块中的输入点和输出点的地址由字节部分和位部分组成，如 I1.2。

(5) 数字量模块

① 数字量输入模块 SM 321 数字量输入模块是将现场过程送来的数字信号电平转换成 S7-300 PLC 内部信号电平。数字量输入模块有直流输入方式和交流输入方式两种。对现场输入元件，仅要求提供开关触点即可。输入信号进入模块后，一般都经过光电隔离和滤波，

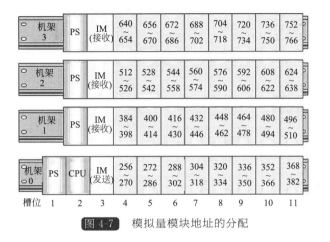

图 4-7　模拟量模块地址的分配

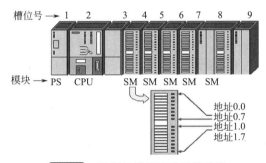

图 4-8　数字量模块位地址的确定

然后才送至输入缓冲器等待 CPU 采样。采样时，信号经过背板总线进入到输入映像区。

数字量输入模块 SM 321 有四种型号模块可供选择，即直流 16 点输入、直流 32 点输入、交流 16 点输入、交流 8 点输入模块。图 4-9 所示为直流 32 点输入对应的端子连接及电气原理图。图 4-10 所示为交流 16 点输入对应的端子连接及电气原理图。

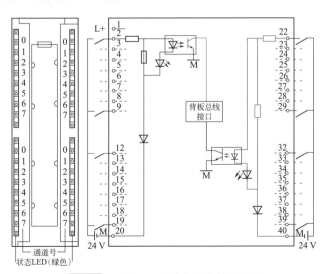

图 4-9　直流 32 点输入模块的接线图

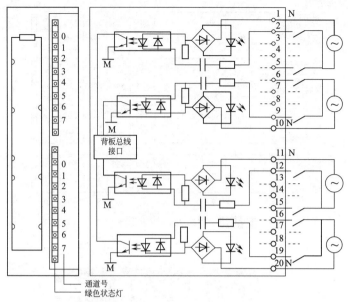

通道号
绿色状态灯

图 4-10 交流 16 点输入模块的接线图

② 数字量输出模块 SM 322　　数字量输出模块 SM 322 将 S7-300 PLC 内部信号电平转换成过程所要求的外部信号电平,可直接用于驱动电磁阀、接触器、小型电动机、灯和电动机起动器等。

晶体管输出模块只能带直流负载,属于直流输出模块。晶闸管输出方式属于交流输出模块。继电器触点输出方式的模块属于交直流两用输出模块。

从响应速度上看,晶体管响应最快,继电器响应最慢;从安全隔离效果及应用灵活性角度来看,以继电器触点输出型最佳。

各种类型的数字量输出模块具体参数如表 4-2 所示。32 点数字量晶体管输出模块的内部电路及外部端子接线如图 4-11 所示。

表 4-2 SM 322 模块具体参数

SM 322 模块		16 点晶体管	32 点晶体管	16 点晶闸管	8 点晶体管	8 点晶闸管	8 点继电器	16 点继电器
输出点数		16	32	16	8	8	8	16
额定电压		24V(DC)	24V(DC)	120V(AC)	24V(DC)	120/230V(AC)	—	—
额定电压范围		20.4~28.8V(DC)	20.4~28.8V(DC)	93~132V(AC)	20.4~28.8V(DC)	93~264V(AC)	—	—
与总线隔离方式		光耦	光耦	光耦	光耦	光耦	光耦	光耦
最大输出电流	"1"信号/A	0.5	0.5	0.5	2	1	—	—
	"0"信号/mA	0.5	0.5	0.5	0.5	2	—	—
最小输出电流("1"信号)/mA		5	5	5	5	10	—	—
触点开关容量/A		—	—	—	—	—	2	2

SM 322 模块		16 点晶体管	32 点晶体管	16 点晶闸管	8 点晶体管	8 点晶闸管	8 点继电器	16 点继电器
触点开关频率/Hz	阻性负载	100	100	100	100	10	2	2
	感性负载	0.5	0.5	0.5	0.5	0.5	0.5	0.5
	灯负载	100	100	100	100	1	2	2
触点使用寿命		—	—	—	—	—	10^6 次	10^6 次
短路保护		电子保护	电子保护	熔断保护	电子保护	熔断保护	—	—
诊断		—	—	红色 LED 指示	—	红色 LED 指示	—	—
电大电流消耗/mA	从背板总线	80	90	184	40	100	40	100
	从 L^+	120	200	3	60	2	—	—
功率损耗/W		4.9	5	9	6.8	8.6	2.2	4.5

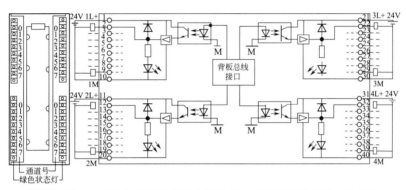

图 4-11 32 点数字量晶体管输出模块的内部电路及外部端子接线图

③ 数字量 I/O 模块 SM 323　SM 323 模块有两种类型，一种是带有 8 个共地输入端和 8 个共地输出端，另一种是带有 16 个共地输入端和 16 个共地输出端，两种特性相同。I/O 额定负载电压为 24V（DC），输入电压"1"信号电平为 11～30V，"0"信号电平为－3～＋5V，I/O 通过光耦与背板总线隔离。在额定输入电压下，输入延迟为 1.2～4.8ms。输出具有电子短路保护功能。

图 4-12 所示为 SM 323 DI16/DO16×24V（DC）/0.5A 内部电路及外部端子接线图。

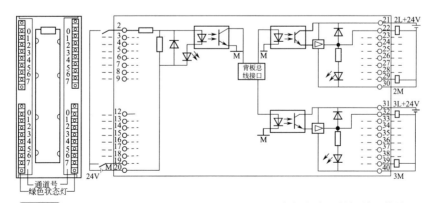

图 4-12　SM 323 DI16/DO16×24V（DC）/0.5A 内部电路及外部端子接线图

(6) 模拟量模块

① 模拟量值的表示方法　S7-300 PLC 的 CPU 用 16 位的二进制补码表示模拟量值。其中最高位为符号位 S，"0"表示正值，"1"表示负值，被测值的精度可以调整，取决于模拟量模块的性能和它的设定参数，对于精度小于 15 位的模拟量值，低字节中幂项低的位不用。表 4-3 表示了 S7-300 PLC 模拟量值所有可能的精度，标有"×"的位就是不用的位，一般填入"0"。

S7-300 PLC 模拟量输入模块可以直接输入电压、电流、电阻、热电偶等信号，而模拟量输出模块可以输出 0~10V，1~5V，−10~10V，0~20mA，4~20mA，−20~20mA 等模拟信号。

表 4-3　模拟量输入模块精度

以位数表示的精度（带符号位）	单位		模拟值	
	十进制	十六进制	高字节	低字节
8	128	80H	S 0 0 0 0 0 0 0	1 × × × × × × ×
9	64	40H	S 0 0 0 0 0 0 0	0 1 × × × × × ×
10	32	20H	S 0 0 0 0 0 0 0	0 0 1 × × × × ×
11	16	10H	S 0 0 0 0 0 0 0	0 0 0 1 × × × ×
12	8	8H	S 0 0 0 0 0 0 0	0 0 0 0 1 × × ×
13	4	4H	S 0 0 0 0 0 0 0	0 0 0 0 0 1 × ×
14	2	2H	S 0 0 0 0 0 0 0	0 0 0 0 0 0 1 ×
15	1	1H	S 0 0 0 0 0 0 0	0 0 0 0 0 0 0 1

② 模拟量输入模块 SM 331　模拟量输入［简称模入（AI）］模块 SM 331 目前有三种规格型号，即 8AI×12 位模块、2AI×12 位模块和 8AI×16 位模块。

SM 331 主要由 A/D 转换部件、模拟切换开关、补偿电路、恒流源、光电隔离部件、逻辑电路等组成。A/D 转换部件是模块的核心，其转换原理采用积分方法，被测模拟量的精度是所设定的积分时间的正函数，即积分时间越长，被测值的精度越高。SM 331 可选四挡积分时间：2.5ms、16.7ms、20ms 和 100ms，相对应的以位表示的精度分别为 8、12、12 和 14。

SM 331 与电压型传感器的连接如图 4-13 所示。SM 331 与 2 线电流变送器的连接如图 4-14 所示，与 4 线电流变送器的连接如图 4-15 所示，4 线电流变送器应有单独的电源。

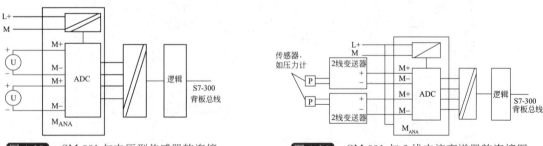

图 4-13　SM 331 与电压型传感器的连接　　图 4-14　SM 331 与 2 线电流变送器的连接图

图 4-16 所示为 AI 8×13 位模拟量输入模块的接线图，该模块共有 8 路模拟量输入，每

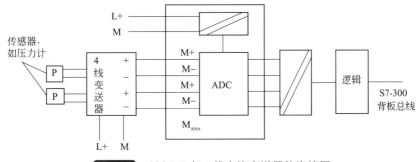

图 4-15   SM 331 与 4 线电流变送器的连接图

路精度为 13 位。

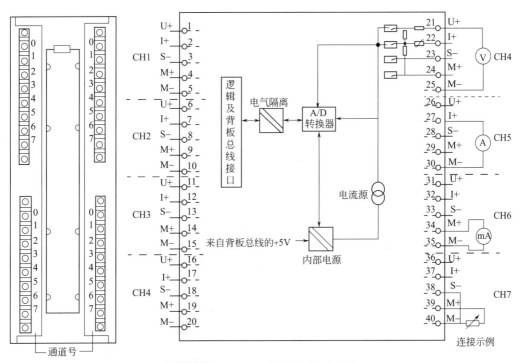

图 4-16   AI8×13 位模拟量输入模块

③ 模拟量输出模块 SM 332   图 4-17 所示为一个 4 路模拟量输出模块的接线图。

④ 模拟量输入/输出模块 SM 334   图 4-18 所示为一个 4 路模拟量输入、2 路模拟量输出模块的接线图。

(7) 其他模块 (IM)

① 通信处理器模块（CP）   通信处理器模块分类如图 4-19 所示。CP 341：用于点对点连接的通信模板；CP 343-1：用于连接工业以太网的通信模板；CP 343-2：用于 AS 接口的通信模板；CP 342-5：用于 PROFIBUS-DP 的通信模板；CP 343-5：用于连接 PROFIBUS FMS 的通信模板。

② 特殊功能模块（FM）   FM 350-1、FM 350-2 计数器模板，FM 351 用于快速/慢速驱动的定位模板，FM 353 用于步进电机的定位模板，FM 354 用于伺服电机的定位模板，FM 357-2 定位和连续通道控制模板，SM 338 超声波位置探测模板，SM 338 SSI 位置探测模板，FM 352 电子凸轮控制器，FM 352-5 高速布尔运算处理器，FM 355 PID 模板，FM 355-2 温

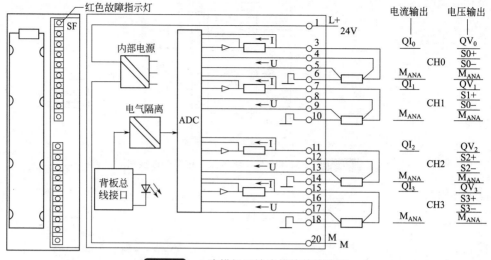

图 4-17　4 路模拟量输出模块的接线图

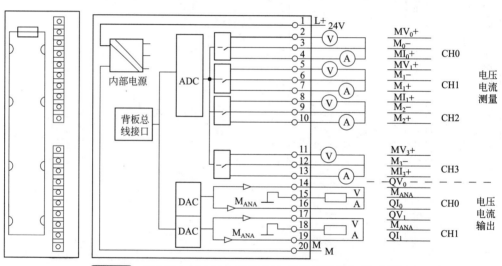

图 4-18　SM 334 AI 4/AO 2×8/8bit 的模拟量输入/输出模块

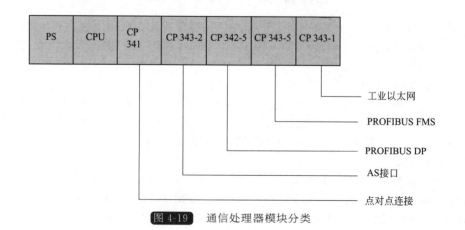

图 4-19　通信处理器模块分类

度 PID 控制模板。

4.1.3 S7 400 PLC 概况

S7 400 PLC 具有强大的诊断能力，提高了系统的可用性。S7-400 PLC 硬件组成与 S7-300 PLC 类似，由电源、CPU 模块、数字量输入/输出模块、模拟量输入/输出模块、通信处理模块等组成，如图 4-20 所示。

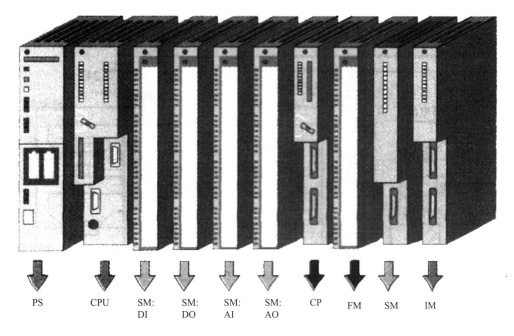

图 4-20　S7-400 PLC 的硬件模块

(1) S7-400 PLC 的分类

S7-400 PLC 有三大类型：标准 S7-400、S7-400H 硬件冗余系统和 S7-400F/FH 系统。

① 标准 S7-400 PLC 广泛适用于过程工业和制造业，具有大数据量的处理能力，能协调整个生产系统，支持等时模式，可灵活、自由地系统扩展，支持带电热插拔，具有不停机添加/修改分布式 I/O 等特点。

② S7-400H 硬件冗余系统非常适用于过程工业，可降低故障停机成本，具有双机热备份，避免停机；可无人值守运行；且双 CPU 切换时间低于 100ms，同时还有先进的事件同步冗余机制。

③ S7-400F/FH 系统是基于 S7-400H 冗余系统的，实现了对人身、机器和环境的最高安全性，符合 IEC 61 508 SIL3 安全规范，标准程序与故障安全程序在一块 CPU 中同时运行。

(2) S7-400 PLC CPU 的型号与性能

常用 S7-400-PLC CPU 的型号与性能如表 4-4 所示，图 4-21 所示为 S7-400 PLC 的 CPU。

(3) S7-400 PLC 的组件与功能

S7-400 PLC 的组件包括机架、电源、CPU、信号模板、接口模板、功能模板和通信处理器等，组件与功能如表 4-5 所示。

表 4-4 S7-400 PLC CPU 型号与性能

性能＼型号	412-1	412-2	414-2	414-3	416-2	416-3	417-4
存储容量	144KB	256KB	512KB	1.4MB	2.8MB	5.6MB	20MB
通信接口	MPI/DP PROFIBUS-DP		MPI/DP PROFIBUS-DP		MPI/DP PROFIBUS-DP		MPI/DP PROFIBUS-DP
定时器/计数器	2048/2048		2048/2048		2048/2048		2048/2048

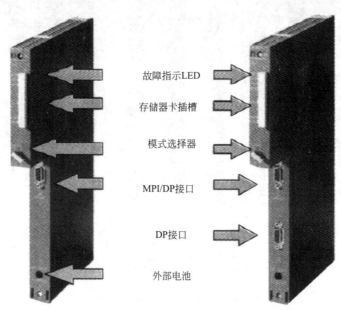

故障指示LED

存储器卡插槽

模式选择器

MPI/DP接口

DP接口

外部电池

图 4-21 S7-400 PLC 的 CPU

表 4-5 S7-400 PLC 的组件与功能

部件	功能	部件	功能
机架	用于固定模块并实现模块间的电气连接	接口模板（IM）	用于连接其他机架 附件：连接电缆、终端器
电源（PS）	将进线电压转换为模块所需的直流 5V 和 24V 工作电压	功能模块（FM）	完成定位、闭环控制等功能
中央处理单元（CPU）	执行用户程序 附件：存储器卡	通信处理器（CP）	用于连接其他可编程控制器 附件：电缆、软件、接口模板
信号模块（SM）（数字量/模拟量）	把不同的过程信号与 S7-400 适配 附件：前连接器		

图 4-22 所示为 S7-400 PLC 电源模板上的 LED 指示灯的含义，图 4-23 所示为 CPU 模板上的 LED 指示灯的含义，图 4-24 所示为 CPU 执行存储器复位和完全再启动的操作流程。

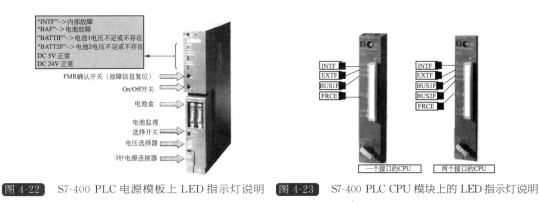

"INTF"->内部故障
"BAF"->电池故障
"BATTIF"->电池1电压不足或不存在
"BATT2F"->电池2电压不足或不存在
DC 5V 正常
DC 24V 正常

FMR确认开关（故障信息复位）
On/Off开关
电池盒
电池监视
选择开关
电压选择器
3针电源连接器

一个接口的CPU   两个接口的CPU

图 4-22 S7-400 PLC 电源模板上 LED 指示灯说明　　**图 4-23** S7-400 PLC CPU 模块上的 LED 指示灯说明

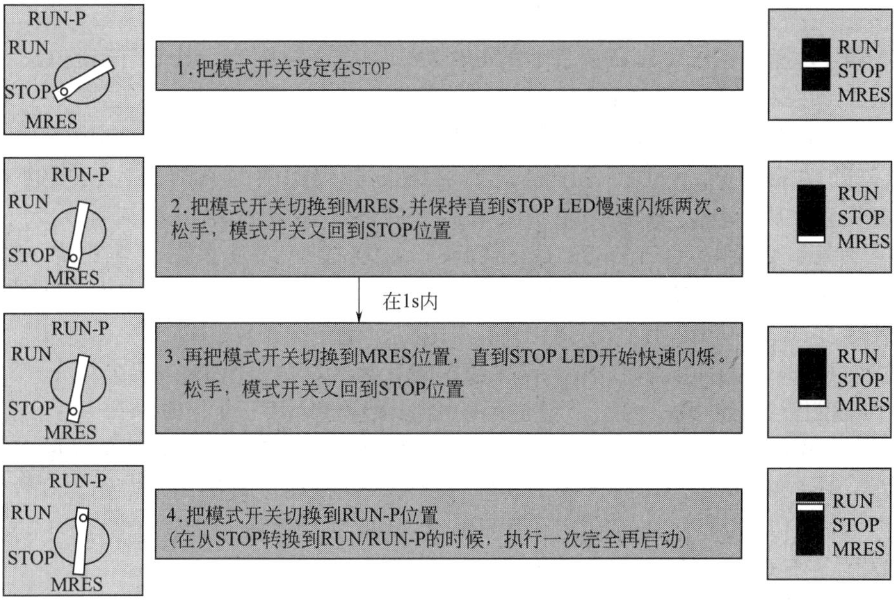

RUN-P / RUN / STOP / MRES

1.把模式开关设定在STOP

RUN / STOP / MRES

RUN-P / RUN / STOP / MRES

2.把模式开关切换到MRES,并保持直到STOP LED慢速闪烁两次。松手，模式开关又回到STOP位置

RUN / STOP / MRES

在1s内

RUN-P / RUN / STOP / MRES

3.再把模式开关切换到MRES位置，直到STOP LED开始快速闪烁。松手，模式开关又回到STOP位置

RUN / STOP / MRES

RUN-P / RUN / STOP / MRES

4.把模式开关切换到RUN-P位置
（在从STOP转换到RUN/RUN-P的时候，执行一次完全再启动）

RUN / STOP / MRES

图 4-24 CPU 执行复位和完全再启动操作流程

4.1.4　S7-300/400 PLC 存储区

西门子 S7-300/400 PLC 的存储区结构与编程方式有着密切的关系。

(1) S7-300/400 PLC 编程方式

S7-300/400 PLC 的编程语言是 STEP 7。STEP 7 用文件块的形式管理用户编写的程序及程序运行所需的数据。如果这些文件块是子程序，可以通过调用语句，将它们组成结构化的用户程序。这样，PLC 的程序组织明确，结构清晰，易于修改。

通常，用户程序由组织块（OB）、功能（FC）、功能块（FB）、数据块（DB）构成。其中，OB 是系统操作程序与用户应用程序在各种条件下的接口界面，用于控制程序的运行。OB 块根据操作系统调用的条件（如时间中断、报警中断等）分成几种类型，这些类型有不同的优先级，高优先级的 OB 可以中断低优先级的 OB。每个 S7 的 CPU 都包含一套可编程的 OB 块（随 CPU 而不同），不同的 OB 块执行特定的功能。OB1 是主程序循环块，任何情况下它都是需要的。根据过程控制的复杂程度，可将所有程序放入 OB1 中进行线性编程，或将程序用不同的逻辑块加以结构化，通过 OB1 调用这些逻辑块。图 4-25 所示是一个

STEP 7 调用实例。

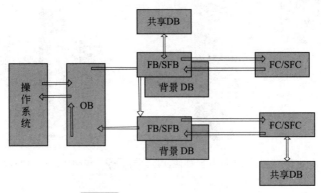

图 4-25 STEP 7 调用结构举例

除了 OB1，操作系统可以调用其他的 OB 块以响应确定事件。其他可用的 OB 块由所用的 CPU 性能和控制过程的要求而定。

功能或功能块（FC、FB）实际是用户子程序，分为带"记忆"的功能块 FB 和不带"记忆"的功能块 FC。前者有一个数据结构与该功能块的参数表完全相同的数据块（DB）附属于该功能块，并随功能块的调用而打开，随功能块的结束而关闭。该附属数据块叫做背景数据块（Instance Data Block），存放在背景数据块中的数据在 FB 块结束时继续保持，也即被"记忆"。功能块 FC 没有背景数据块，当 FC 完成操作后数据不能保持。

数据块（DB）是用户定义的用于存取数据的存储区，也可以被打开或关闭。DB 可以是属于某个 FB 的背景数据块，也可以是通用的全局数据块，用于 FB 或 FC。

S7-300/400 PLC CPU 还提供标准系统功能块（SFB、SFC），它们是预先编好的，经过测试集成在 S7-300/400 PLC CPU 中的功能程序库。用户可以直接调用它们，高效地编制自己的程序。与 FB 块相似，SFB 需要一个背景数据块，并须将此 DB 块作为程序的一部分安装到 CPU 中。不同的 CPU 提供不同的 SFB、SFC 功能。

系统数据块（SDB）是为存放 PLC 参数所建立的系统数据存储区。用 STEP 7 的 S7 组态软件可以将 PLC 组态数据和其他操作参数存放于 SDB 中。

（2）S7-300/400 PLC 的存储区

S7-300/400 PLC CPU 有三个基本存储区，如图 4-26 所示，各存储区的功能如下：

① 系统存储区。RAM 类型，用于存放操作数据（I/O、位存储、定时器、计数器等）。

② 装载存储区。物理上是 CPU 模块的部分 RAM，加上内置的 EEPROM 或选用的可拆卸 EEPROM 卡，用于存放用户程序。

③ 工作存储区。物理上占用 CPU 模块中的部分 RAM，其存储内容是 CPU 运行时所执行的用户程序单元（逻辑块和数据块）的复制件。

CPU 工作存储区也为程序块的调用安排了一定数量的临时本地数据存储区，或者称为 L 堆栈。L 堆栈中的数据在程序块工作时有效，并一直保持，当新的块被调用时，L 堆栈重新分配。

图 4-26 也表明，S7-300/400 PLC CPU 还有两个累加器、两个地址寄存器、两个数据块地址寄存器和一个状态字寄存器。

CPU 程序所能访问的存储区为系统存储区的全部、工作存储区的数据块 DB、暂时局部数据存储区、外设 I/O 存储区（P）等，其功能如表 4-6 所示。

CPU利用外设（P）存储区直接
读写总线上的模块

外设I/O存储区　P

输出	Q
输入	I
位存储区	M
定时器	T
计数器	C

这些系统存储区的大小
由CPU的型号决定

系统存储区

累加器　　32位

累加器　1（ACCU1）
累加器　2（ACCU2）

可执行用户程序：
1．逻辑块（OB,FB,FC）
2．数据块（OB）

地址寄存器　32位

地址寄存器　1（AR1）
地址寄存器　2（AR2）

临时本地数据存储区
（L堆栈）

工作存储区

数据块地址寄存器　32位

打开的共享数据块号　DB
打开的共享数据块号　DB(DI)

动态装载存储区（RAM）：
存放用户程序

状态字寄存器

状态位	16位

可选的固定装载存储区
（EEPROM）：存放用户程序

装载存储区

图 4-26　　S7-300/400 PLC存储区示意图

表 4-6　　程序可访问的存储区及功能

名称	存储区	存储区功能
输入（I）	过程输入映像表	扫描周期开始，操作系统读取过程输入值并录入表中，在处理过程中程序使用这些值。 每个CPU周期，输入存储区在输入映像表中所存放的输入状态值，它们是外设输入存储区头128B的映像
输出（Q）	过程输出映像表	在扫描周期中，程序计算输出值并存放在该表中，在扫描周期结束后，操作系统从表中读取输出值，并传送到过程输出口，过程输出映像表是外设输出存储区头128B的映像
位存储区（M）	存储区	存储程序运算的中间结果
外部输入寄存器（PI）	I/O：外设输入	外部存储区允许直接访问现场设备(物理的或外部的输入和输出)
外部输出寄存器（PQ）	I/O：外设输出	外部存储区可以以字节、字和双字格式访问，但不可以以位方式访问
定时器（T）	定时器	为定时器提供存储区 计时时钟访问该存储区中的计时单元，并以减法更新计时值 定时器指令可以访问该存储区和计时单元
计数器（C）	计数器	为计数器提供存储区，计数指令访问该存储区
临时本地数据	本地数据堆栈（L堆栈）	在FB、FC或OB运行时设定，在块变量声明表中声明的暂时变量存在该存储中，提供空间以传送某些类型参数和存放梯形图中间结果。 块结束执行时，临时本地存储区再行分配。 不同的CPU提供不同数量的临时本地存储区
数据块（DB）	数据块	DB块存放程序数据信息，可被所有逻辑块公用（"共享"数据块）或被FB特定占用"背景"数据块

　　外部输入寄存器（PI）和外部输出寄存器（PQ）存储区除了和CPU的型号有关外，还和具体的PLC应用系统的模块配置相联系，其最大范围为64KB。

CPU 可以通过输入（I）和输出（Q）过程映像存储区（映像表）访问 I/O 口。输入映像表 128B 是外部输入存储区（PI）首 128B 的映像，是在 CPU 循环扫描中读取输入状态时装入的。输出映像表 128B 是外部输出存储区（PQ）的首 128B 的映像。CPU 在写输出时，可以将数据直接输出到外部输出存储区（PQ），也可以将数据传送到输出映像表，在 CPU 循环扫描更新输出状态时，将输出映像表的值传送到物理输出。

图 4-27 所示为机架模块的布局图，图 4-28 为 CPU 读取输入数据的过程。在图 4-28 中，用户程序依次将输入字节地址 0（IB0）、外部输入字节地址 0（PIB0）、外部输入字地址（PIW272）和外部输入字节地址 278（PIB278）中的数据读入到 CPU 中。IB0 和 PIB0 中的值完全一样，是 0 架 4 槽 16 点开关量输入模块 SM 321 前 8 点的状态，即 I0.0，I0.1，…，I0.7。PIW272 中的值是 0 架 5 槽 8 通道模拟量输入模块 SM 331 通道 1 的 16 位二进制数据。

机架0	电源 模块 PS 307	CPU 模块 314	接口 模块 IM 360	16点 数字量输出 SM 321	4通道 模拟量输出 SM 331

图 4-27　机架模块

根据以上的分析可以看出，只有开关量模块既可用 I/O 映像表，也可通过外部 I/O 存储区进行数据的输入、输出。而模拟量模块由于其最小地址已超过了 I/O 映像表的最大值即 128B，因此只能以字节、字或双字的形式通过外部 I/O 存储区直接存取。

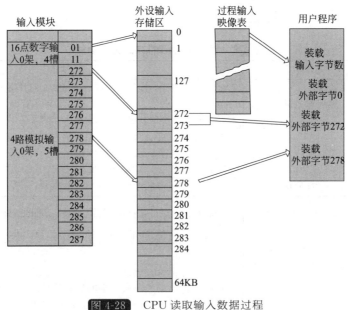

图 4-28　CPU 读取输入数据过程

4.2　S7-300/400 编程语言与指令系统

4.2.1　STEP 7 编程语言

STEP 7 是 S7-300/400 系列 PLC 应用设计软件包，所支持的 PLC 编程语言非常丰富。该软件的标准版支持 STL(语句表)、LAD(梯形图) 及 FBD(功能块图) 3 种基本编程语言，并且在 STEP 7 中可以相互转换。专业版附加对 GRAPH(顺序功能图)、SCL(结构化控制语言）、HiGraph（图形编程语言）、CFC（连续功能图）等编程语言的支持。不同的编程语言可供不同知识背景的人员采用。

（1）STL（语句表）

STL（语句表）是一种类似于计算机汇编语言的文本编程语言，由多条语句组成一个程序段。语句表可供习惯汇编语言的用户使用，在运行时间和要求的存储空间方面最优。在设计通信、数学运算等高级应用程序时建议使用语句表。

（2）LAD（梯形图）

LAD（梯形图）是一种图形语言，比较形象直观，容易掌握，用得最多，堪称用户第一编程语言。梯形图与继电器控制电路图的表达方式极为相似，适合于熟悉继电器控制电路的用户使用，特别适用于数字量逻辑控制。

（3）FBD（功能块图）

FBD（功能块图）使用类似于布尔代数的图形逻辑符号来表示控制逻辑，一些复杂的功能用指令框表示。FBD 比较适合于有数字电路基础的编程人员使用。

（4）GRAPH（顺序控制）

GRAPH（如图 4-29 所示）类似于解决问题的流程图，适用于顺序控制的编程。利用 S7-GRAPH 编程语言，可以清楚快速地组织和编写 S7 PLC 系统的顺序控制程序。它根据功能将控制任务分解为若干步，其顺序用图形方式显示出来并且可形成图形和文本方式的文件。

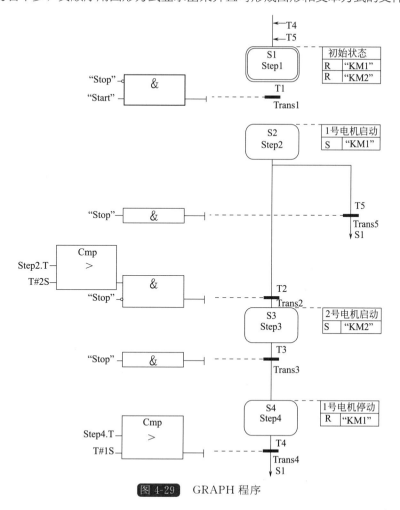

图 4-29　GRAPH 程序

(5) HiGraph（图形编程语言）

S7-Higraph 允许用状态图描述生产过程，将自动控制下的机器或系统分成若干个功能单元，并为每个单元生成状态图，然后利用信息通信将功能单元组合在一起形成完整的系统。

(6) SCL（结构化控制语言）

S7-SCL（Structured Control Language：结构控制语言）是一种类似于 Pascal 的高级文本编辑语言，用于 S7-300/400 和 C7 的编程，可以简化数学计算、数据管理和组织工作。S7-SCL 具有 PLC 公开的基本标准认证，符合 IEC 1131-3（结构化文本）标准。

(7) CFC（连续功能图）

利用工程工具 CFC（Continuous Function Chart：连续功能图），可以通过绘制工艺设计图来生成 SIMATIC S7 和 SIMATIC M7 的控制程序，该方法类似于 PLC 的 FBD 编程语言。

在这种图形编程方法中，块被安放在一种绘图板上并且相互连接。利用 CFC 用户可以快速、容易地将工艺设计图转化为完整的可执行程序。

4.2.2 STEP 7 数据类型

数据类型决定数据的属性，在 STEP 7 中，数据类型分为三大类。

(1) 基本数据类型

基本数据类型如表 4-7 所示。

表 4-7　基本数据类型

类型（关键词）	位	表示形式	数据与范围	示例
布尔（BOOL）	1	布尔量	Ture/False	触点的闭合/断开
字节（BYTE）	8	十六进制	B#16#0～B#16#FF	LB#16#20
字（WORD）	16	二进制	2#0～2#1111_1111_1111_1111	L2#0000_0011_1000_0000
		十六进制	W#16#0～W#16#FFFF	L W#16#0380
		BCD 码	C#0～C#999	L C#896
		无符号十进制	B#（0, 0）～B#（255, 255）	L B#（10, 10）
双字（DWORD）	32	十六进制	DW#16#0000_0000～DW#16#FFFF_FFFF	L DW#16#0123_ABCD
		无符号数	B#（0, 0, 0, 0）～B#（255, 255, 255, 255）	L B#（1, 23, 45, 67）
字符（CHAR）	8	ASCII 字符	可打印 ASCII 字符	'A'、'0'、','
整数（INT）	16	有符号十进制数	−32768～+32767	L-23
长整数（DINT）	32	有符号十进制数	L#_214 783 648～L#214 783 647	L#23
实数（REAL）	32	IEEE 浮点数	±1.175 495e_38～±3.402 823e+38	L 2 345 67e+2
时间（TIME）	32	带符号 IEC 时间，分辨率为 1ms	T#_24D_20H_31M_23S_648MS～T#24D_20H_31M_23S_647MS	L T#8D_7H_6M_5S_0MS

类型（关键词）	位	表示形式	数据与范围	示例
日期（DATE）	32	IEC 日期，分辨率为 1 天	D＃1990_1_～D＃2168_12_31	L D＃2005_9_27
实时时间（Time-Of-Daytod）	32	实时时间，分辨率为 1ms	TOD＃0：0：0.0～TOD＃23：59：59.999	L TOD＃8：30：45.12
S5 系统时间（S5TIME）	32	S5 时间，以 10ms 为时基	SST＃0H_0M_10MS～S5T＃2H_46M_30S_0MS	L S5T＃1H_1M_2S_10MS

(2) 复杂数据类型

复杂数据类型包括数组（ARRAY）、结构（STRUCT）、字符串（STRING）、日期和时间（DATE_AND_TIME）、用户定义的数据类型（UDT）、功能块类型（FB、SFB）。

① 数组（ARRAY）　数组是由一组同一类型的数据组合在一起而形成的复杂数据类型。数组的维数最大可以到 6 维；数组中的元素可以是基本数据类型或者复杂数据类型中的任一数据类型（Array 类型除外，即数组类型不可以嵌套）；数组中每一维的下标取值范围是－32768～32767，要求下标的下限必须小于下标的上限。

```
ARRAY [1..4, 1..10, 1..7] INT
```

② 结构（STRUCT）　结构是由一组不同类型（结构的元素可以是基本的或复杂的数据类型）的数据组合在一起而形成的复杂数据类型。结构通常用来定义一组相关的数据，例如电机的一组数据可以按如下方式定义：

```
Motor:STRUCT
        Speed:INT
        Current:REAL
END_STRUCT
```

③ 字符串（STRING）　字符串是最多有 254 个字符（CHAR）的一维数组，最大长度为 256 个字节（其中前两个字节用来存储字符串的长度信息）。字符串常量用单引号括起来，例如：'SIMATIC S7-300'、'SIMENS'。

④ 日期和时间（DATE_AND_TIME）　用于存储年、月、日、时、分、秒、毫秒和星期，占用 8 个字节，用 BCD 格式保存。星期天的代码为 1，星期 1～6 的代码为 2～7，例如：DT＃2016 12 10 12：30：15.200。

⑤ 用户定义的数据类型（UDT）　用户定义数据类型表示自定义的结构，存放在 UDT 块中（UDT1～UDT65535），在另一个数据类型中作为一个数据类型"模板"。当输入数据块时，如果需要输入几个相同的结构，利用 UDT 可以节省输入时间。

⑥ 功能块类型（FB、SFB）　这种数据类型仅可以在 FB 的静态变量区定义，用于实现多背景 DB。

(3) 参数数据类型

参数类型是一种用于逻辑块（FB、FC）之间传递参数的数据类型，主要有以下几种。

① TIMER（定时器）和 COUNTER（计数器）。

② BLOCK（块）：指定一个块用作输入和输出，实参应为同类型的块。

③ POINTER（指针）：6 字节指针类型，用来传递 DB 的块号和数据地址。

④ ANY：10 字节指针类型，用来传递 DB 块号、数据地址、数据数量以及数据类型。

4.2.3 S7-300/400 指令基础

指令是程序的最小独立单位，用户程序是由若干条顺序排列的指令构成的。指令一般由操作码和操作数组成，其中的操作码代表指令所要完成的具体操作（功能），操作数则是该指令操作或运算的对象。

(1) PLC 用户存储区的分类及功能

PLC 用户存储区的分类及功能如表 4-8 所示。

表 4-8　PLC 用户存储区的分类及功能

存储区域	功能	运算单位	寻址范围	标识符
输入过程映像寄存器（又称输入继电器）（I）	在扫描循环的开始，操作系统从现场（又称过程）读取控制按钮、行程开关及各种传感器等送来的输入信号，并存入输入过程映像寄存器。其每一位对应数字量输入模块的一个输入端子	输入位	0.0～65535.7	I
		输入字节	0～65535	IB
		输入字	0～65534	IW
		输入双字	0～65532	ID
输出过程映像寄存器（又称输出继电器）（Q）	在扫描循环期间，逻辑运算的结果存入输出过程映像寄存器。在循环扫描结束前，操作系统从输出过程映像寄存器读出最终结果，并将其传送到数字量输出模块，直接控制 PLC 外部有指示灯、接触器、执行器等控制对象	输出位	0.0～65535.7	Q
		输出字节	0～65535	QB
		输出字	0～65534	QW
		输出双字	0～65532	QD
位存储器（又称辅助继电器）（M）	位存储器与 PLC 外部对象没有任何关系，其功能类似于继电器控制电路中的中间继电器，主要用来存储程序运算过程中的临时结果，可为编程提供无数量限制的触点，可以被驱动但不能直接驱动任何负载	存储位	0.0～255.7	M
		存储字节	0～255	MB
		存储字	0～254	MW
		存储双字	0～252	MD
外部输入寄存器（PI）	用户可以通过外部输入寄存器直接访问模拟量输入模块，以便接收来自现场的模拟量输入信号	外部输入字节	0～65535	PIB
		外部输入字	0～65534	PIW
		外部输入双字	0～65532	PID
外部输出寄存器（PQ）	用户可以通过外部输出寄存器直接访问模拟量输出模块，以便将模拟量输出信号送给现场的控制执行器	外部输出字节	0～65535	PQB
		外部输出字	0～65534	PQW
		外部输出双字	0～65532	PQD
定时器（T）	作为定时器指令使用，访问该存储区可获得定时器的剩余时间	定时器	0～255	T
计数器（C）	作为计数器指令使用，访问该存储区可获得计数器的当前值	计数器	0～255	C
数据块寄存器（DB）	数据块寄存器用于存储所有数据块的数据，最多可同时打开一个共享数据块 DB 和一个背景数据块 DI。用 "OPEN DB" 指令可打开一个共享数据块 DB；用 "OPEN DI" 指令可打开一个背景数据块 DI	数据位	0.0～65535.7	DBX 或 DIX
		数据字节	0～65535	DBB 或 DIB
		数据字	0～65534	DBW 或 DIW
		数据双字	0～65532	DBD 或 DID

存储区域	功能	运算单位	寻址范围	标识符
本地数据寄存器 （又称本地数据） （L）	本地数据寄存器用来存储逻辑块（OB、FB 或 FC）中所使用的临时数据，一般用作中间暂存器。因为这些数据实际存放在本地数据堆栈（又称 L 堆栈）中，所以当逻辑块执行结束时，数据自然丢失	本地数据位	0.0～65535.7	L
		本地数据字节	0～65535	LB
		本地数据字	0～65534	LW
		本地数据双字	0～65532	LD

（2）指令操作数

指令操作数（又称编程元件）一般在用户存储区中，操作数由操作标识符和参数组成。操作标识符由主标识符和辅助标识符组成，主标识符用来指定操作数所使用的存储区类型，辅助标识符则用来指定操作数的单位（如：位、字节、字、双字等）。

主标识符有：I（输入过程映像寄存器）、Q（输出过程映像寄存器）、M（位存储器）、PI（外部输入寄存器）、PQ（外部输出寄存器）、T（定时器）、C（计数器）、DB（数据块寄存器）和 L（本地数据寄存器）。

辅助标识符有：X（位）、B（字节）、W（字或 2B）、D（2DW 或 4B）。

（3）寻址方式

所谓寻址方式就是指令执行时获取操作数的方式，可以直接或间接方式给出操作数。S7-300 有 4 种寻址方式：立即寻址、存储器直接寻址、存储器间接寻址、寄存器间接寻址。

① 立即寻址　立即寻址是对常数或常量的寻址方式，其特点是操作数直接表示在指令中，或以唯一形式隐含在指令中。下面各条指令操作数均采用了立即寻址方式，其中"//"后面的内容为指令的注释部分，对指令没有任何影响。

```
L  66          //表示把常数 66 装入累加器 1 中
AW W# 16# 168  //将十六进制数 168 与累加器 1 的低字进行"与"运算
SET            //默认操作数为 RLO，该指令实现对 RLO 置"1"操作
```

② 存储器直接寻址　存储器直接寻址简称直接寻址。该寻址方式在指令中直接给出操作数的存储单元地址。存储单元地址可用符号地址（如 SB1、KM 等）或绝对地址（如 I0.0、Q4.1 等）。下面各条指令操作数均采用了直接寻址方式。

```
A  I0.0//对输入位 I0.0 执行逻辑"与"运算
=  Q4.1//将逻辑运算结果送给输出继电器 Q4.1
L  MW2//将存储字 MW2 的内容装入累加器 1
T  DBW4//将累加器 1 低字中的内容传送给数据字 DBW4
```

③ 存储器间接寻址　存储器间接寻址简称间接寻址。该寻址方式在指令中以存储器的形式给出操作数所在存储器单元的地址，也就是说该存储器的内容是操作数所在存储器单元的地址。该存储器一般称为地址指针，在指令中需写在方括号"[ ]"内。地址指针可以是字或双字，对于地址范围小于 65535 的存储器可以用字指针；对于其他存储器则要使用双字指针。

例：存储器间接寻址的单字格式的指针寻址。

```
L  2           //将数字 2# 0000_0000_0000_0010 装入累加器 1
T  MW50        //将累加器 1 低字中的内容传给 MW50 作为指针值
OPN DB35       //打开共享数据块 DB35
L  DBW ［MW50］ //将共享数据块 DBW2 的内容装入累加器 1
```

存储器间接寻址的双字指针的格式如图 4-30 所示。

例：存储器间接寻址的双字格式的指针寻址。

```
L   P# 8.7        //把指针值装载到累加器1
                  //P# 8.7的指针值为: 2# 0000_0000_0000_0000_0000_0000_0100_0111
T   [MD2]         //把指针值传送到MD2
A   I [MD2]       //查询I8.7的信号状态
=   Q [MD2]       //给输出位Q8.7赋值
```

位序	31	24	23	16	15	8	7	0
	0000 0000		0000 0bbb		bbbb bbbb		bbbb bxxx	

说明: 位0~2(XXX)为被寻址地址中位的编号(0~7)

位3~8为被寻址地址的字节的编号(0~65535)

图 4-30   存储器间接寻址的双字指针的格式

④ 寄存器间接寻址   寄存器间接寻址简称寄存器寻址。该寻址方式在指令中通过地址寄存器和偏移量间接获取操作数，其中的地址寄存器及偏移量必须写在方括号"[ ]"内。在S7-300/400中有两个地址寄存器AR1和AR2，用地址寄存器的内容加上偏移量形成地址指针，并指向操作数所在的存储器单元。地址寄存器的地址指针有两种格式，其长度均为双字，指针格式如图4-31所示。

位序	31	24	23	16	15	8	7	0
	x000 0 rrr		0000 0bbb		bbbb bbbb		bbbb bxxx	

说明: 位0~2(xxx)为被寻址地址中位的编号(0~7)

位3~8为被寻址地址的字节的编号(0~65535)

位24~26(rrr)为被寻址地址的区域标识号

位31的x=0为区域内的间接寻址, x=1为区域间的间接寻址

图 4-31   地址寄存器的地址指针格式

第一种地址指针格式适用于在确定的存储区内寻址，即区内寄存器间接寻址。

例: 区内寄存器间接寻址。

```
L   P# 3.2        //将间接寻址的指针装入累加器1
                  //P# 3.2的指针值为: 2# 0000_0000_0000_0000_0000_0000_0001_1010
LAR1              //将累加器1的内容送入地址寄存器AR1
                  //AR1的指针值为: 2# 0000_0000_0000_0000_0000_0000_0001_1010
A   I [AR1,P# 5.4]   //P# 5.4的指针值为: 2# 0000_0000_0000_0000_0000_0000_0010_1100
                  //AR1与偏移量相加结果: 2# 0000_0000_0000_0000_0000_0000_0100_0110
                  //指明是对输入位I8.6进行逻辑"与"操作
=   Q [AR1, P# 1.6]  //P# 1.6的指针值为: 2# 0000_0000_0000_0000_0000_0000_0000_1110
                  //AR1与偏移量相加结果: 2# 0000_0000_0000_0000_0000_0000_0010_1000
                  //指明是对输出位Q5.0进行赋值操作（注意: 3.2+ 1.6= 5.0, 而不是4.8）
```

第二种地址指针格式适用于区域间寄存器间接寻址。

例: 区域间寄存器间接寻址。

```
L   P# I8.7       //把指针值及存储区域标识装载到累加器1
                  //P# I8.7的指针值为: 2# 1000_0010_0000_0001_0000_0000_0100_0111
LAR1              //把存储区域I和地址8.7装载到AR1
L   P# Q8.7       //把指针值和地址标识符装载到累加器1
                  //P# Q8.7的指针值为: 2# 1000_0010_0000_0000_0000_0000_0100_0111
LAR2              //把存储区域Q和地址8.7装载到AR2
```

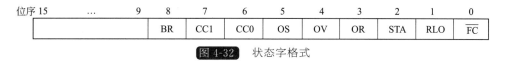

```
A    [AR1,P# 0.0]        //查询输入位 I8.7 的信号状态（偏移量 0.0 不起作用）
=    [AR2,P# 1.2]        //给输出位 Q10.1 赋值（注意：8.7+ 1.2= 10.1，而不是 9.9）
```

第一种地址指针格式包括被寻址数据所在存储单元地址的字节编号和位编号，至于对哪个存储区寻址，则必须在指令中明确给出。这种格式适用于在确定的存储区内寻址，即区内寄存器间接寻址。

第二种地址指针格式包含了数据所在存储区的说明位(存储区域标识位)，可通过改变标识位实现跨区域寻址，区域标识由位 26～24 确定。这种指针格式适用于区域间寄存器间接寻址。

（4）状态字

状态字用于表示 CPU 执行指令时所具有的状态信息，格式如图 4-32 所示。

位序 15	...	9	8	7	6	5	4	3	2	1	0
			BR	CC1	CC0	OS	OV	OR	STA	RLO	$\overline{FC}$

图 4-32 状态字格式

其中各位的含义为：首位检测位（FC），逻辑操作结果（RLO），状态位（STA），或位（OR），溢出位（OV），溢出状态保持位（OS），条件码 1（CC1）和条件码 0（CC0），二进制结果位（BR）。

4.2.4 位逻辑指令

位逻辑指令处理的对象为二进制位信号。位逻辑指令扫描信号状态"1"和"0"位，并根据布尔逻辑对它们进行组合，所产生的结果（"1"或"0"）称为逻辑运算结果，存储在状态字的"RLO"中。

（1）触点与线圈

在 LAD(梯形图)程序中，通常使用类似继电器控制电路中的触点符号及线圈符号来表示 PLC 的位元件，被扫描的操作数(用绝对地址或符号地址表示)则标注在触点符号的上方，如图 4-33 所示。

① 常开触点　对于常开触点(动合触点)，则对"1"扫描相应操作数。在 PLC 中规定：若操作数是"1"，则常开触点"动作"，即认为是"闭合"的；若操作数是"0"，则常开触点"复位"，即触点仍处于打开的状态。

常开触点所使用的操作数是：I、Q、M、L、D、T、C。

图 4-33 触点符号及线圈符号

② 常闭触点　常闭触点(动断触点)则对"0"扫描相应操作数。在 PLC 中规定：若操作数是"1"，则常闭触点"动作"，即触点"断开"；若操作数是"0"，则常闭触点"复位"，即触点仍保持闭合。

常闭触点所使用的操作数是：I、Q、M、L、D、T、C。

③ 输出线圈(赋值指令)　输出线圈与继电器控制电路中的线圈一样，如果有电流(信号流)流过线圈(RLO="1")，则被驱动的操作数置"1"；如果没有电流流过线圈(RLO="0")，则被驱动的操作数复位(置"0")。输出线圈只能出现在梯形图逻辑串的最右边。

输出线圈等同于 STL 程序中的赋值指令(用等于号"＝"表示)，所使用的操作数可以是：Q、M、L、D。

④ 中间输出 在梯形图设计时，如果一个逻辑串很长不便于编辑，可以将逻辑串分成几个段，前一段的逻辑运算结果（RLO）可作为中间输出，存储在位存储器（I、Q、M、L 或 D）中，该存储位可以当作一个触点出现在其他逻辑串中。中间输出只能放在梯形图逻辑串的中间，而不能出现在最左端或最右端。

例如，图 4-34 所示程序与图 4-35 所示程序等效。

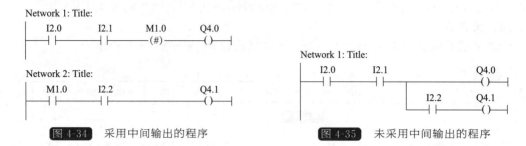

图 4-34 采用中间输出的程序　　　　图 4-35 未采用中间输出的程序

（2）基本逻辑指令

① 逻辑"与"指令 逻辑"与"指令使用的操作数可以是：I、Q、M、L、D、T、C。有 2 种指令形式（STL 和 FBD），用 LAD 也可以实现逻辑"与"运算，格式及示例如表 4-9 所示。

表 4-9 逻辑"与"指令格式及示例

指令形式	STL	FBD	等效梯形图
指令格式	A　位地址 1 A　位地址 2	& "位地址1" "位地址2"	"位地址1"　"位地址2" ─┤├────┤├─
示例	A　I0.0 A　I0.1 =　Q4.0 =　Q4.1	I0.0 I0.1 & = Q4.0 = Q4.1	I0.0　I0.1　　Q4.0 ─┤├──┤├────( )─ 　　　　　　　Q4.1 ──────────( )─

② 逻辑"与非"指令 逻辑"与非"指令使用的操作数可以是：I、Q、M、L、D、T、C。有 2 种指令形式（STL 和 FBD），用 LAD 也可以实现逻辑"与非"运算，格式及示例如表 4-10 所示。

表 4-10 逻辑"与非"指令格式及示例

指令形式	STL	FBD	等效梯形图
指令格式	A　位地址 1 AN　位地址 2	"位地址1" & Q12.0 "位地址2" =	"位地址1"　"位地址2" ─┤├────┤/├─
	AN　位地址 1 AN　位地址 2	"位地址1" & Q12.0 "位地址2" =	"位地址1"　"位地址2" ─┤/├────┤/├─
示例	A　I0.2 AN　M8.3 =　Q4.1	I0.2 & Q4.1 M8.3 =	I0.2　M8.3　　Q4.1 ─┤├──┤/├────( )─

③ 逻辑"或"指令　逻辑"或"指令使用的操作数可以是：I、Q、M、L、D、T、C。有2种指令形式(STL和FBD)，用LAD也可以实现逻辑"或"运算，格式及示例如表4-11所示。

表 4-11　逻辑"或"指令格式及示例

指令形式	STL	FBD	等效梯形图
指令格式	O　位地址1 O　位地址2	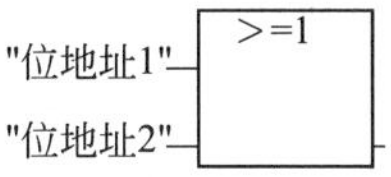	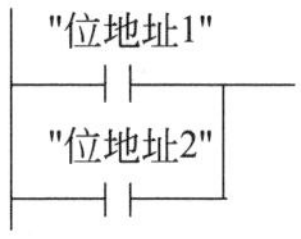
示例	O　I0.2 O　I0.3 =　Q4.2	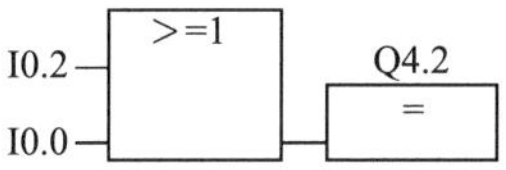	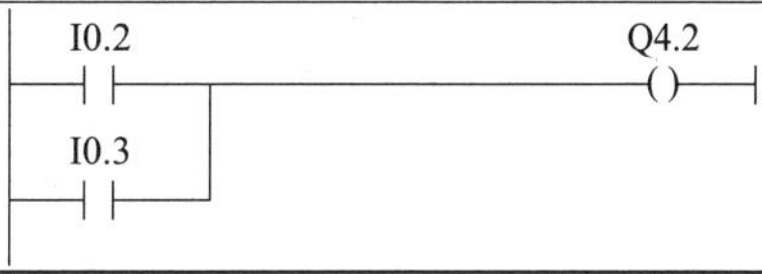

④ 逻辑"或非"指令　逻辑"或非"指令使用的操作数可以是：I、Q、M、L、D、T、C。有2种指令形式(STL和FBD)，用LAD也可以实现逻辑"或非"运算，格式及示例如表4-12所示。

表 4-12　逻辑"或非"指令格式及示例

指令形式	STL	FBD	等效梯形图
指令格式	O　位地址1 ON　位地址2	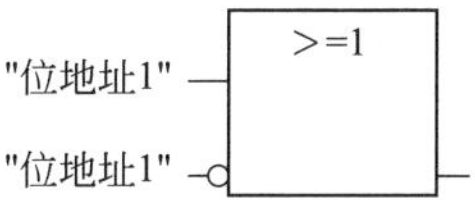	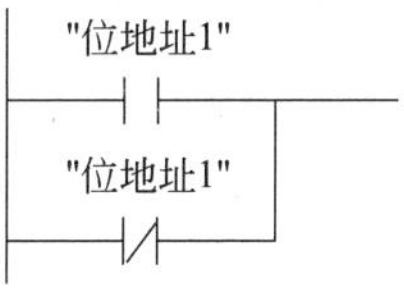
	ON　位地址1 ON　位地址2	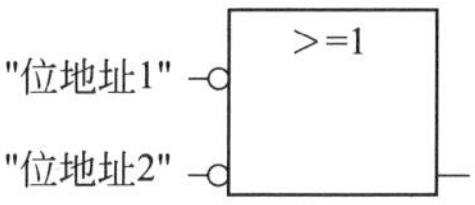	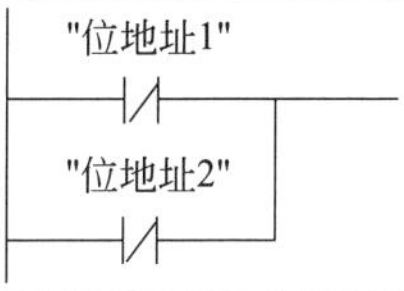
示例	O　I0.2 ON　M10.1 =　Q4.2	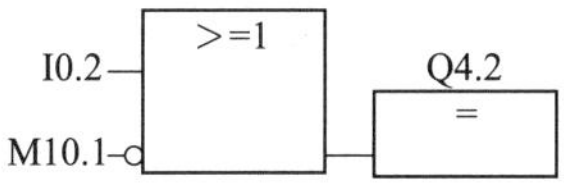	

⑤ 逻辑"异或"指令　逻辑"异或"指令格式及示例如表4-13所示。

表 4-13　逻辑"异或"指令格式及示例

指令形式	STL	FBD	等效梯形图
指令格式	X　位地址1 X　位地址2	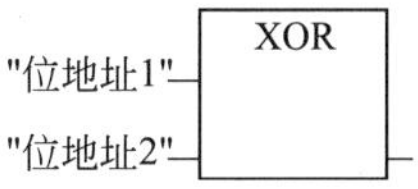	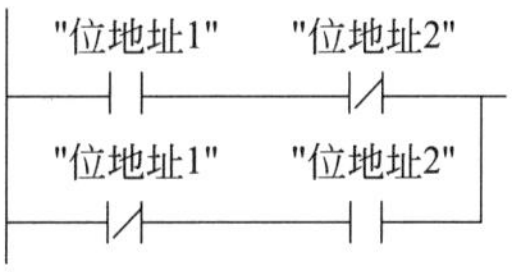
	XN　位地址1 XN　位地址2	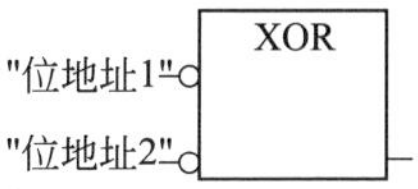	

指令形式	STL	FBD	等效梯形图
示例	X I0.4 X I0.5 = Q4.3	I0.4, I0.5 → XOR → Q4.3 =	I0.4 I0.5 — Q4.3 ( ) I0.4 I0.5
	XN I0.4 XN I0.5 = Q4.3	I0.4 ○, I0.5 ○ → XOR → Q4.3 =	

⑥ 逻辑"异或非"指令　逻辑"异或非"指令格式及示例如表 4-14 所示。

⑦ 逻辑块的操作　逻辑块的操作指令格式及示例如表 4-15 所示。

⑧ 信号流取反指令　信号流取反指令的作用就是对逻辑串的 RLO 值进行取反。指令格式及示例见表 4-16。当输入位 I0.0 和 I0.1 同时动作时，Q4.0 信号状态为"0"；否则，Q4.0 信号状态为"1"。

表 4-14　逻辑"异或非"指令格式及示例

指令形式	STL	FBD	等效梯形图
指令格式	X 位地址 1 XN 位地址 2	"位地址1", "位地址2"○ → XOR → Q13.1 =	"位地址1" "位地址2" "位地址1" "位地址2"
	XN 位地址 1 X 位地址 2	"位地址1"○, "位地址2" → XOR → Q13.1 =	
示例	X I0.4 XN I0.5 = Q4.3	I0.4, I0.5 ○ → XOR → Q4.3 =	I0.4 I0.5 — Q4.3 ( ) I0.4 I0.5

表 4-15　逻辑块操作指令格式及示例

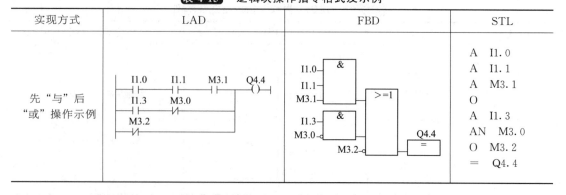

实现方式	LAD	FBD	STL
先"与"后"或"操作示例	I1.0 I1.1 M3.1 — Q4.4 ( ) I1.3 M3.0 M3.2	I1.0, I1.1, M3.1 → & ; I1.3, M3.0 → & ; M3.2 → >=1 → Q4.4 =	A I1.0 A I1.1 A M3.1 O A I1.3 AN M3.0 O M3.2 = Q4.4

实现方式	LAD	FBD	STL
先"或"后 "与"操作示例	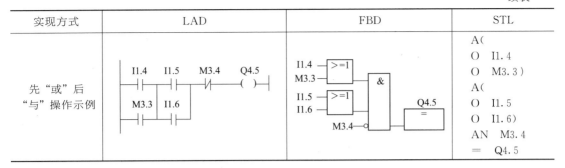		A(O　I1.4 O　M3.3） A(O　I1.5 O　I1.6） AN　M3.4 =　Q4.5

表 4-16 信号流取反指令格式及示例

指令形式	LAD	FBD	STL
指令格式	─┤ NOT ├─	─○┤	NOT
示例	I0.0　I0.1　　　　Q4.0 ─┤├──┤├──┤NOT├──（　）─┤	I0.0 & Q4.0 I0.1○　　　=	A　I0.0 A　I0.1 NOT =　Q4.0

（3）置位和复位指令

置位（S）和复位（R）指令根据 RLO 的值来决定操作数的信号状态是否改变，对于置位指令，一旦 RLO 为"1"，则操作数的状态置"1"，即使 RLO 又变为"0"，输出仍保持为"1"；若 RLO 为"0"，则操作数的信号状态保持不变。对于复位操作，一旦 RLO 为"1"，则操作数的状态置"0"，即使 RLO 又变为"0"，输出仍保持为"0"；若 RLO 为"0"，则操作数的信号状态保持不变。这一特性又被称为静态的置位和复位，相应地，赋值指令被称为动态赋值。置位指令格式及示例如表 4-17 所示，复位指令格式及示例如表 4-18 所示。

表 4-17 置位指令格式及示例

指令形式	LAD	FBD	STL
指令格式	"位地址" ──（ S ）──	"位地址" S	S　位地址
示例	I1.0　I1.2　　　　Q2.0 ─┤├──┤/├────（S）─┤	I1.0 & Q2.0 I1.2○　　　S	A　I1.0 AN　I1.2 S　Q2.0

表 4-18 复位指令格式及示例

指令形式	LAD	FBD	STL
指令格式	"位地址" ──（ R ）──	"位地址" R	R　位地址
示例	I1.1　I1.2　　　　Q2.0 ─┤├──┤/├────（R）─┤	I1.1 & Q2.0 I1.2○　　　R	A　I1.1 AN　I1.2 R　Q2.0

(4) RS 和 SR 触发器

RS 触发器为"置位优先"型触发器(当 R 和 S 驱动信号同时为"1"时,触发器最终为置位状态);SR 触发器为"复位优先"型触发器(当 R 和 S 驱动信号同时为"1"时,触发器最终为复位状态)。

RS 触发器和 SR 触发器的"位地址"、置位(S)、复位(R) 及输出(Q) 所使用的操作数可以是:I、Q、M、L、D。

① RS 触发器　RS 触发器指令格式及示例如表 4-19 所示。

② SR 触发器　SR 触发器指令格式及示例如表 4-20 所示。

③ RS 触发器和 SR 触发器的工作时序　RS 触发器和 SR 触发器的梯形图程序示例如图 4-36 所示,工作时序如图 4-37 所示。

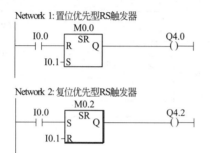

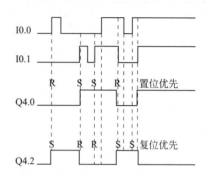

图 4-36　RS 触发器和 SR 触发器的梯形图程序示例　　图 4-37　RS 触发器和 SR 触发器的工作时序

表 4-19　RS 触发器指令格式及示例

指令形式	LAD	FBD	等效程序段
指令格式	"复位信号" "位地址" R RS Q "置位信号" S	"位地址" "复位信号" R RS "置位信号" S Q	A 复位信号 R 位地址 A 置位信号 S 位地址
示例 1	I0.0 M0.0 R RS Q Q4.0 I0.1 S	M0.0 I0.0 R RS I0.1 S Q Q4.0 =	A I1.0 R M0.0 A I0.1 S M0.0 A M0.0 = Q4.0
示例 2	I0.0 I0.1 M0.1 R RS Q Q4.1 I0.0 I0.1 S	I0.0 & M0.1 I0.1 R RS I0.0 & Q4.1 I0.1 S Q =	A I0.0 AN I0.1 R M0.1 AN I0.0 A I0.1 S M0.1 A M0.1 = Q4.1

表 4-20 SR 触发器指令格式及示例

指令形式	LAD	FBD	等效程序段
指令格式	"置位信号" "位地址" ─┤├─ S SR Q ─ "复位信号" ─ R	"位地址" "置位信号"─ S SR "复位信号"─ R Q	A 复位信号 S 位地址 A 复位信号 R 位地址
示例1	I0.0 M0.2 Q4.2 ─┤├─ S SR Q ─( )─ I0.1 ─ R	M0.2 I0.0 ─ S SR I0.1 ─ R Q ─ Q4.2 =	A I0.0 S M0.2 A I0.1 R M0.2 A M0.2 = Q4.2
示例2	I0.0 I0.1 M0.3 Q4.3 ─┤├─┤├─ S SR Q ─( )─ I0.0 I0.1 ─┤/├─┤├─ R	I0.0─ & M0.3 I0.1─ ─ S SR I0.0─ & Q4.3 I0.1─ ─ R Q ─ =	A I0.0 AN I0.1 S M0.3 AN I0.0 A I0.1 R M0.3 A M0.3 = Q4.3

(5) 跳变沿检测指令

STEP 7 中有 2 类跳变沿检测指令,一种是对 RLO 的跳变沿检测的指令,另一种是对触点的跳变沿直接检测的梯形图方块指令。

① RLO 上升沿检测指令 RLO 上升沿检测指令格式与示例如表 4-21 所示。

表 4-21 RLO 上升沿检测指令格式与示例

指令形式	LAD	FBD	STL
指令格式	"位存储器" ─(P)─	"位存储器" P	FP 位存储器
示例1	I1.0 M1.0 Q4.0 ─┤├─(P)─( )─	M1.0 Q4.0 I1.0 ─ P ─ =	A I1.0 FP M1.0 = Q4.0
示例2	I1.1 M1.1 Q4.1 ─┤├─(P)─( )─ I1.2 ─┤├─	I1.1─ >=1 M1.1 Q4.1 I1.2─ ─ P ─ =	A (O I1.1 ON I1.2) FP M1.1 = Q4.1

② RLO 下降沿检测指令 RLO 下降沿检测指令格式与示例如表 4-22 所示。

表 4-22 RLO 下降沿检测指令格式与示例

指令形式	LAD	FBD	STL
指令格式	"位存储器" ─(N)─	"位存储器" N	FN 位存储器

指令形式	LAD	FBD	STL
示例 1	I1.0　M1.2　　　Q4.2 ├─┤ ├─(N)───────( )─┤	M1.2　　Q4.2 I1.0─[N]──[=]	A　I1.0 FN　M1.2 =　Q4.2
示例 2	I1.1　M1.3　　　Q4.3 ├─┤ ├─(N)───────( )─┤ I1.2 ├─┤ ├─ I1.3 ├─┤ ├─	I1.1─[>=1]　M1.3　　　　　Q4.3 I1.2─　　　[N]─[>=1]─[=] 　　　I1.3─	A (O　I1.1 ON　I1.2) FN　M1.3 O　I1.3 =　Q4.3

③ RLO 边沿检测指令的工作时序　RLO 边沿检测程序如图 4-38 所示，工作时序如图 4-39 所示。

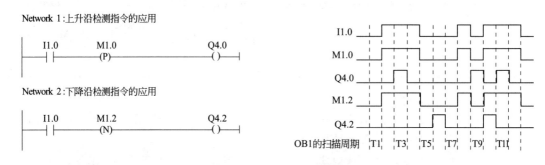

Network 1:上升沿检测指令的应用

```
 I1.0      M1.0            Q4.0
─┤ ├───────(P)────────────( )─
```

Network 2:下降沿检测指令的应用

```
 I1.0      M1.2            Q4.2
─┤ ├───────(N)────────────( )─
```

图 4-38　RLO 边沿检测程序　　　　　图 4-39　RLO 边沿检测程序工作时序

④ 触点信号上升沿检测指令　触点信号上升沿检测程序格式与示例如表 4-23 所示。

表 4-23　触点信号上升沿检测程序格式与示例

指令形式	LAD	FBD	STL 等效程序
指令格式	"启动条件"　"位地址1" ─┤ ├──[POS Q]── "位地址2"─M_BIT	"位地址1" [POS M_BIT Q] "位地址2"─	A　地址 1 BLD　100 FP　地址 2 =　输出
示例 1	I1.0 ──[POS Q]───────Q4.0( ) M0.0─M_BIT	I1.0　　Q4.0 M0.0─[POS M_BIT Q]─[=]	A　I1.0 BLD　100 FP　M0.0 =　Q4.0
示例 2	I0.0　I1.1　　　I0.1　　Q4.1 ──┤├─[POS Q]──┤├──( ) 　　M0.1─M_BIT	I1.1　I0.0─[&] M0.1─[POS M_BIT Q]　　Q4.1 　　　　　　I0.1─　[=]	A　I0.0 A(AI1.1 BLD　100 FP　M0.1) A　I0.2 =　Q4.1

⑤ 触点信号下降沿检测指令　触点信号下降沿检测指令格式与示例如表 4-24 所示。

表 4-24 触点信号下降沿检测指令格式与示例

指令形式	LAD	FBD	STL 等效程序
指令格式	"启动条件" NEG Q "位地址1" / "位地址2"—M_BIT	"位地址1" NEG "位地址2"—M_BIT Q	A 地址 1 BLD 100 FN 地址 2 = 输出
示例 1	I1.0 NEG Q Q4.2 ( ) M0.2—M_BIT	I1.0 NEG M_BIT Q Q4.2 = M0.2—	A I1.0 BLD 100 FN M0.2 = Q4.2
示例 2	I0.0 I0.1 I1.1 NEG I0.2 Q4.3 Q ( ) M0.4 M0.3—M_BIT	I0.0 & >=1 & Q4.3 I0.1 M0.4 I1.1 = NEG M0.3 M_BIT Q I0.2	A(A I0.0 AN I0.1 O M0.4) A(A I1.1 BLD 100 FN M0.3) A I0.2 = Q4.3

⑥ 触点信号边沿检测指令的工作时序 触点信号边沿检测程序如图 4-40 所示，触点信号边沿检测指令的工作时序如图 4-41 所示。

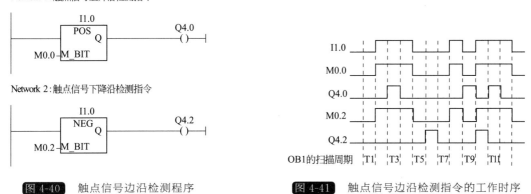

Network 1:触点信号上升沿检测指令

I1.0 POS Q Q4.0 ( ) M0.0—M_BIT

Network 2:触点信号下降沿检测指令

I1.0 NEG Q Q4.2 ( ) M0.2—M_BIT

图 4-40 触点信号边沿检测程序

图 4-41 触点信号边沿检测指令的工作时序

4.2.5 定时器与计数器指令

(1) 定时器指令

① S_PULSE(脉冲 S5 定时器) 脉冲 S5 定时器的梯形图及功能块图指令如表 4-25 所示，脉冲 S5 定时器线圈指令格式如表 4-26 所示。

表 4-25 脉冲 S5 定时器的梯形图及功能块图指令

指令形式	LAD	FBD	STL 等效程序
指令格式	Tno S_PULSE 启动信号—S　　Q—输出地址 定时时间—TV　　BI—时间字单元1 复位信号—R　　BCD—时间字单元2	Tno S_PULSE 启动信号—S　　BI—时间字单元1 定时时间—TV　BCD—时间字单元2 复位信号—R　　Q—输出地址	A　启动信号 L　定时时间 SP　Tno A　复位信号 R　Tno L　Tno T 时间字单元1 LC　Tno T　时间字单元2 A　Tno ＝　输出地址
示例	I0.1　　T1　　Q4.0 ┤├——S_PULSE——( ) S　　Q S5T#8S—TV　BI—MW0 I0.2 I0.3 ┤├—┤/├—R　BCD—MW2	T1 S_PULSE I0.1—S　　BI—MW0 & I0.2 I0.3　S5T#8S—TV BCD—MW2 Q4.0 R　　Q—＝	A　I0.1 L　S5T＃8S SP　T1 A　I0.2 AN　I0.3 R　T1 L　T1 T　MW0 LC　T1 T　MW2 A　T1 ＝　Q4.0

表 4-26 脉冲 S5 定时器线圈指令格式

指令符号	示例（LAD）	示例（STL）
Tno —(SP)— 定时时间	Network 1:定时器线圈指令 　I0.1　　　　　　　　　T2 —┤├—————————(SP)— 　　　　　　　　　　　S5T#10S Network 2:定时器复位 　I0.2　　　　　　　　　T2 —┤├—————————(R)— Network 3:定时器触点应用 　T2　　　　　　　　　Q4.1 —┤├—————————( )—	A　I0.1 L　S5T＃10S SP　T2 A　I0.2 R　T2 A　T2 ＝　Q4.1

脉冲 S5 定时器示例程序如图 4-42 所示，工作时序如图 4-43 所示。

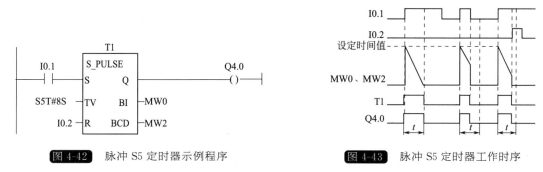

图 4-42　脉冲 S5 定时器示例程序　　　　　图 4-43　脉冲 S5 定时器工作时序

② S_PEXT（扩展脉冲 S5 定时器）　扩展脉冲 S5 定时器 LAD 及 FBD 指令如表 4-27 所示，扩展脉冲 S5 定时器线圈指令如表 4-28 所示。

表 4-27　扩展脉冲 S5 定时器 LAD 及 FBD 指令

指令形式	LAD	FBD	STL
指令格式	Tno S_PEXT 启动信号—S　Q—输出位地址 定时时间—TV　BI—时间字单元1 复位信号—R　BCD—时间字单元2	Tno S_PEXT 启动信号—S　BI—时间字单元1 定时时间—TV　BCD—时间字单元2 复位信号—R　Q—输出位地址	A　启动信号 L　定时时间 SE　Tno A　复位信号 R　Tno L　Tno T　时间字单元1 LC　Tno T　时间字单元2 A　Tno =　输出位地址
示例	I0.1 T3 S_PEXT Q4.2 —| |——S　Q—( ) I0.2 S5T#8S—TV　BI—MW0 —| |— I0.3—R　BCD—MW2	I0.1 ≥=1 T3 I0.2 S_PEXT —S　BI—MW0 S5T#8S—TV BCD—MW2 Q4.2 I0.3—R　Q— =	A(O　I0.1 O　I0.2) L　S5T#8S SE　T3 AN　I0.3 R　T3 L　T3 T　MW0 LC　T3 T　MW2 A　T3 =　Q4.2

表 4-28 扩展脉冲 S5 定时器线圈指令

指令符号	示例（LAD）	示例（STL）
Tno ——(SE)—— 定时时间	Network 1：扩展定时器线圈指令 I0.1　　　　　　　　　　　　T5 ——┤├——————————————(SE)—— 　　　　　　　　　　　　　　S5T#10S Network 2：定时器复位 I0.2　　　　　　　　　　　　T5 ——┤├——————————————(R)—— Network 3：定时器触点应用 T5　　　　　　　　　　　　Q4.4 ——┤├——————————————( )——	A　I0.1 L　S5T#10S SE　T5 A　I0.2 R　T5 A　T5 =　Q4.4

扩展脉冲 S5 定时器示例程序如图 4-44 所示，工作波形如图 4-45 所示。

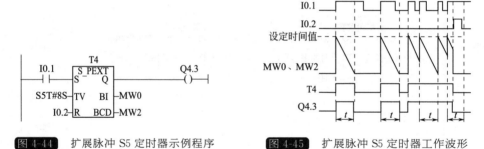

图 4-44 扩展脉冲 S5 定时器示例程序　　　**图 4-45** 扩展脉冲 S5 定时器工作波形

③ S_ODT（接通延时 S5 定时器）　接通延时 S5 定时器 LAD 及 FBD 指令如表 4-29所示，线圈指令如表 4-30 所示。

表 4-29 接通延时 S5 定时器 LAD 及 FBD 指令

指令形式	LAD	FBD	STL
指令格式	Tno S_ODT 启动信号—S　　Q—输出位地址 定时时间—TV　BI—时间字单元1 复位信号—R　BCD—时间字单元2	Tno S_ODT 启动信号—S　　BI—时间字单元1 定时时间—TV　BCD—时间字单元2 复位信号—R　　Q—输出位地址	A　启动信号 L　定时时间 SD　Tno A　复位信号 R　Tno L　Tno T　时间字单元 1 LC　Tno T　时间字单元 2 A　Tno =　输出位地址

指令形式	LAD	FBD	STL
示例	T5 I0.0　S_ODT　Q4.5 ─┤├─S　Q──( )─ S5T#8S─TV　BI─MW0 I0.1 ─┤├─R　BCD─MW2 M10.0 ─┤/├─	T5 S_ODT─MW0 I0.1 ≥1 I0.0─S　BI M10.0 S5T#8S─BCD TV─MW2 Q4.5 ─R　Q── =	A　I0.0 L　S5T#8S SD　T5 A (O　I0.1 ON　M10.0) R　T6 L　T6 T　MW0 LC　T6 T　MW2 A　T6 =　Q4.5

表 4-30　接通延时 S5 定时器线圈指令

指令形式	示例（LAD）	示例（STL）
Tno ─(SD)─ 定时时间	Network 1:接通延时定时器线圈指令 I0.0　　　　　　T8 ─┤├──────(SD)─ 　　　　　　S5T#10S Network 2:定时器复位 I0.1　　　　　　T8 ─┤├──────(R)─ Network 3:定时器触点 T8　　　　　　　Q4.7 ─┤├──────( )─	Network 1:接通延时定时器线圈指令 A　I　0.0 L　S5T#10S SD　T　8 Network 2:定时器复位 A　I　0.1 R　T　8 Network 3:定时器触点 A　T　8 =　Q　4.7

接通延时 S5 定时器示例程序如图 4-46 所示，工作波形如图 4-47 所示。

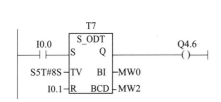

图 4-46　接通延时 S5 定时器示例程序

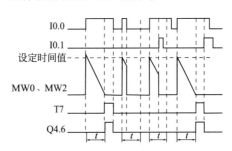

图 4-47　接通延时 S5 定时器工作波形

④ S_ODTS(保持型接通延时 S5 定时器)指令如表 4-31 所示，线圈指令如表 4-32 所示。保持型接通延时 S5 定时器 LAD 及 FBD 指

表 4-31 保持型接通延时 S5 定时器 LAD 及 FBD 指令

指令形式	LAD	FBD	STL
指令格式	Tno S_ODTS 启动信号—S　Q—输出位地址 定时时间—TV　BI—时间字单元1 复位信号—R　BCD—时间字单元2	Tno S_ODTS 启动信号—S　BI—时间字单元1 定时时间—TV　BCD—时间字单元2 复位信号—R　Q—输出位地址	A　启动信号 L　定时时间 SS　Tno A　复位信号 R　Tno L　Tno T　时间字单元1 LC　Tno T　时间字单元2 A　Tno =　输出位地址
示例	T9 S_ODTS I0.0—S　Q—Q5.0 S5T#8S—TV　BI—MW0 I0.1 —R　BCD—MW2 M10.0	T9 S_ODTS I0.0—S　BI—MW0 I0.1—>=1—S5T#8S—TV　BCD—MW2—Q5.0 M10.0——R　Q—=	A　I0.0 L　S5T#8S SS　T9 A(O　I0.1 ON　M10.0) R　T9 L　T9 T　MW0 LC　T9 T　MW2 A　T9 =　Q5.0

表 4-32 保持型接通延时 S5 定时器线圈指令

指令形式	示例（LAD）	示例（STL）
Tno —(SS)— 定时时间	Network 1:保持型接通延时定时器线圈指令 I0.0　　　　　　　　　　T11 ——| |————————(SS)— 　　　　　　　　　　S5T#10S Network 2:定时器复位 I0.1　　　　　　　　　　T11 ——| |————————(R)— Network 3:定时器触点 T11　　　　　　　　　　Q5.2 ——| |————————( )—	A　I 0.0 L　S5T#10S SS　T11 A　I0.1 R　T11 A　T11 =　Q5.2

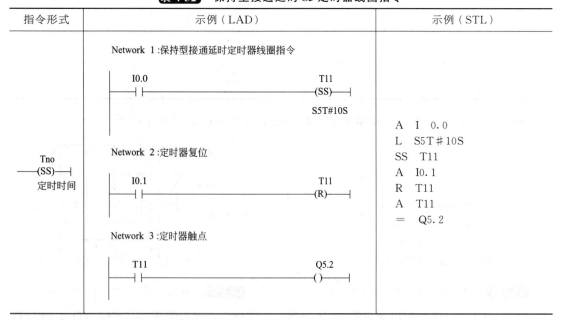

保持型接通延时 S5 定时器示例程序如图 4-48 所示，工作波形如图 4-49 所示。

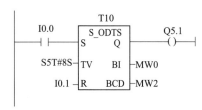

图 4-48 保持型接通延时 S5 定时器示例程序

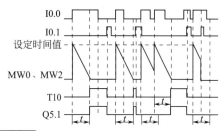

图 4-49 保持型接通延时 S5 定时器工作波形

例：接通延时定时器的应用——电动机顺序启停控制。

如图 4-50 所示，某传输线由两个传送带组成，按物流要求，当按动启动按钮 S1 时，皮带电动机 Motor_2 首先启动，延时 5s 后，皮带电动机 Motor_1 自动启动；如果按动停止按钮 S2，则 Motor_1 立即停机，延时 10s 后，Motor_2 自动停机。

电动机顺序启停控制端子接线如图 4-51 所示，I/O 分配如表 4-33 所示。

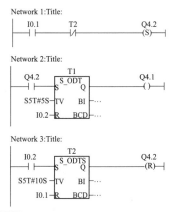

图 4-50 电动机顺序启停控制装置

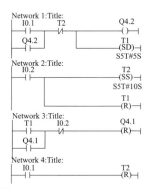

图 4-51 电动机顺序启停控制端子接线图

表 4-33 电动机顺序启停控制 I/O 分配

编程元件	元件地址	符号	传感器/执行器	说明
数字量输入 32×24V DC	I0.1	S1	常开按钮 1	启动按钮
	I0.2	S2	常开按钮 2	停止按钮
数字量输出 32×24V DC	Q4.1	KM1	直流接触器	皮带电动机 Motor-1 启停控制
	Q4.2	KM2	直流接触器	皮带电动机 Motor-2 启停控制

电动机顺序启停控制程序（FBD）如图 4-52 所示，控制程序（LAD）如图 4-53 所示。

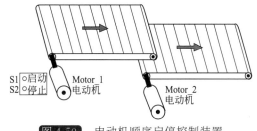

图 4-52 电动机顺序启停控制程序（FBD）

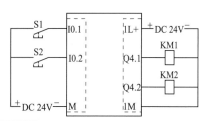

图 4-53 电动机顺序启停控制程序（LAD）

⑤ S_OFFDT(断电延时 S5 定时器)　　断电延时 S5 定时器 LAD 及 FBD 指令如表 4-34 所示，线圈指令如表 4-35 所示。

表 4-34 断电延时 S5 定时器 LAD 及 FBD 指令

指令形式	LAD	FBD	STL
指令格式	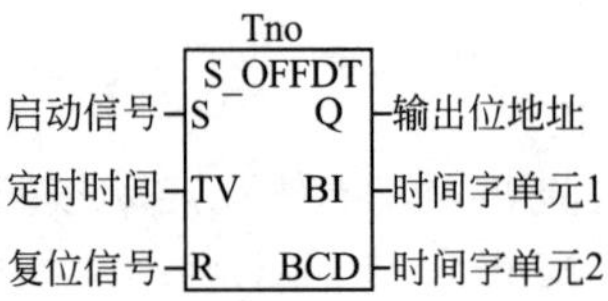 Tno S_OFFDT 启动信号—S　　Q—输出位地址 定时时间—TV　BI—时间字单元1 复位信号—R　BCD—时间字单元2	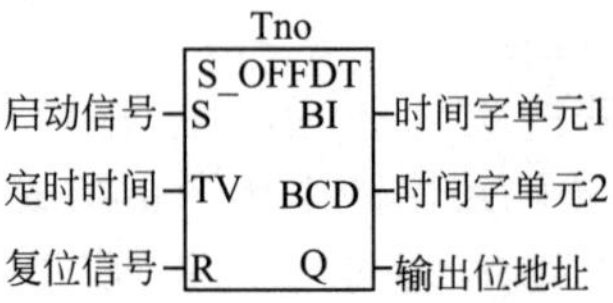 Tno S_OFFDT 启动信号—S　　BI—时间字单元1 定时时间—TV　BCD—时间字单元2 复位信号—R　　Q—输出位地址	A　启动信号 L　定时时间 SF　Tno A　复位信号 R　Tno L　Tno T　时间字单元 1 LC　Tno T　时间字单元 2 A　Tno ＝　输出位地址
示例	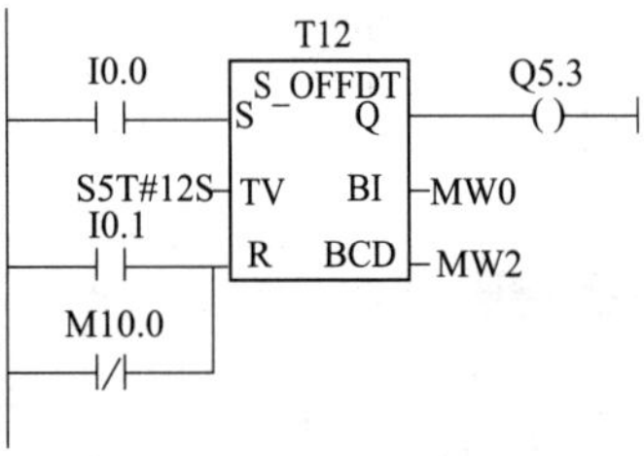 T12 I0.0　S_OFFDT　Q5.3 ├┤├─S　　Q─( )─ S5T#12S—TV　BI—MW0 I0.1 ├┤├─R　BCD—MW2 M10.0 ├┤/├	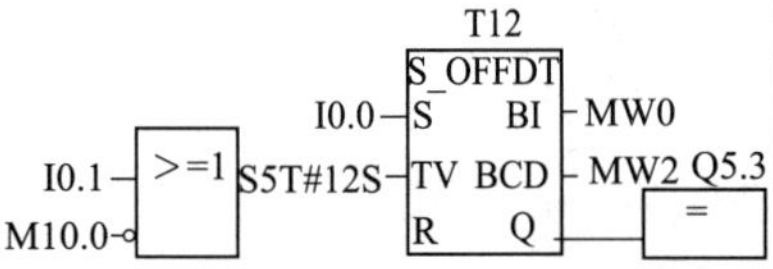 T12 S_OFFDT I0.0—S　　BI—MW0 S5T#12S—TV　BCD—MW2　Q5.3 I0.1—┐>=1 M10.0—○┘　　R　　Q—　＝	A　I0.0 L　S5T♯12S SF　T12 A（ O　I0.1 ON　M10.0 ） R　T12 L　T12 T　MW0 LC　T12 T　MW2 A　T12 ＝　Q5.3

表 4-35 断电延时 S5 定时器线圈指令

指令符号	示例（LAD）	示例（STL）
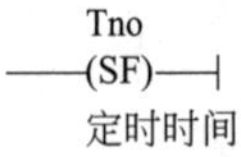 Tno —(SF)— 定时时间	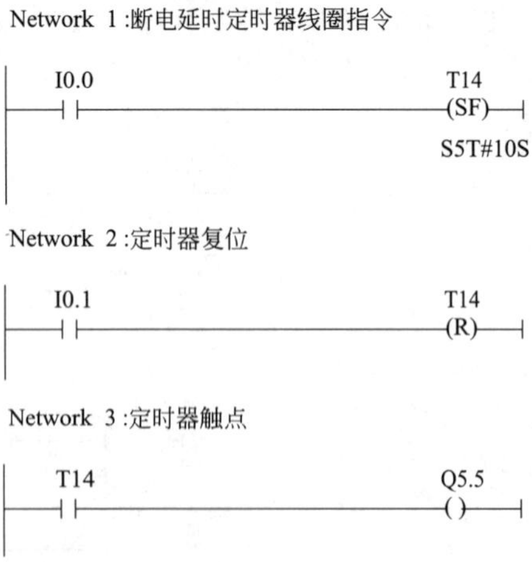 Network 1:断电延时定时器线圈指令 　I0.0　　　　　　　　T14 ├┤├────────(SF)─ 　　　　　　　　　　S5T#10S Network 2:定时器复位 　I0.1　　　　　　　　T14 ├┤├────────(R)─ Network 3:定时器触点 　T14　　　　　　　　Q5.5 ├┤├────────( )─	A　I0.0 L　S5T♯10S SF　T14 A　I0.1 R　T14 A　T14 ＝　Q5.5

断电延时 S5 定时器示例程序如图 4-54 所示，工作波形如图 4-55 所示。

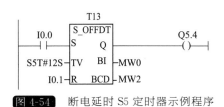

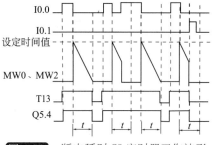

图 4-54 断电延时 S5 定时器示例程序　　　　**图 4-55** 断电延时 S5 定时器工作波形

（2）计数器指令

S7-300/400 的计数器都是 16 位，每个计数器占用该区域 2 个字节空间，用来存储计数值。不同的 CPU 模板，用于计数器的存储区域也不同，最多允许使用 64～512 个计数器。计数器的地址编号：C0～C511。

① S_CUD（加/减计数器）块图指令　S_CUD（加/减计数器）块图指令格式与示例如表 4-36 所示。

表 4-36 S_CUD（加/减计数器）块图指令格式与示例

指令形式	LAD	FBD	STL 等效程序
指令格式	Cno S_CUD 加计数输入─CU　Q─输出位地址 减计数输入─CD　CV─计数字单元1 预置信号─S CV_BCD─计数字单元2 计数初值─PV 复位信号─R	Cno S_CUD 加计数输入─CU 减计数输入─CD 预置信号─S　CV─计数字单元1 计数初值─PV CV_BCD─计数字单元2 复位信号─R　Q─输出位地址	A　加计数输入 CU　Cno A　减计数输入 CD　Cno A 预置信号 L　计数初值 S　Cno A　复位信号 R　Cno L　Cno T　计数字单元 1 LC　Cno T　计数字单元 2 A　Cno ＝　输出位地址
示例	C0 I0.0─┤├─CU　Q─Q4.0─( ) I0.1─CD　CV─MW4 I0.2─SCV_BCD─MW6 C#5─PV I0.3─R	C0 S_CUD I0.0─CU I0.1─CD I0.2─S　CV─MW4 C#5─PV CV_BCD─MW6 I0.3─R　Q─Q4.0〔=〕	A　I0.0 CU　C0 A　I0.1 CD　C0 AI0.2 L　C#5 S　C0 A　I0.3 R　C0 L　C0 T　MW4 LC　C0 T　MW6 A　C0 ＝　Q4.0

② S_CU(加计数器)块图指令　S_CU(加计数器)块图指令格式与示例如表 4-37 所示。

表 4-37　S_CU（加计数器）块图指令格式与示例

指令形式	LAD	FBD	STL 等效程序
指令格式	（加计数输入—CU，预置信号—S，计数初值—PV CV_BCD，复位信号—R）Cno S_CU：Q—输出位地址，CV—计数字单元1，—计数字单元2	（加计数输入—CU，预置信号—S，计数初值—PV CV_BCD，复位信号—R）Cno S_CU：CV—计数字单元1，—计数字单元2，Q—输出位地址	A　加计数输入 CU　Cno BLD　101 A　预置信号 L　计数初值 S　Cno A　复位信号 R　Cno L　Cno T　计数字单元1 LC　Cno T　计数字单元2 A　Cno ＝　输出位地址
示例	I0.0—CU，I0.1—S，C#99—PV CV_BCD，I0.2—R）C1 S_CU：Q—Q4.1（ ），CV—…，—…	I0.0—CU，I0.1—S，C#99—PV CV_BCD，I0.2—R）C1 S_CU：CV—…，—…，Q—Q4.1 ＝	A　I0.0 CU　C1 BLD　101 A　I0.1 L　C#99 S　C1 A　I0.2 R　C1 NOP　0 A　C1 ＝　Q4.1

③ S_CD(减计数器)块图指令　S_CD(减计数器)块图指令格式与示例如表 4-38 所示。

表 4-38　S_CD（减计数器）块图指令格式与示例

指令形式	LAD	FBD	STL 等效程序
指令格式	（减计数输入—CD，预置信号—S，计数初值—PV CV_BCD，复位信号—R）Cno S_CD：Q—输出位地址，CV—计数字单元1，—计数字单元2	（减计数输入—CD，预置信号—S，计数初值—PV CV_BCD，复位信号—R）Cno S_CD：CV—计数字单元1，—计数字单元2，Q—输出位地址	A　加计数输入 CD　Cno BLD　101 A　预置信号 L　计数初值 S　Cno A　复位信号 R　Cno L　Cno T　计数字单元1 LC　Cno T　计数字单元2 A　Cno ＝　输出位地址

指令形式	LAD	FBD	STL 等效程序
示例	(见图)	(见图)	A I0.0 CD C2 BLD 101 A I0.1 L C#99 S C2 A I0.2 R C2 L C2 T MW0 NOP 0 A C2 = Q4.2

④ 计数器的线圈指令　除了块图形式的计数器指令以外，S7-300/400 系统还为用户准备了 LAD 环境下的线圈形式的计数器。这些指令有计数器初值预置指令 SC、加计数器指令 CU 和减计数器指令 CD。

4.2.6 数字指令

(1) 装入和传送指令

装入指令(L) 和传送指令(T)，可以对输入或输出模块与存储区之间的信息交换进行编程。

① 对累加器 1 的装入指令　对累加器 1 的装入指令如表 4-39 所示。

表 4-39　对累加器 1 的装入指令

示例（STL）	说明
L B#16#1B	向累加器 1 的低字低字节装入 8 位的十六进制常数
L 139	向累加器 1 的低字装入 16 位的整型常数
L B#(1,2,3,4)	向累加器 1 的 4 个字节分别装入常数 1、2、3、4
L L#168	向累加器 1 装入 32 位的整型常数 168
L 'ABC'	向累加器 1 装入字符型常数 ABC
L C#10	向累加器 1 装入计数型常数
L S5T#10S	向累加器 1 装入 S5 定时器型常数
L 1.0E+2	向累加器 1 装入实型常数
L T#1D_2H_3M_4S	向累加器 1 装入时间型常数
L D#2005_10_20	向累加器 1 装入日期型常数
L IB10	将输入字节 IB10 的内容装入累加器 1 的低字低字节
L MB20	将存储字节 MB20 的内容装入累加器 1 的低字低字节
L DBB12	将数据字节 DBB10 的内容装入累加器 1 的低字低字节
L DIW15	将背景数据字 DIW15 的内容装入累加器 1 的低字低字节

② 对累加器 1 的传送指令　　T 指令可以将累加器 1 的内容复制到被寻址的操作数，所复制的字节数取决于目标地址的类型（字节、字或双字），指令格式：T　操作数。

其中的操作数可以为直接 I/O 区（存储类型为 PQ）、数据存储区或过程映像输出表的相应地址（存储类型为 Q）。累加器 1 的传送指令示例与说明如表 4-40 所示。

表 4-40　对累加器 1 的传送指令

示例（STL）	说明
T　QB10	将累加器 1 的低字节的内容传送到输出字节 QB10
T　MW16	将累加器 1 的低字节的内容传送到存储字 MW16
T　DBD2	将累加器 1 的内容传送到数字双字 DBD2

③ 状态字与累加器 1 之间的装入和传送指令

· L STW（将状态字装入累加器 1），将状态字装入累加器 1 中，指令的执行与状态位无关，而且对状态字没有任何影响。指令格式：L　STW。

· T STW（将累加器 1 的内容传送到状态字），使用 T STW 指令可以将累加器 1 的位 0～8 传送到状态字的相应位，指令的执行与状态位无关，指令格式：T　STW。

④ 与地址寄存器有关的装入和传送指令

a. 指令 LAR1 将操作数的内容装入地址寄存器 AR1，示例与说明如表 4-41 所示。

表 4-41　LAR1（将操作数的内容装入地址寄存器 AR1）

示例（STL）	说明
LAR1	将累加器 1 的内容装入 AR1
LAR1　P♯I0.0	将输入位 I0.0 的地址指针装入 AR1
LAR1　P♯M10.0	将一个 32 位指针常数装入 AR1
LAR1　P♯2.7	将指针数据 2.7 装入 AR1
LAR1　MD20	将存储双字 MD20 的内容装入 AR1
LAR1　DBD2	将数据双字 DBD2 中的指针装入 AR1
LAR1　DID30	将背景数据双字 DID30 中的指针装入 AR1
LAR1　LD180	将本地数据双字 LD180 中的指针装入 AR1
LAR1　P♯Start	将符号名为 "Start" 的存储器的地址指针装入 AR1
LAR1　AR2	将 AR2 的内容传送到 AR1

b. 指令 LAR2 将操作数的内容装入地址寄存器 2，使用 LAR2 指令可以将操作数的内容（32 位指针）装入地址寄存器 AR2，指令格式同 LAR1，其中的操作数可以是累加器 1、指针型常数（P♯）、存储双字（MD）、本地数据双字（LD）、数据双字（DBD）或背景数据双字（DID），但不能用 AR1。

c. 指令 TAR1 将地址寄存器 1 的内容传送到操作数，示例与说明如表 4-42 所示。

表 4-42 TAR1（将地址寄存器 1 的内容传送到操作数）

示例（STL）	说明
TAR1	将 AR1 的内容传送到累加器 1
TAR1　DBD20	将 AR1 的内容传送到数据双字 DBD20
TAR1　DID20	将 AR1 的内容传送到背景数据双字 DBD20
TAR1　LD180	将 AR1 的内容传送到本地数据双字 LD180
TAR1　AR2	将 AR1 的内容传送到地址寄存器 AR2

d. 指令 TAR2 将地址寄存器 2 的内容传送到操作数。使用 TAR2 指令可以将地址寄存器 AR1 的内容（32 位指针）传送给被寻址的操作数，指令格式同 TAR1。其中的操作数可以是累加器 1、存储双字（MD）、本地数据双字（LD）、数据双字（DBD）、背景数据双字（DID），但不能用 AR1。

e. 指令 CAR 用于交换地址寄存器 1 和地址寄存器 2 的内容。使用 CAR 指令可以交换地址寄存器 AR1 和地址寄存器 AR2 的内容，指令不需要指定操作数。指令的执行与状态位无关，而且对状态字没有任何影响。

⑤ LC（定时器/计数器）装载指令　　使用 LC 指令可以在累加器 1 的内容保存到累加器 2 中之后，将指定定时器字中当前时间值和时基以 BCD 码（0～999）格式装入到累加器 1 中，或将指定计数器的当前计数值以 BCD 码（0～999）格式装入到累加器 1 中。指令格式：LC　＜定时器/计数器＞。例如：

```
LC    T3      //将定时器 3 的当前定时值和时基以 BCD 码格式装入累加器 1 低字
LC    C10     //将计数器 C10 的计数值以 BCD 码格式装入累加器 1 低字
```

⑥ MOVE 指令　　MOVE 指令为功能框形式的传送指令，能够复制字节、字或双字数据对象。应用中 IN 和 OUT 端操作数可以是常数、I、Q、M、D、L 等类型，但必须在宽度上匹配。MOVE 指令格式与示例如表 4-43 所示。

表 4-43 MOVE 指令格式与示例

指令形式	LAD	FBD
指令格式	使能输入 -EN ENO- 使能输出 数据输入 -IN OUT- 数据输出	使能输入 -EN OUT- 数据输出 数据输入 -IN ENO- 使能输出
示例	I0.1 MOVE Q4.0 -EN ENO- -( )- MB0 -IN OUT- PQB5	I0.1 MOVE Q4.0 -EN OUT- PQB5 = MB0 -IN ENO-

（2）转换指令

转换指令是将累加器 1 中的数据进行数据类型转换，转换结果仍放在累加器 1 中。在 STEP7 中，可以实现 BCD 码与整数、整数与长整数、长整数与实数、整数的反码、整数的补码、实数求反等数据转换操作。

① BCD 码和整数到其他类型转换指令　　表 4-44 所示为 STL 形式的指令，表 4-45 所示为 LAD 和 FBD 形式的指令。

表 4-44 STL 形式的 BCD 码和整数到其他类型转换指令

指令	说明	示例	

BTI	将累加器 1 低字中的内容作为 3 位的 BCD 码（－999～＋999）进行编译，并转换为整数，结果保存在累加器 1 低字中，累加器 2 保持不变。累加器 1 的位 11～0 为 BCD 码数值部分，位 15～12 为 BCD 码的符号位（0000 代表正数；1111 代表负数）
	如果 BCD 编码出现无效码（10～15），会引起转换错误（BCDF），并使 CPU 进入 STOP 状态
		L MW0
		
		BTI
		
		T MW20
			//将 3 位 BCD 码装入
			//累加器 1 的低字中
			//将 BCD 码转换为整数
			//结果存入累加器 1 的低字中
			//将结果（整数）传送到
			//存储字 MW20

BTD	将累加器 1 的内容作为 7 位的 BCD 码（－9999999～＋9999999）进行编译，并转换为长整数，结果保存在累加器 1 中，累加器 2 保持不变。累加器 1 的位 27～0 为 BCD 码数值部分，位 3 为 BCD 码的符号位（0 代表正数；1 代表负数），位 30～28 无效
	如果 BCD 编码出现无效码（10～15），会引起转换错误（BCDF），并使 CPU 进入 STOP 状态
		L MD0
		
		BTD
		
		T MD20
			//将 7 位 BCD 码装入
			//累加器 1 中
			//将 BCD 码转换为长整数
			//结果存入累加器 1 中
			//将结果（长整数）传送到
			//存储双字 MD20

ITB	将累加器 1 低字中的内容作为一个 16 位整数进行编译，并转换为 3 位的 BCD 码，结果保存在累加器 1 的低字中，累加器 1 的位 11～0 为 BCD 码数值部分，位 15～12 为 BCD 码的符号位（0000 代表正数；1111 代表负数），累加器 1 的高字及累加器 2 保持不变
	BCD 码的范围在－999～＋999 之间，如果有数值超出这一范围，则 OV＝"1"、OS＝"1"
		L MW0
		ITB
		
		T MW20
			//将整数装入/累加器 1 的低字中
			//将整数转换为 3 位的 BCD 码
			//结果存入累加器 1 的低字中
			//将结果（3 位的 BCD 码）
			//传送到存储字 MW20

DTB	将累加器 1 中的内容作为一个 32 位长整数进行编译，并转换为 7 位的 BCD 码，结果保存在累加器 1 的中，位 27～0 为 BCD 码数值部分，位 31～28 为 BCD 码的符号位（0000 代表正数；1111 代表负数）。累加器 2 保持不变
	BCD 码的范围在－9999999～＋9999999 之间，如果有数值超出这一范围，则 OV＝"1"，OS＝"1"
		L MD0
		DTB
		
		T MD20
			//将长整数装入累加器 1 中
			//将长整数转换为 7 位的 BCD
			//结果存入累加器 1 中
			//将结果（BCD 码）传送到
			//存储双字 MD20

ITD	将累加器 1 低字中的内容作为一个 16 位整数进行编译，并转换为 32 位的长整数，结果保存在累加器 1 中，累加器 2 保持不变	L MW0
		ITD
		
		T MD20
			//将整数装入累加器 1 中
			//将整数转换为长整数
			//结果存入累加器 1 中
			//将结果（长整数）传送到
			//存储双字 MD20

指令	说明	示例

DTR	将累加器 1 中的内容作为一个 32 位长整数进行编译，并转换为 32 位的 IEEE 浮点数，结果保存在累加器 1 中	L MD0 //将长整数装入累加器 1 中
		DTR //将长整数转换为 32 位浮点数
		//结果存入累加器 1 中
		T MD20 //将结果（浮点数）传送到
		//存储双字 MD20

表 4-45 LAD 和 FBD 形式的 BCD 码和整数到其他类型转换指令

LAD 指令	FBD 指令	说明	示例
BCD_I EN ENO IN OUT	BCD_I EN OUT IN ENO	将 3 位 BCD 码转换为整数	I0.1 — BCD_I EN ENO MW0—IN OUT—MW20 或 I0.1—BCD_I EN OUT—MW20 MW0—IN ENO
BCD_DI EN ENO IN OUT	BCD_DI EN OUT IN ENO	将 7 位 BCD 码转换为长整数	I0.1 — BCD_DI EN ENO MD0—IN OUT—MD10 或 I0.1—BCD_DI EN OUT—MD10 MD0—IN ENO
I_BCD EN ENO IN OUT	I_BCD EN OUT IN ENO	将整数转换为 3 位的 BCD 码	I0.1 — I_BCD EN ENO MW0—IN OUT—MW6 或 I0.1—I_BCD EN OUT—MW6 MW0—IN ENO
DI_BCD EN ENO IN OUT	DI_BCD EN OUT IN ENO	将长整数转换为 7 位的 BCD 码	I0.1 — DI_BCD EN ENO MD0—IN OUT—MD10 或 I0.1—DI_BCD EN OUT—MD10 MD0—IN ENO
I_DI EN ENO IN OUT	I_DI EN OUT IN ENO	将整数转换为长整数	I0.1 — I_DI EN ENO MW0—IN OUT—MW20 或 I0.1—I_DI EN OUT—MD20 MW0—IN ENO
DI_R EN ENO IN OUT	DI_R EN OUT IN ENO	将长整数转换为 32 位的浮点数	I0.1 — DI_R EN ENO MD0—IN OUT—MD10 或 I0.1—DI_R EN OUT—MD10 MD0—IN ENO

② 整数和实数的码型变换指令　STL 形式的指令如表 4-46 所示，LAD 和 FBD 形式的指令如表 4-47 所示。

表 4-46 STL 形式的整数和实数的码型变换指令

指令	说明	示例
INVI	对累加器 1 低字中的 16 位数求二进制反码（逐位求反，即"1"变为"0"、"0"变为"1"），结果保存在累加器 1 的低字中	L MW0 //将 16 位数装入累加器 1 的低字中 INVI //对 16 位数求反，结果存入累加器 1 的低字中 T MW20 //将结果传送到存储字 MW20
INVD	对累加器 1 中的 32 位数求二进制反码，结果保存在累加器 1 中	L MD0 //将 32 位数装入累加器 1 中 INVD //对 32 位数求反，结果存入累加器 1 中 T MD20 //将结果传送到存储双字 MD20

指令	说明	示例
NEGI	对累加器 1 低字中的 16 位数求二进制补码（对反码加 1），结果保存在累加器 1 的低字中	L　MW0　　//将 16 位数装入累加器 1 的低字中 NEGII　　//对 16 位数求补，结果存入累加器 1 的低字中 T　MW20　//将结果传送到存储字 MW20
NEGD	对累加器 1 中的 32 位数求二进制补码，结果保存在累加器 1 中	L　MD0　　//将 32 位数装入累加器 1 中 NEGD　　//对 32 位数求补，结果存入累加器 1 中 T　MD20　//将结果传送到存储双字 MD20
NEGR	对累加器 1 中的 32 位浮点数求反（相当于乘-1），结果保存在累加器 1 中	L　MD0　　//将 32 位浮点数装入累加器 1 中，假设为＋3.14 NEGR　　//对 32 位浮点数求反，结果存入累加器 1 中 //结果变为-3.14 T　MD20　//将结果传送到存储双字 MD20

表 4-47　LAD 和 FBD 形式的整数和实数的码型变换指令

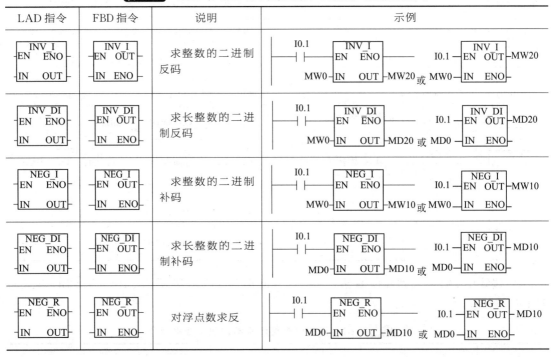

③ 实数取整指令　表 4-48 所示为 STL 形式的指令，表 4-49 所示为 LAD 和 FBD 形式的指令。

表 4-48　实数取整 STL 形式的指令

指令	说明	示例
RND	将累加器 1 中的 32 位浮点数转换为长整数，并将结果取整为最近的整数。如果被转换数字的小数部分位于奇数和偶数中间，则选取偶数结果。结果保存在累加器 1 中	L　MD0　　//将 32 位浮点数装入累加器 1 中 RND　　//对 32 位浮点数转换为长整数 T　MD20　//将结果传送到存储双字 MD20

指令	说明	示例
TRUNC	截取累加器 1 中的 32 浮点数的整数部分，并转换为长整数。结果保存在累加器 1 中	L　MD0　　　//将 32 位浮点数装入累加器 1 中 TRUNC　　　//截取浮点数的整数部分，并转换为长整数 T　MD20　　//将结果传送到存储双字 MD20
RND+	将累加器 1 中的 32 位浮点数转换为大于或等于该浮点数的最小的长整数，结果保存在累加器 1 中	L　MD0　　　//将 32 位浮点数装入累加器 1 中 RND+　　　//取大于或等于该浮点数的最小的长整数 T　MD20　　//将结果传送到存储双字 MD20
RND−	将累加器 1 中的 32 位浮点数转换为小于或等于该浮点数的最大的长整数，结果保存在累加器 1 中	L　MD0　　　//将 32 位浮点数装入累加器 1 中 RND−　　　//取小于或等于该浮点数的最大的长整数 T　MD20　　//将结果传送到存储双字 MD20

表 4-49　实数取整 LAD 和 FBD 形式的指令

LAD 指令	FBD 指令	说明	示例
ROUND EN　ENO IN　OUT	ROUND EN　OUT IN　ENO	将 32 位浮点数转换为最接近的长整数	I0.1 — ROUND(EN ENO, MD0 IN OUT MD4)　或　I0.1 — ROUND(EN OUT MD4, MD0 IN ENO)
TRUNC EN　ENO IN　OUT	TRUNC EN　OUT IN　ENO	取 32 位浮点数的整数部分并转换为长整数	I0.1 — TRUNC(EN ENO, MD0 IN OUT MD10)　或　I0.1 — TRUNC(EN OUT MD10, MD0 IN ENO)
CEIL EN　ENO IN　OUT	CEIL EN　OUT IN　ENO	将 32 位浮点数转换为大于或等于该数的最小的长整数	I0.1 — CEIL(EN ENO, MD0 IN OUT MD10)　或　I0.1 — CEIL(EN OUT MD10, MD0 IN ENO)
FLOOR EN　ENO IN　OUT	FLOOR EN　OUT IN　ENO	将 32 位浮点数转换为小于或等于该书的最大的长整数	I0.1 — FLOOR(EN ENO, MD0 IN OUT MD10)　或　I0.1 — FLOOR(EN OUT MD10, MD0 IN ENO)

④ 累加器 1 调整指令　累加器 1 调整指令如表 4-50 所示。

表 4-50　累加器 1 调整指令

指令	说明	示例

CAW	交换累加器 1 低字中的字节顺序	L　MW0　　　//将 16 位数装入累加器 1 的低字中
		　　　　　　//假设 MW0 的内容为 W#16#X1X2
		CAW　　　　//交换累加器 1 低字中的字节顺序
		　　　　　　//转换结果为 W#16#X2X1
		T　MW20　　//将结果传送到存储字 MW20

CAD	交换累加器 1 中的字节顺序	L　MD0　　　//将 16 位数装入累加器 1 中
		　　　　　　//假设 MW0 的内容为 DW#16#X1X2X3X4
		CAD　　　　//交换累加器 1 低字中的字节顺序
		　　　　　　//转换结果为 DW#16#X4X3X2X1
		T　MD20　　//将结果传送到存储双字 MD20

(3) 比较指令

比较指令可完成整数、长整数或 32 位浮点数（实数）的相等、不等、大于、小于、大于或等于、小于或等于等比较。整数比较指令如表 4-51 所示。长整数比较指令如表 4-52 所示。实数比较指令如表 4-53 所示。

表 4-51　整数比较指令

STL 指令	LAD 指令	FBD 指令	说明	STL 指令	LAD 指令	FBD 指令	说明
==I	CMP==I IN1 IN2	CMP==I IN1 IN2	整数 相等 （EQ_I）	<I	CMP<I IN1 IN2	CMP<I IN1 IN2	整数 小于 （LT_I）
<>I	CMP<>I IN1 IN2	CMP<>I IN1 IN2	整数 不等 （NE_I）	>=I	CMP>=I IN1 IN2	CMP>=I IN1 IN2	整数 大于或等于 （GE_1）
>I	CMP>I IN1 IN2	CMP>I IN1 IN2	整数 大于 （GT_I）	<=I	CMP<=I IN1 IN2	CMP<=I IN1 IN2	整数 小于或等于 （LE_I）

表 4-52　长整数比较指令

STL 指令	LAD 指令	FBD 指令	说明	STL 指令	LAD 指令	FBD 指令	说明
==D	CMP==D IN1 IN2	CMP==D IN1 IN2	长整数 相等 （EQ_D）	<D	CMP<D IN1 IN2	CMP<D IN1 IN2	长整数 小于 （LT_D）
<>D	CMP<>D IN1 IN2	CMP<>D IN1 IN2	长整数 不等 （NE_D）	>=D	CMP>=D IN1 IN2	CMP>=D IN1 IN2	长整数 大于或等于 （GE_D）
>D	CMP>D IN1 IN2	CMP>D IN1 IN2	长整数 大于 （GT_D）	<=D	CMP<=D IN1 IN2	CMP<=D IN1 IN2	长整数 小于或等于 （LE_D）

表 4-53　实数比较指令

STL 指令	LAD 指令	FBD 指令	说明	STL 指令	LAD 指令	FBD 指令	说明
==R	CMP==R IN1 IN2	CMP==R IN1 IN2	实数 相等 （EQ_R）	<R	CMP<R IN1 IN2	CMP<R IN1 IN2	实数 小于 （LT_R）
<>R	CMP<>R IN1 IN2	CMP<>R IN1 IN2	实数 不等 （NE_R）	>=R	CMP>=R IN1 IN2	CMP>=R IN1 IN2	实数 大于或等于 （GE_R）
>R	CMP>R IN1 IN2	CMP>R IN1 IN2	实数 大于 （GT_R）	<=R	CMP<=R IN1 IN2	CMP<=R IN1 IN2	实数 小于或等于 （LE_R）

（4）算术运算指令

算术运算指令可完成整数、长整数及实数的加、减、乘、除、求余、求绝对值等基本算术运算，32 位浮点数的平方、平方根、自然对数、基于 e 的指数运算及三角函数等扩展算术运算。整数运算指令如表 4-54 所示，长整数运算指令如表 4-55 所示，实数运算指令如表 4-56 所示，扩展算术运算指令如表 4-57 所示。

表 4-54　整数运算指令

STL 指令	LAD 指令	FBD 指令	说明
+I	ADD_I EN ENO IN1 OUT IN2	ADD_I EN IN1 OUT IN2 ENO	整数加（ADD_I） 累加器 2 的低字（或 IN1）加累加器 1 的低字（或 IN2），结果保存到累加器 1 的低字（或 OUT）中
_I	SUB_I EN ENO IN1 OUT IN2	SUB_I EN IN1 OUT IN2 ENO	整数减（SUB_I） 累加器 2 的低字（或 IN1）减累加器 1 的低字（或 IN2），结果保存到累加器 1 的低字（或 OUT）中
*I	MUL_I EN ENO IN1 OUT IN2	MUL_I EN IN1 OUT IN2 ENO	整数乘（MUL_I） 累加器 2 的低字（或 IN1）乘累加器 1 的低字（或 IN2），结果（32 位）保存到累加器 1（或 OUT）中
/I	DIV_I EN ENO IN1 OUT IN2	DIV_I EN IN1 OUT IN2 ENO	整数除（DIV_I） 累加器 2 的低字（或 IN1）除累加器 1 的低字（或 IN2），结果保存到累加器 1 的低字（或 OUT）中
＋＜16 位整常数＞	—	—	加整数常数（16 位或 32 位） 累加器 1 的低字加 16 位整数常数，结果保存到累加器 1 的低字中

表 4-55　长整数运算指令

STL 指令	LAD 指令	FBD 指令	说明
+D	ADD_DI EN ENO IN1 OUT IN2	ADD_DI EN IN1 OUT IN2 ENO	长整数加（ADD_DI） 累加器 2（或 IN1）加累加器 1（或 IN2），结果保存到累加器 1（或 OUT）中
_D	SUB_DI EN ENO IN1 OUT IN2	SUB_DI EN IN1 OUT IN2 ENO	长整数减（SUB_DI） 累加器 2（或 IN1）减累加器 1（或 IN2），结果保存到累加器 1（或 OUT）中
*D	MUL_DI EN ENO IN1 OUT IN2	MUL_DI EN IN1 OUT IN2 ENO	长整数乘（MUL_DI） 累加器 2（或 IN1）乘累加器 1（或 IN2），结果保存到累加器 1（或 OUT）中
/D	DIV_DI EN ENO IN1 OUT IN2	DIV_DI EN IN1 OUT IN2 ENO	长整数除（DIV_DI） 累加器 2（或 IN1）除累加器 1（或 IN2），结果保存到累加器 1（或 OUT）中

STL 指令	LAD 指令	FBD 指令	说明
＋＜32 位整数常数＞	—	—	加整数常数（16 位或 32 位） 累加器 1 的内容加 32 位整数常数，结果保存到累加器 1 中
MOD	MOD_DI EN ENO IN1 OUT IN2	MOD_DI EN IN1 OUT IN2 ENO	长整数收余（MOD_DI） 累加器 2（或 IN1）除累加器 1（或 IN2），余数保存到累加器 1（或 OUT）中

表 4-56　实数运算指令

STL 指令	LAD 指令	FBD 指令	说明
＋R	ADD_R EN ENO IN1 OUT IN2	ADD_R EN IN1 OUT IN2 ENO	实数加（ADD_R） 累加器 2（或 IN1）加累加器 1（或 IN2），结果保存到累加器 1（或 OUT）中
_R	SUB_R EN ENO IN1 OUT IN2	SUB_R EN IN1 OUT IN2 ENO	实数减（SUB_R） 累加器 2（或 IN1）减累加器 1（或 IN2），结果保存到累加器 1（或 OUT）中
＊R	MUL_R EN ENO IN1 OUT IN2	MUL_R EN IN1 OUT IN2 ENO	实数乘（MUL_R） 累加器 2（或 IN1）乘累加器 1（或 IN2），结果保存到累加器 1（或 OUT）中
/R	DIV_R EN ENO IN1 OUT IN2	DIV_R EN IN1 OUT IN2 ENO	实数除（DIV_R） 累加器 2（或 IN1）除累加器 1（或 IN2），结果保存到累加器 1（或 OUT）中
	ABS EN ENO IN OUT	ABS EN OUT IN ENO	取绝对值（ABS） 对累加器 1（或 IN1）的 32 位浮点数取绝对值，结果保存到累加器 1（或 OUT）中

表 4-57　扩展算术运算指令

STL 指令	LAD 指令	FBD 指令	说明	STL 指令	LAD 指令	FBD 指令	说明
SQR	SQR EN ENO IN OUT	SQR EN OUT IN ENO	浮点数平方（SQR）	COS	COS EN ENO IN OUT	COS EN OUT IN ENO	浮点数余弦运算（COS）
SQRT	SQRT EN ENO IN OUT	SQRT EN OUT IN ENO	浮点数平方根（SQRT）	TAN	TAN EN ENO IN OUT	TAN EN OUT IN ENO	浮点数正切运算（TAN）
EXP	EXP EN ENO IN OUT	EXP EN OUT IN ENO	浮点数指数运算（EXP）	ASIN	ASIN EN ENO IN OUT	ASIN EN OUT IN ENO	浮点数反正弦运算（ASIN）
LN	LN EN ENO IN OUT	LN EN OUT IN ENO	浮点数自然对数运算（LN）	ACOS	ACOS EN ENO IN OUT	ACOS EN OUT IN ENO	浮点数反余弦运算（ACOS）

STL 指令	LAD 指令	FBD 指令	说明	STL 指令	LAD 指令	FBD 指令	说明
SIN	SIN EN ENO IN OUT	SIN EN OUT IN ENO	浮点数正弦运算（SIN）	ATAN	ATAN EN ENO IN OUT	ATAN EN OUT IN ENO	浮点数反正切运算（ATAN）

(5) 字逻辑运算指令

字逻辑运算指令可对两个 16 位（WORD）或 32 位（DWORD）的二进制数据，逐位进行逻辑与、逻辑或、逻辑异或运算。对于 STL 形式的字逻辑运算指令，可对累加器 1 和累加器 2 中的字或双字数据进行逻辑运算，结果保存在累加器 1 中，若结果不为 0，则对状态标志位 CC1 置"1"，否则对 CC1 置"0"。对于 LAD 和 FBD 形式的字逻辑运算指令，由参数 IN1 和 IN2 提供参与运算的两个数据，运算结果保存在由 OUT 指定的存储区中。字逻辑运算指令格式如表 4-58 所示。

表 4-58　字逻辑运算指令格式

STL 指令	LAD 指令	FBD 指令	说明	STL 指令	LAD 指令	FBD 指令	说明
AW	WAND_W EN ENO IN1 OUT IN2	WAND_W EN IN1 OUT IN2 ENO	字"与"（WAND_W）	AD	WAND_DW EN ENO IN1 OUT IN2	WAND_DW EN IN1 OUT IN2 ENO	双字"与"（WAND_DW）
OW	WOR_W EN ENO IN1 OUT IN2	WOR_W EN IN1 OUT IN2 ENO	字"或"（WOR_W）	OD	WOR_DW EN ENO IN1 OUT IN2	WOR_DW EN IN1 OUT IN2 ENO	双字"或"（WOR_DW）
XOW	WXOR_W EN ENO IN1 OUT IN2	WXOR_W EN IN1 OUT IN2 ENO	字"异或"（WXOR_W）	XOD	WXOR_DW EN ENO IN1 OUT IN2	WXOR_DW EN IN1 OUT IN2 ENO	双字"异或"（WXOR_DW）

(6) 移位指令

移位指令有 2 种类型：基本移位指令可对无符号整数、有符号长整数、字或双字数据进行移位操作；循环移位指令可对双字数据进行循环移位和累加器 1 带 CC1 的循环移位操作。

① 有符号右移指令　有符号右移指令格式如表 4-59 所示。

表 4-59　有符号右移指令格式与示例

STL 指令	LAD 指令	FBD 指令	说明	示例
SSI 或 SSI <数值>	SHR_I EN ENO IN OUT N	SHR_I EN IN OUT N ENO	有符号整数右移（SHR_I）空出位用符号位（位 15）填补，最后移出的位送 CC1，有效移位位数是 0～15	Network1:整数右移 I0.1 ⊢⊢ SHR_I EN ENO Q4.0 ( ) MW0 IN OUT MW2 W#16#3 N

STL 指令	LAD 指令	FBD 指令	说明	示例
SSD 或 SSD＜数值＞	SHR_DI EN ENO IN OUT N	SHR_DI EN IN OUT N ENO	有符号长整数右移（SHR_DI）空出位用符号位（位31）填补，最后移出的位送CC1，有效移位位数是0～32	Network1:长整数右移（FDB） I0.1 EN L#168 IN OUT MD0 Q4.1 W#16#18 N ENO =

② 字移位指令　字移位指令格式与示例如表 4-60 所示。

表 4-60　字移位指令格式与示例

STL 指令	LAD 指令	FBD 指令	说明	示例
SLW 或 SLW＜数值＞	SHL_W EN ENO IN OUT N	SHL_W EN IN OUT N ENO	字左移（SHL_W）空出位用"0"填补，最后移出的位送CC1，有效移位位数是0～15	L MW0 //将数字装入累加器1 SLW6 //左移6位 T MW2 //将结果传送到MW2
SRW 或 SRW＜数值＞	SHR_W EN ENO IN OUT N	SHR_W EN IN OUT N ENO	字右移（SHR_W）空出位用"0"填补，最后移出的位送CC1，有效移位位数是0～15	Network1:字右移（LAD） I0.1 SHR_W Q4.2 EN ENO () MD0 IN OUT MD0 MW2 N

③ 双字移位指令　双字移位指令格式与示例如表 4-61 所示。
④ 双字循环移位指令　双字循环移位指令格式与示例如表 4-62 所示。
⑤ 带累加器循环移位指令格式　带累加器循环移位指令格式与示例如表 4-63 所示。

表 4-61　双字移位指令格式与示例

STL 指令	LAD 指令	FBD 指令	说明	示例
SLD 或 SLD＜数值＞	SHL_DW EN ENO IN OUT N	SHL_DW EN IN OUT N ENO	双字左移（SHL_DW）空出位用"0"填补，最后移出的位送CC1，有效移位位数是0～32	L ＋3 //将数字＋3装入累加器1 L 18 //累加器1→累加器2 //18→累加器1 SLD //左移5位3 T MD2 //将结果传送到MD2
SRD 或 SRD＜数值＞	SHR_DW EN ENO IN OUT N	SHR_DW EN IN OUT N ENO	双字右移（SHR_DW）空出位用"0"填补，最后移出的位送CC1，有效移位位数是0～32	L ＋5 //将数字＋5装入累加器1 L MD0 //累加器1→累加器2 //MD0→累加器1 SRD //右移5位 T MD2 //将结果传送到MD2

表 4-62 双字循环移位指令格式与示例

STL 指令	LAD 指令	FBD 指令	说明	示例
RLD RLD <数值>	ROL_DW EN ENO IN OUT N	ROL_DW EN IN OUT N ENO	双字循环左移 （ROL_DW） 有效移位位数是 0～32	Network1:双字循环左移（LAD） I0.1　ROL_DW 　　EN ENO MD0—IN OUT—MD2 W#16#2—N
RRD 或 RRD <数值>	ROR_DW EN ENO IN OUT N	ROR_DW EN IN OUT N ENO	双字循环右移 （ROR_DW） 有效移位位数是 0～32	Network1:双字循环右移（FBD） 　　ROR_DW I0.1—EN MD0—IN OUT—MD0 Q4.4 IW0—N ENO　＝

表 4-63 带累加器循环移位指令格式与示例

STL 指令	LAD 指令	FBD 指令	说明	示例
RLDA	—	—	累加器 1 通过 CC1 循环左移 累加器 1 的内容与 CC1 一起进行循环左移 1 位。CC1 移入累加器 1 的位 0，累加器 1 的位 31 移入 CC1	L　MD0　//MD0→累加器 1 RLDA　//带 CC1 循环左移 1 位 JP NEXT　//若 CC1=1，则转到 NEXT
RRDA	—	—	累加器 1 通过 CC1 循环右移 累加器 1 的内容与 CC1 一起进行循环右移 1 位。CC1 移入累加器 1 的位 31，累加器 1 的位 0 移入 CC1	L　MD0　//MD0→累加器 1 RRDA　//带 CC1 循环右移 1 位 T　MD2　//将结果传送到 MD2

4.2.7 控制指令

控制指令可控制程序的执行顺序，使得 CPU 能根据不同的情况执行不同的程序。控制指令有 3 类：逻辑控制指令、程序控制指令和主控继电器指令。

(1) 逻辑控制指令

逻辑控制指令是指逻辑块内的跳转和循环指令，这些指令可以中断原有的线性程序扫描，并跳转到目标地址处重新执行线性程序扫描。目标地址由跳转指令后面的标号指定，该地址标号指出程序要跳往何处，可向前跳转，也可以向后跳转，最大跳转距离为－32768 或 32767 字。

① 无条件跳转指令　表 4-64 所示为无条件跳转指令格式与说明。

表 4-64　无条件跳转指令格式与说明

指令格式	说明
JU<标号>	STL 形式的无条件跳转指令
标号 ——(JMP)—|	LAD 形式的无条件跳转指令，直接连接到最左边母线，否则将变成条件跳转指令
标号 … ⊏JMP⊐	FBD 形式的无条件跳转指令，不需要连接任何元件，否则将变成条件跳转指令

② 多分支跳转指令　多分支跳转指令 JL 的指令格式：JL　<标号>。

如果累加器 1 低字中低字节的内容小于 JL 指令和由 JL 指令所指定的标号之间的 JU 指令的数量，JL 指令就会跳转到其中一条 JU 处执行，并由 JU 指令进一步跳转到目标地址；如果累加器 1 低字中低字节的内容为 0，则直接执行 JL 指令下面的第一条 JU 指令；如果累加器 1 低字中低字节的内容为 1，则直接执行 JL 指令下面的第二条 JU 指令；如果跳转的目的地的数量太大，则 JL 指令跳转到目的地列表中最后一个 JU 指令之后的第一个指令。

③ 条件跳转指令　条件跳转指令格式与说明如表 4-65 所示。

表 4-65　条件跳转指令格式与说明

指令格式	说明	指令格式	说明
JC<标号>	RLO 为"1"跳转	JO<标号>	OV 为"1"跳转
标号 ——(JMP)—|	RLO 为"1"跳转，LAD 指令。指令左边必须有信号，否则就变为无条件跳转指令	JOS<标号>	OS 为"1"跳转
标号 … ⊏JMP⊐	RLO 为"1"跳转，FBD 指令。指令左边必须有信号，否则就变为无条件跳转指令	JZ<标号>	为"0"跳转
JCN<标号>	RLO 为"0"跳转	JN<标号>	非"0"跳转
标号 ——(JMPN)—|	RLO 为"0"跳转，LAD 指令	JP<标号>	为"正"跳转
标号 ⊏JMPN⊐	RLO 为"0"跳转，FBD 指令	JM<标号>	为"负"跳转
JCB<标号>	RLO 为"1"且 BR 为"1"跳转	JPZ<标号>	非"负"跳转
JNB<标号>	RLO 为"0"且 BR 为"1"跳转	JMZ<标号>	非"正"跳转
JBI<标号>	BR 为"1"跳转	JUO<标号>	"无效"转移
JNBI<标号>	BR 为"0"跳转		

④ 循环指令　循环指令的格式：LOOP　<标号>。

使用循环指令(LOOP)可以多次重复执行特定的程序段，由累加器 1 确定重复执行的次数，即以累加器 1 的低字为循环计数器。LOOP 指令执行时，将累加器 1 低字中的值减1，如果不为 0，则继续循环过程，否则执行 LOOP 指令后面的指令。循环体是指循环标号和 LOOP 指令间的程序段。

(2) 程序控制指令

程序控制指令是指功能块(FB、FC、SFB、SFC)调用指令和逻辑块（OB，FB，FC)

结束指令。调用块或结束块可以是有条件的或是无条件的。CALL 指令可以调用用户编写的功能块或操作系统提供的功能块，CALL 指令的操作数是功能块类型及其编号，当调用的功能块是 FB 块时还要提供相应的背景数据块 DB。使用 CALL 指令可以为被调用功能块中的形参赋以实际参数，调用时应保证实参与形参的数据类型一致。

表 4-66 所示为基本控制指令格式与示例，表 4-67 所示为子程序调用指令格式与示例。

表 4-66 基本控制指令格式与示例

STL 指令	说明	示例
BE	无条件块结束。对于 STEP 7 软件而言，其功能等同于 BEU 指令	A I0.0 JC NEXT //若 I0.0＝1，则跳转到 NEXT A I4.0 //若 I0.0＝0，继续向下扫描程序
BEU	无条件块结束。无条件结束当前块的扫描，将控制返还给调用块，然后从块调用指令后的第一条指令开始，重新进行程序扫描	A I4.1 S M8.0 BEU //无条件结束当前块的扫描 NEXT：… //若 I0.0＝1，则扫描其他程序
BEC	条件块结束。当 RLO＝"1"时，结束当前块的扫描，将控制返还给调用块，然后从块调用指令后的第一条指令开始，重新进行程序扫描。若 RLO＝"0"，则跳过该指令，并将 RLO 置"1"，程序从该指令后的下一条指令继续在当前块内扫描	A I1.0 //刷新 RLO BEC //若 RLO＝1，则结束当前块 L IW0 //若 BEC 未执行，继续向下扫描 T MW2

表 4-67 子程序调用指令格式与示例

STL 指令	说明	示例
CALL ＜块标识＞	无条件块调用。可无条件调用 FB、FC、SFB、SFC 或由西门子公司提供的标准预编程块。如果调用 FB 或 SFB，必须提供具有相关背景数据块的程序块。被调用逻辑块的地址可以绝对指定，也可以相对指定	CALL SFB4，DB4 IN：I0.1 //给形参 IN 分配实参 I0.1 PT：T♯20S //给形参 PT 分配实参 T♯20S Q：M0.0 //给形参 Q 分配实参 M0.0 ET：MW10 //给形参 ET 分配实参 MW10
CC ＜块标识＞	条件块调用。若 RLO＝"1"，则调用指定的逻辑块，该指令用于调用无参数 FC 或 FB 类型的逻辑块，除了不能使用调用程序传递参数之外，该指令与 CALL 指令的用法相同	A I2.0 //检查 I2.0 的信号状态 CC FC12 //若 I2.0＝"1"，则调用 FC12 A M3.0 //若 I2.0＝"0"，则直接执行该指令
UC ＜块标识＞	无条件调用。可无条件调用 FC 或 SFC，除了不能使用调用程序传递参数之外，该指令与 CALL 指令的用法相同	UC FC2 //调用功能块 FC2(无参数)

(3) 主控继电器指令

主控继电器（MCR）是一种继电器梯形图逻辑的主开关，用于控制电流（能流）的通断，格式与示例如表 4-68 所示。

表 4-68 主控继电器指令格式与示例

STL 指令	LAD 指令	FBD 指令	说明
MCRA	——(MCRA)——	MCRA	主控继电器启动。 从该指令开始可按 MCR 控制
MCR(	——(MCR<)——	MCR<	主控继电器接通。 将 RLO 保存在 MCR 堆栈中，并产生一条新的子母线，其后的连接均受控于该子母线
)MCR	——(MCR>)——	MCR>	主控继电器断开。 恢复 RLO，结束子母线
MCRD	——(MCRD)——	MCRD	主控继电器停止。 从该指令开始，将禁止 MCR 控制

4.3 STEP 7 使用初步

STEP 7 是西门子 S7-300、S7-400、ET 200 编程软件，可以用于西门子系列工控产品包括 SIMATIC S7、M7、C7 和基于 PC 的 WinCC 的编程、监控和参数设置，是 SIMATIC 工业软件的重要组成部分。

4.3.1 STEP 7 软件安装

(1) STEP 7 操作系统需求

能运行 Windows 2000 或 Windows XP 的 PG 或 PC 机；CPU 主频至少为 600MHz；内存至少为 256MB；硬盘剩余空间在 600MB 以上；具备 CD-ROM 驱动器和软盘驱动器；显示器支持 32 位、1024×768 分辨率；具有 PC 适配器、CP 5611 或 MPI 接口卡。

(2) STEP 7 的安装

选择安装语言及安装程序如图 4-56 所示。自定义安装方式如图 4-57 所示。提示安装授权如图 4-58 所示。

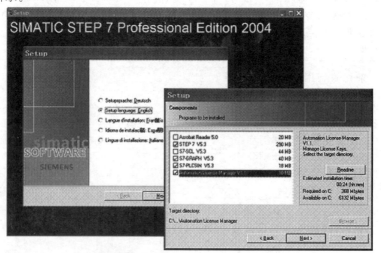

图 4-56 选择安装语言及安装程序

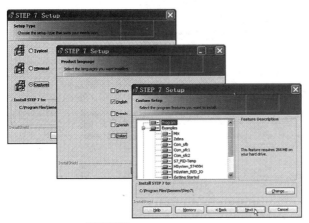

图 4-57　自定义安装方式

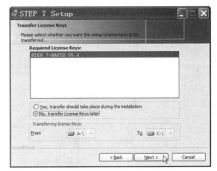

图 4-58　提示安装授权

存储卡参数设置如图 4-59 所示，PG/PC 接口设置如图 4-60 所示，授权管理界面如图 4-61所示。

安装完成后，在 Windows 的开始菜单中找到"SIMATIC"→"License Management"→"Automation License Manager"，启动 Automation License Manager。

已经安装的 STEP 7 软件如图 4-62 所示。

图 4-59　存储卡参数设置界面

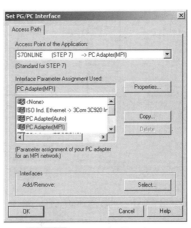

图 4-60　PG/PC 接口设置

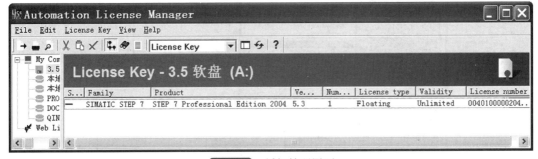

图 4-61　授权管理界面

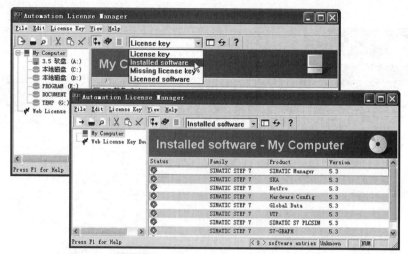

图 4-62　已经安装的 STEP 7 软件

已经授权的 STEP 7 软件如图 4-63 所示。

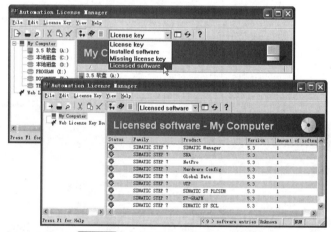

图 4-63　已经授权的 STEP 7 软件

STEP 7 硬件目录更新设置如图 4-64 所示。

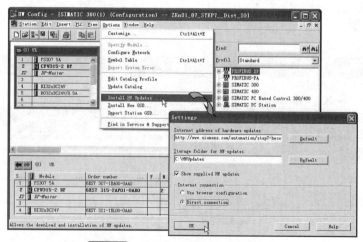

图 4-64　STEP 7 硬件目录更新设置

4.3.2 SIMATIC 管理器的应用

(1) 启动 SIMATIC 管理器

启动 SIMATIC 管理器操作如图 4-65 所示，由此进入 SIMATIC 管理器界面。

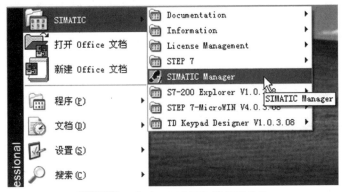

图 4-65 启动 SIMATIC 管理器操作

(2) SIMATIC 管理器界面

SIMATIC 管理器界面如图 4-66 所示。

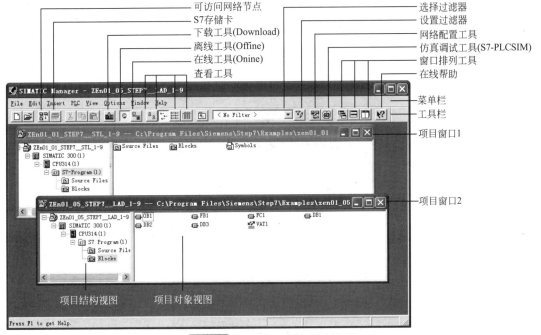

图 4-66 SIMATIC 管理器界面

(3) STEP 7 项目结构

第 1 层：项目，项目代表了自动化解决方案中的所有数据和程序的整体，它位于对象体系的最上层。

第 2 层：子网、站，SIMATIC 300/400 站用于存放硬件组态和模块参数等信息，站是组态硬件的起点。

第 3 层和其他层：与上一层对象类型有关。

（4）SIMATIC 管理器自定义选项设置

设置常规选项如图 4-67 所示，设置语言如图 4-68 所示。

图 4-67 设置常规选项

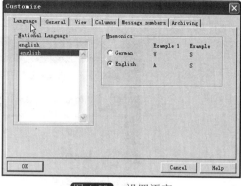

图 4-68 设置语言

（5）PG/PC 接口设置

接口设置选项如图 4-69 所示，设置接口属性如图 4-70 所示，安装/卸载接口如图 4-71 所示。

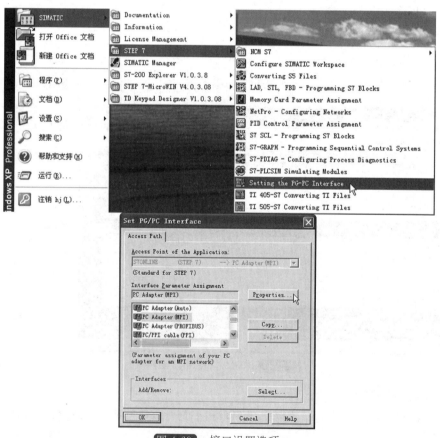

图 4-69 接口设置选项

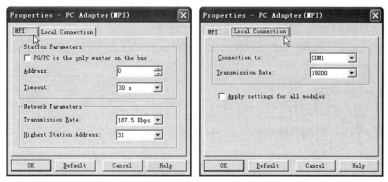

图 4-70   设置接口属性

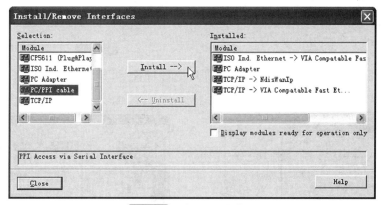

图 4-71   安装/卸载接口

4.3.3   STEP 7 快速入门

(1) 设计流程

程序设计流程如图 4-72 所示。

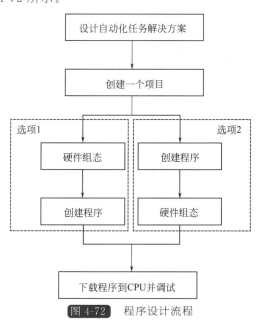

图 4-72   程序设计流程

（2）设计示例：电动机启停控制

在此，以电动机启停控制为例介绍程序设计过程。

① PLC端子接线　传统继电器控制电路如图4-73所示，PLC端子接线如图4-74所示。

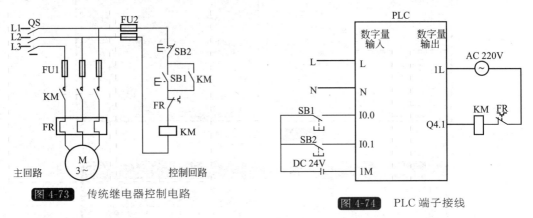

图 4-73　传统继电器控制电路

图 4-74　PLC端子接线

② 使用项目向导创建 STEP 7 项目　项目向导创建 STEP 7 项目的过程如图 4-75～图 4-77所示。

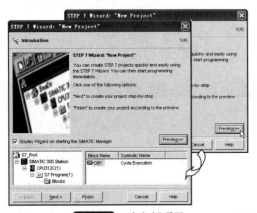

图 4-75　建立新项目

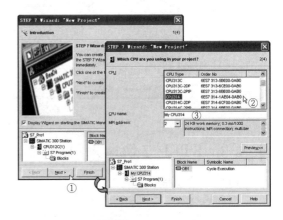

图 4-76　选定 CPU

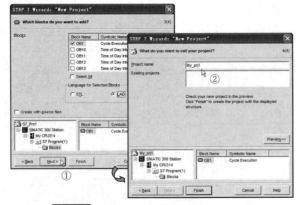

图 4-77　在 OB1 中建立项目 My_prj1

完成项目创建，项目名：My_prj1，如图4-78所示。

③ 手动创建 STEP 7 项目　新建项目窗口如图 4-79 所示。

图 4-78 完成项目创建项目 My_prj1

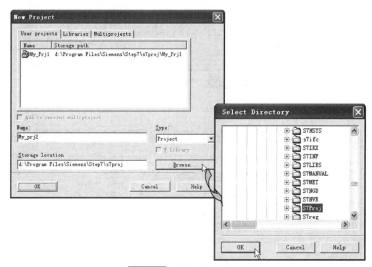

图 4-79 新建项目窗口

创建的项目名为 My_prj2，如图 4-80 所示。

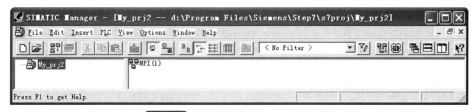

图 4-80 创建名为 My_prj2 的项目

④ 插入 S7-300 工作站 在 My_prj2 项目内插入 S7-300 工作站 SIMATIC300（1），如图 4-81 所示。

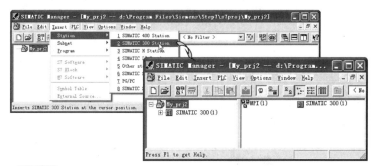

图 4-81 在 My_prj2 项目内插入 S7-300 工作站 SIMATIC300（1）

⑤ 硬件组态　硬件组态窗口如图 4-82 所示。

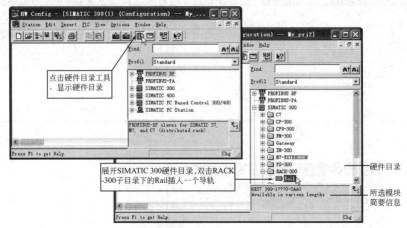

图 4-82　硬件组态窗口

插入 0 号导轨(0) UR，如图 4-83 所示。

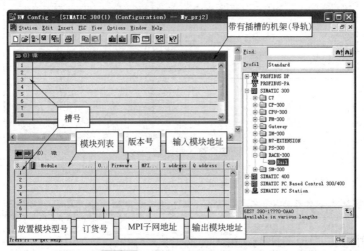

图 4-83　插入 0 号导轨(0) UR

插入各种 S7-300 模块，如图 4-84 所示。

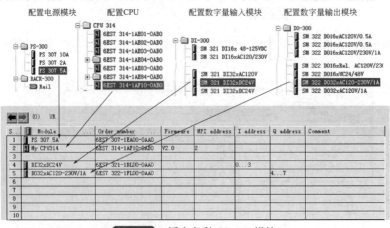

图 4-84　插入各种 S7-300 模块

设置 CPU 属性如图 4-85 所示。

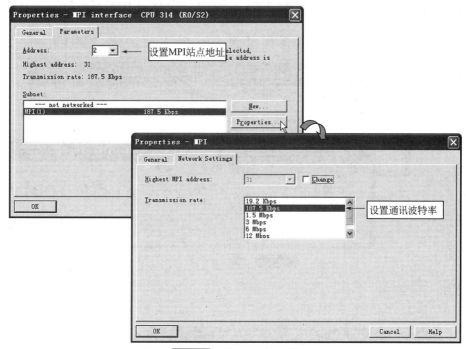

图 4-85　设置 CPU 属性

设置数字量模块属性如图 4-86 所示。

图 4-86　设置数字量模块属性

编译硬件组态如图 4-87 所示。

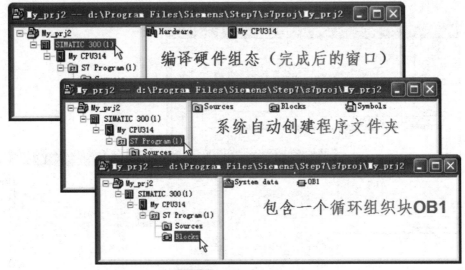

图 4-87　编译硬件组态

⑥ 编辑符号表

方法 1：从 LAD/STL/FBD 编辑器打开符号表，如图 4-88 所示。

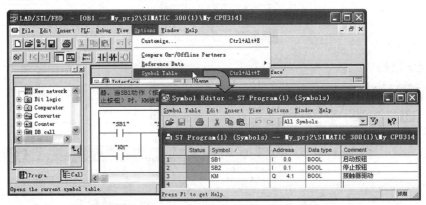

图 4-88　从 LAD/STL/FBD 编辑器打开符号表

方法 2：从 SIMATIC 管理器打开符号表，如图 4-89 所示。

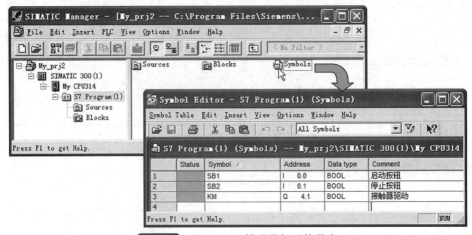

图 4-89　SIMATIC 管理器打开符号表

⑦ 程序编辑窗口　在项目管理器的 Blocks 文件夹中，双击程序块图标，可打开编辑窗口，如图 4-90 所示。

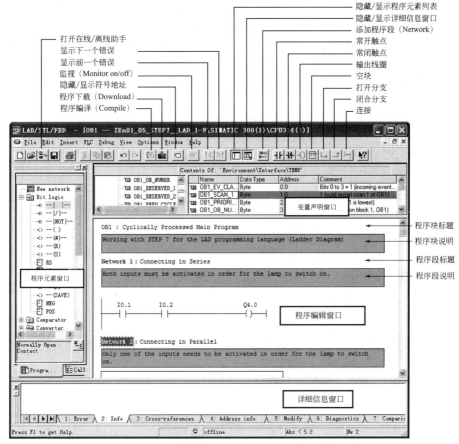

图 4-90　程序编辑窗口

⑧ 在 OB1 中编辑 LAD 程序　设置组织块（OB）属性为 LAD 方式，如图 4-91 所示。

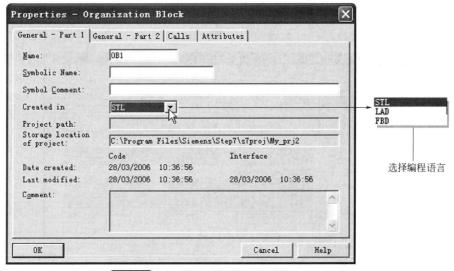

图 4-91　设置组织块（OB）属性为 LAD 方式

编写梯形图(LAD) 程序，如图 4-92 所示。

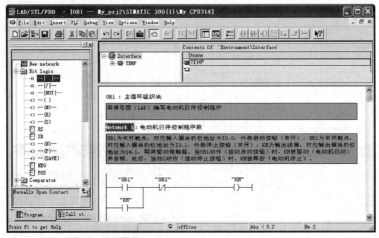

图 4-92　编写梯形图(LAD) 程序

⑨ 在 OB1 中编辑 STL 程序　编写语句表(STL) 程序，如图 4-93 所示。

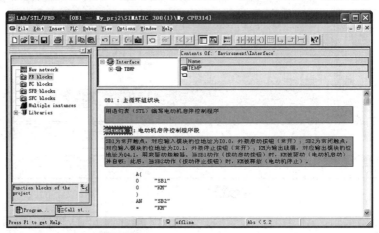

图 4-93　编写语句表(STL) 程序

⑩ 在 OB1 中编辑 FBD 程序　编写功能块图(FBD) 程序，如图 4-94 所示。

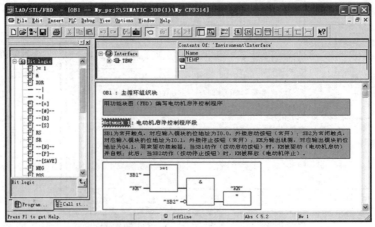

图 4-94　编写功能块图(FBD) 程序

4.3.4 下载和调试程序

为了测试完成的 PLC 设计项目，必须将程序和模块信息下载到 PLC 的 CPU 模块。要实现编程设备与 PLC 之间的数据传送，首先应正确安装 PLC 硬件模块，然后用编程电缆（如 USB-MPI 电缆、PROFIBUS 总线电缆）将 PLC 与 PG/PC 连接起来，并打开 PS307 电源开关。

(1) 下载程序及模块信息

具体步骤如下：①启动 SIMATIC Manager，并打开 My _ prj2 项目；②单击仿真工具按钮，启动 S7-PLCSIM 仿真程序；③将 CPU 工作模式开关切换到 STOP 模式；④在项目窗口内选中要下载的工作站；⑤执行菜单命令"PLC"→"Download"，或单击鼠标右键执行快捷菜单命令"PLC"→"Download"将整个 S7-300 站下载到 PLC。

(2) 调试程序

① 启动仿真工具 S7-PLC SIM　启动仿真工具 S7-PLC SIM 操作如图 4-95 所示。

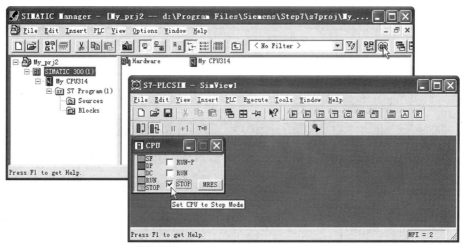

图 4-95　启动仿真工具 S7-PLC SIM

② 用 S7-PLC SIM 调试程序　调试过程包括插入仿真变量、激活监视状态、程序运行等步骤。插入仿真变量操作如图 4-96 所示。

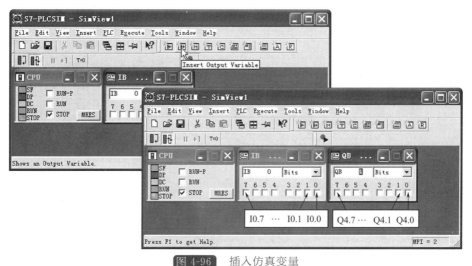

图 4-96　插入仿真变量

激活监视状态操作如图 4-97 所示。

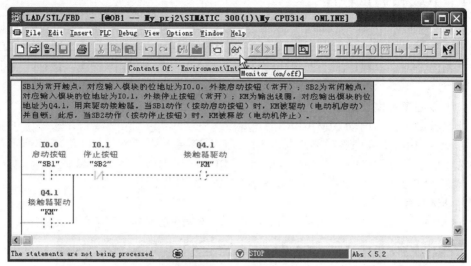

图 4-97 激活监视状态操作

程序的运行状态如图 4-98 所示。

图 4-98 程序的运行状态

第5章
西门子S7-300/400 PLC机电控制设计实例

5.1 基于 S7-300 PLC 的车门包边机控制系统设计开发

在汽车制造业中，车门包边作为车门总成制造中一项比较特殊的工艺，是汽车总装中的重要环节，在汽车制造业中起着重要的作用。

5.1.1 包边机工艺要求和控制要求

(1) 包边机的包边原理

包边机的包边过程如图 5-1 所示。先要在内外板边缘处涂一层黏合剂来增加包边的牢靠性。待包边车门通过进料机构和举升机构进入底模腔中。为了保护包边后的车门表面质量，使其不会在包边时受到损伤，也为了便于包边后的车门取出比较容易，待包边车门应该倒置于模腔内。模腔中设置了树脂模托，保护车门的薄弱处不产生变形。材料进入模腔后，内板定位夹紧机构通过定位销和随行块对材料进行定位。定位后开始进行包边，包边过程分为两步：第一步是预包边，在预压机构的推力 F 的作用下将待包边材料外板折边部分翻折 $45°$，如图 5-1(a) 所示；而后预压刀退刀，主压刀开始运动，进行主包边，在主压刀的推力 F_1 作用下将预包后的边折到图 5-1 (b) 的位置，最终完成整个材料的包边工作。需要注意的是如果第一步预包边不到位，就会直接影响到第二部的主包边，因此，最终采用的是通过油缸产生近似水平方向的推力来实现第一步预包边。这些动作都由包边机构来执行，包边机构见图 5-2 所示。

综上所述，整个包边过程大致可分为三种状态。

①工件初始状态 在此状态下，液压缸位于退回点，此时预包与主包均处于打开状态，工件通过传送和举升进入模腔，通过导向板定位，最后定位压紧机构将工件夹紧，如图 5-3 (a) 所示。

②工件预包状态 在液压缸驱动下，预包刀按照其运动轨迹与工件外板接触，并将外板折边部分翻转与水平成 $45°$，如图 5-3(b) 所示。

③工件包边状态 此时预包刀退回，主包刀在液压缸驱动下运动到与工件接触，并将外板紧紧与内板压在一起，保持压力 $10\sim15s$ 后退回到初始状态，完成整个包边过程，如图 5-3 (c) 所示。

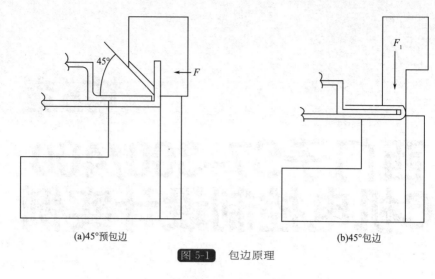

(a)45°预包边   (b)45°包边

图 5-1   包边原理

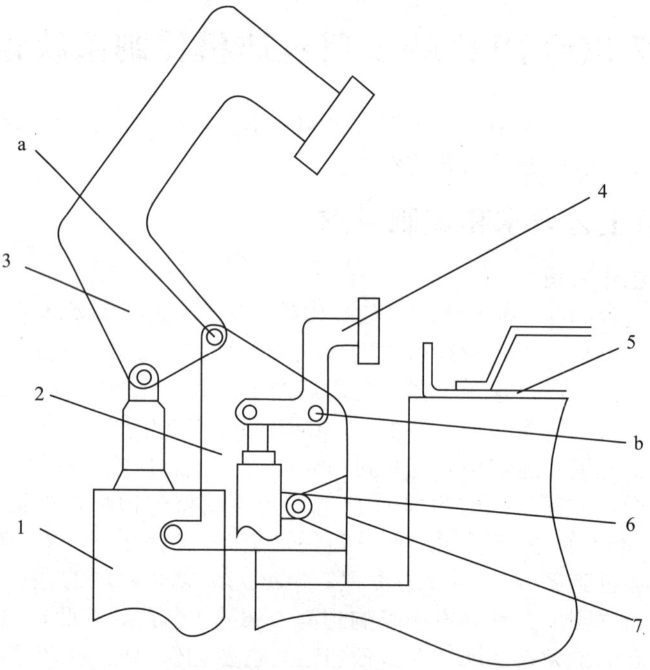

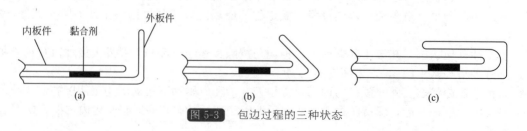

图 5-2   包边机构工作原理图

1，6—油缸；2，7—刀架；3—主压刀；4—预压刀；5—零件；a，b—连接副

图 5-3   包边过程的三种状态

(2) 系统各部分控制功能分析

① 包边循环控制分析

a. 进出料机构。系统进出料机构由传送台和传送电机构成，共分为五个区域，分别是上料区、下料区、1 号包边区、2 号包边区和一个过渡区。传送台的上料端和下料端均可以作倾斜，水平运动，其中上料端控制信号由 1 号子站来发出，下料端控制信号由 2 号子站来发出。工件的水平移动则由传送电机来控制，本系统共有 10 台 5 组传送电机，均为 220V 单相异步电动机，功率为 90W，负责工件的传送。

b. 举升机构及定位总成。举升机构由气动驱动，通过上升、下降使工件进入或离开模腔；定位总成在 1 号包边区中通过定位压紧缸定位，在 2 号包边区中有 UNIT 单元夹紧和松开，两个包边区中间还设立了停止器用隔离。

c. 包边循环过程。正常工作时，上料区传送台应处于倾斜状态，下料区传送台处于水平状态，举升机构在上升状态下。首先将被加工工件放到传送台上，传送台检测到有工件放上后向水平，1 号、2 号电机开始转动，带动工件进入 1 号包边区中，电机停转，举升机构下降，定位压紧锁松开，定位压紧缸下降，停止器上升，准备包边。包边完成后，定位总成打开，举升机构上升，停止器下降，2 号、3 号、4 号电机转动带动工件到达 2 号包边区，工件进入 2 号模具中，举升机构下降，定位总成定位，准备包边。包边完成后定位总成打开，举升机构上升，电机启动，带动工件进入过渡区，4 号、5 号电机启动，带动工件进入下料区后下料台检测到有工件后，向下倾斜，将工件放下，一个循环完成。

② 液压装置控制分析　每个包边机构均有两个油缸，分别是主压刀油缸和预压刀油缸。首先要进行预包，只有在预包完成后才能进行主包，由于预包的好坏直接影响到后面的主包，因此必须检测到所有预包边机构到位的信号后才进行主包。通过对电磁换向阀得失电改变阀芯在阀体内的相对工作位置，使阀体各油口接通或断开，进而控制油缸的换向来实现预包与主包的前进后退。

③ 系统安全控制分析　为了保证包边机能够长期、安全、稳定、可靠地运行，要根据现场的实际情况和设备的机械结构进行电路设计及程序的编写。

a. 在电气原理图方面，电源进入电气柜后要通过隔离变压器对一次侧和二次侧进行电气隔离，以避免现场出现的高频干扰进入控制回路。PLC 供电电源单独采用一台变压器通过滤波器进行供电。在直流电源方面，分为控制回路和负载回路两路。电气柜门上装有门开关，打开电气柜门则切断电源。

b. 由于包边机构的前进、后退，举升台的上升、下降，停止器的上升、下降等都是依靠气缸来实现，因此要有压力继电器对系统的气压进行检测，一旦压力过小或无压力，压力继电器发出信号，触发压力报警，停止整个生产过程，触摸屏上显示压力故障信号。通过复位键清除报警信号。

c. 当工件不到位，停止器上升不到位，就要触发限位故障报警，接近开关、行程开关和磁力开关就要发出报警信号，其相应工位指示灯点亮并在触摸屏上显示。

d. 当液压站温度过高或过低、液压站压力不足、液位过低时，产生报警。例如冬天刚开机，液压站温度过低，则在触摸屏上显示低温报警，并打开加热棒将油温加热到指定温度，机器才可以正常运转。而在运转过程中由于电机发热导致油温过高，则显示高温预警，风扇打开开始降温。如果温度持续上升至温度上限则机器停止运转并显示高温报警，直到油温降到指定温度才能够通过手动启动机器。

5.1.2 包边机控制系统硬件设计

(1) PLC的选择

随着国内汽车生产厂商对工业现场安全性要求的进一步提高，PLC生产制造厂商推出了工业现场专用的安全PLC。所谓安全PLC，就是为在苛刻的环境下，为安全相关的应用而设计的PLC。当PLC失效时操作人员人身安全以及设备不会受到伤害。安全PLC要求要有广泛的自诊断能力，它可以实时监测硬件状态、程序执行和操作状态。另外，安全PLC还要有预警、权限管理等功能，用来保护系统不受外界的干扰。通过比较市面上各种型号PLC，西门子S7系列PLC体积小、速度快、标准化、模块化，具有较强的网络通信能力，功能更强，可靠性更高，性价比高，维护方便，所以采用西门子公司的系列PLC产品。

对于本系统来说，由于现场开关量很多，并且非常分散，有很大一部分都是远离主控制柜的，如果采用S7-200 PLC则连线较多，现场走线复杂，混乱，对电缆也有很大的浪费。而S7-300 PLC有PROFIBUS-DP通信和数据通信功能，可以组成车间级网络，对现场的简洁、电缆成本的节约有很好的作用。所以选择西门子公司的S7-300系列PLC作为本控制系统的主控核心。

(2) PLC相关模块的选择

输入输出接口模块、分布式I/O模块、模拟量输入模块等承担着现场信号的采集工作，还用于执行CPU发出的指令。市场上各种不同PLC生产厂商都有其相应的模块。本系统采用的PLC为西门子公司的S7-300 PLC产品，为了保证系统有更好的兼容性，相关模块也采用西门子公司的产品。

① 数字量输入/输出模块选择 根据现场的实际情况，选择数字量输入I/O模块SM 321，数字量输出I/O模块SM 322。SM 321为16点输入，电压为24V，SM 322为16点输出，输出电流为0.5A，足以直接驱动继电器线圈和电磁阀。本系统共有112个输入数字量，57个输出数字量，加上10%的备用输入输出点，一共有8个SM 321和4个SM 322模块。

② 分布式I/O模块选择 西门子分布式I/O站是ET 200系列，有多种不同型号可供选择，具体如下。

a. 模块化从站ET 200M，它有一个IM 153-1接口，该接口可通过PROFIBUS总线连接主站。

b. 紧凑型从站ET 200L和ET 200B，它们包含一个端子块和一个电子块，电子块具有数字和模拟通道。

c. 紧凑型从站ET 200C，其保护等级高达IP66/IP77，可以应用到恶劣的环境中，也可以应用于野外。

d. 模块化从站ET 200X，它是一种紧凑型I/O从站，保护等级高达IP66/IP77，包含基本模块和扩展模块，如输入输出模块、AS接口主站、SITOP电源等。

e. 模块化从站ET 200S，它是一种分布式I/O站，保护等级为IP20，包含PROFIBUS-DP接口模块、数字和模拟电子模块、计数模块和负载馈电器。

结合现场的实际情况，选择ET 200M作为分布式I/O站。ET 200M是西门子公司生产的高度模块化分布式I/O产品，与S7-300系列PLC使用相同的通信模块、信号模块和功能模块，扩展性强。由于可供选择的模块众多，ET 200M适用于高密度、复杂的工业现场自动化任务，它具有以下特点。

a. 模块化设计，适用于复杂工业自动化系统和过程控制系统，其防护等级为IP20。

b. 与S7-300系列PLC的通信、信号、功能模块相同。

c. 当有有源背板总线模块时，可以热插拔。

d. 最多可以扩展 12 个信号模块。

e. 在同一站点中，可以同时使用标准模块与故障安全模块。

f. IM 153-2 接口可扩展至 S7-400H 系列中使用。

g. 信号模块可以应用到危险区域。

h. 支持过程现场总线 PROFIBUS 和工业以太网 PROFINET。

③ 模拟量输入/输出模块选择　S7-300 系列 PLC 用于模拟量输入输出的特殊功能模块有 SM 331 模拟量输入、SM 332 模拟量输出、SM 334 模拟量输入输出、SM 335 快速模拟量输入输出混合模块四类。由于只有一个模拟量，故选择模块 SM 331。

SM 331 可以将现场中各种模拟量传感器输出的直流电流或电压信号转换为 PLC 内部能够处理的数字信号。其输入信号一般由模拟量变送器将各种模拟信号转换为标准直流电压、电流信号后送入 PLC，也可以直接连接不带附加放大器的温度传感器如热电偶、热电阻。

表 5-1　SM 331 端子定义

端子名称	含义	端子名称	含义
M+	信号线（正）	M—	信号线（负）
MANA	模拟量输入回路参考电动势	M	接地端
L+	电源接线端	UISO	信号输入端与 M ANA间电势差
I+	电流输入测量端	U+	电压输入测量端

SM 331 主要由 A/D 转换电路、补偿电路、光电隔离开关、模拟切换开关、逻辑电路组成，可以通过参数赋值来设定模块特性。参数有两种，一种是静态参数，一种是动态参数，通常使用 STEP 7 来进行设置。SM 331 端子定义见表 5-1。

④ 人机交互界面 MP277　HMI 作为人机交互的主要设备，越来越多的应用到工业现场的操作、监控等操作中，使设备在最佳工作状态中运行。MP277 是西门子公司生产的中端触摸屏系列，具有以下特点：

a. 面板防护等级为 IP65，完全的防水防尘，可以应用在环境恶劣的工业现场中。

b. 提供的接口类型全面，有 MPI 接口、PROFIBUS-DP 接口、PROFINET 接口、USB 接口以及 MMC/SD 卡插槽，可以方便地同西门子系列 PLC 组成网络，也适用于非西门子控制器的驱动以及通过 OPC 进行独立于供应商的通信。

c. 基于 Windows CE 操作系统，集操作员面板的坚固耐用性与 PC 环境的灵活性于一身。

d. MP277 面板通过集成软件工具 WinCC flexible 来进行组态。

(3) 包边机控制系统硬件选型

在系统设计初期，首先对包边机功能、工艺流程进行详细的了解，硬件部分包括了西门子 S7-300 系列 PLC、ET 200M 分布式 I/O、各种功能模块、现场通信网络 PROFIBUS-DP、人机界面等相关设备。

本系统的硬件主要包括了 PLC、电源模块、ET 200M 模块、模拟量输入模块、数字量输入/输出模块、PROFIBUS 总线接头、人机界面 MP277 以及安装在控制柜中的断路器、开关电源等电气元件。其中，控制系统中与 PLC 相关的元器件型号如表 5-2 所示。

表 5-2　硬件型号表

硬件名称	硬件型号	硬件名称	硬件型号
DIN 导轨	6ES7 390-1AE80-0AA0	电源模块	6ES7 307-1EA00-0AA0

硬件名称	硬件型号	硬件名称	硬件型号
CPU	6ES7 315-2AG10-0AB0	MMC 微存储卡	6ES7 953-8LJ11-0AA0
SM 321 输入模块	6ES7 321-1BH02-0AA0	SM 322 输出模块	6ES7 322-1BH01-0AA0
ET 200MIM 153 套件	6ES7 153-1AA03-0XB0	SM 331 模拟量输入模块	6ES7 331-7KF02-0AB0
MP277 10.4in 触摸屏 （带组态软件）	6AV6 643-0CD01-1AX0	前连接器，20 针， 螺钉型端子	6ES7 392-1AJ00-0AA0
PROFIBUS 总线接头 （有编程口）	6ES7 972-0BB11-0XA0	PROFIBUS 总线接头 （无编程口）	6ES7 972-0BA11-0XA0

包边机控制系统整体结构如图 5-4 所示。

（4）本项目 PROFIBUS-DP 主从站

由于汽车生产厂商为了降低机器成本，包边机输入输出较多，如果利用传统控制方案，电缆的费用较高，远距离信号难以满足控制要求。通过多方面考虑，采用现场总线方案，经过对多种现场总线的比较，基于 PROFIBUS 现场总线技术上非常成熟，总线又具有很好的开放性，所以采用 PROFIBUS-DP 现场总线组成控制网络。

通过 S7-300 与 ET 200M 输入/输出接口模块进行通信，ET 200 是 PROFIBUS-DP 上的被动站（从站），最大数据传输速率为 12Mbit/s，通过 STEP 7 组态软件对主站西门子 S7-300 PLC 和从站 ET 200M 进行通信配置。

需要注意的是，组态的从站的站地址要和 ET 200M 模块上的拨码开关设置一致，ET 200M 的 I/O 地址区与中央机架的 I/O 地址区不能重叠。通过 CPU 集成的 DP 口连接 ET 200M，数据交换由 CPU 自动完成，用户可以直接按位、字节、字、双字访问远程 I/O ET 200M 机架上的输入输出数据，就如同访问同一个机架上的 I/O 模块一样。

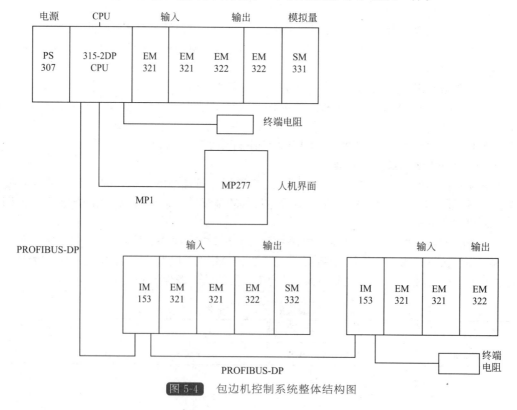

图 5-4　包边机控制系统整体结构图

5.1.3 包边机 PLC 控制系统软件设计

包边机的软件系统包括根据硬件电路以及机械、液压动作时序在 STEP 7 中编写 PLC 梯形图、组态、HMI 监控画面的设计。

(1) 系统程序块

STEP 7 将用户编写的程序指令存放在块中。通常，用户程序由数据块 DB（Data Block）、功能块 FB（Function Block）与 FC，以及组织块 OB（Organization Block）构成。OB 的作用是用户程序和系统程序在不同的条件下的接口，可以控制程序的运行，被操作系统周期地调用。不同类型 OB 块有不同的优先级，其中作为主扫描块的 OB1 具有最高的优先级，设计人员编写的程序就是以操作系统调用 OB1 来开始执行的。功能块（FB 和 FC）是程序设计人员自己编写程序的地方，其中 FB 有记忆功能，它有一个数据结构和参数与自己完全相同的附属 DB 块，当调用 FB 块，附属 DB 块打开，当 FB 块结束，附属 DB 块关闭，可以保持数据。DB 块就是存取数据的区域，用户可以自己定义。本系统程序块如图 5-5 所示。

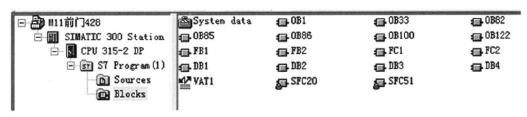

图 5-5 系统程序块图

(2) 系统输入输出量地址定义表

根据现场中各主要部分功能和系统的实际情况，配置输入输出变量地址，数量较多（共170 个），如表 5-3 与表 5-4 所示。

表 5-3 系统输入地址定义表

符号	地址	注释	符号	地址	注释
SA2-1	I0.0	手动模式	RS07	I4.6	2# 预压返回 1 H01
SA2-2	I0.1	自动模式	RS08	I4.7	2# 预压前进 1 H01
SA3	I0.2	故障复位	RS191	I5.0	2# 预压返回 2 H01
SB1	I0.3	主控柜急停	RS201	I5.1	2# 预压前进 2 H01
SB2	I0.4	指示灯测试	RS211	I5.2	3# 角压返回 H01
SB3	I0.5	报警声消除	RS221	I5.3	3# 角压前进 H01
KM0	I0.6	液压电机启动	RS29	I5.4	1# 主包返回 H01
SA-1	I0.7	自动确认	RS30	I5.5	1# 主包前进 H01
SA-2	I1.0	异步	RS31	I5.6	2# 主包返回 H01
KA1	I1.2	负载电源接通	RS32	I5.7	2# 主包前进 H01
QF9	I1.4	液压电机断路器接通	RS37	I6.0	4# 主包返回 H01
QF10	I1.5	1# 传送电机断路器接通	RS38	I6.1	4# 主包前进 H01
QF11	I1.6	2# 传送电机断路器接通	RS39	I6.2	传送台水平 H01

符号	地址	注释	符号	地址	注释
QF12	I1.7	3#传送电机断路器接通	RS40	I6.3	传送台倾斜 H01
QF13	I2.0	4#传送电机断路器接通	RS47	I6.4	举升机下降 H01
QF15	I2.1	加热器断路器接通	RS48	I6.5	举升机上升 H01
QF4	I2.2	PLC 用电源断路器接通	RS51	I6.6	停止器下降 H01
QF5	I2.3	控制电源断路器接通	RS52	I6.7	停止器上升 H01
QF6	I2.4	负载电源开关	RS53	I7.0	定位压紧锁松开 H01
1QF1	I2.5	1#站电源断路器接通	RS54	I7.1	定位压紧锁夹紧 H01
2QF1	I2.6	2#站电源断路器接通	RS55	I7.2	定位压紧缸下降 H01
QF14	I2.7	5#传送电机断路器接通	RS56	I7.3	定位压紧缸上升 H01
RS01	I4.0	1#预压返回1 H01	RS57	I7.4	传送台工件检测 H01
RS02	I4.1	1#预压前进1 H01	RS58	I7.5	传送台工件检测 H01
RS03	I4.2	1#预压返回2 H01	RS59	I7.6	举升机工件检测 H01
RS04	I4.3	1#预压前进2 H01	RS60	I7.7	停止器工件检测 H01
RS05	I4.4	1#角压返回 H01	LS01	I8.0	液压台工件检测 H01
RS06	I4.5	1#角压前进 H01	LS02	I8.1	液压台工件检测 H01
LS03	I8.2	操作盒急停	RS50	I12.3	停止器上升 H02
LS04	I8.3	工作启动	SP1	I12.4	传送台水平 H02
PX01	I8.4	气压检测开关 H01	SP2	I12.5	传送台倾斜 H02
PX02	I8.5	高油压检测开关	LS05	I12.6	举升机工件检测 H02
SB8	I8.6	2#预压返回2 H01	LS06	I12.7	停止器工件检测 H02
SB9	I8.7	2#预压前进2 H01	LS07	I13.0	传送台工件检测1 H02
RS11	I9.0	3#预压返回1 H01	LS08	I13.1	传送台工件检测2 H02
RS12	I9.1	3#预压前进1 H01	LS09	I13.2	液压台工件检测1 H02
RS13	I9.2	3#预压返回2 H01	LS10	I13.3	液压台工件检测2 H02
RS14	I9.3	3#预压前进2 H01	SB101	I13.4	操作盒急停 2#
RS15	I9.4	2#角压返回 H01	SB111	I13.5	工作启动 2#
RS16	I9.5	2#角压前进 H01	RS011	I13.6	2#主包返回 H02
RS17	I9.6	4#预压返回 H01	RS021	I13.7	2#主包前进 H02
RS18	I9.7	4#预压前进 H01	RS031	I14.0	1#主包返回 H02
RS19	I10.0	3#主包返回 H01	RS108	I14.1	1#主包前进 H02
RS20	I10.1	3#主包前进 H01	RS109	I14.2	3#主包返回 H02
RS21	I10.2	5#主包返回 H01	RS110	I14.3	3#主包前进 H02
RS22	I10.3	5#主包前进 H01	RS123	I14.4	夹紧单元01 松开
SP3	I10.4	低油压检测	RS124	I14.5	夹紧单元01 夹紧

符号	地址	注释	符号	地址	注释
SP4	I10.5	堵塞报警	LS101	I14.6	夹紧单元 02 松开
RT1	I10.6	超高温报警	LS102	I14.7	夹紧单元 02 夹紧
RT2	I10.7	高温检测	LS103	I15.0	夹紧单元 03 松开
RT3	I11.0	正常温度	LS104	I15.1	夹紧单元 03 夹紧
RT4	I11.1	低温检测	LS105	I15.2	夹紧单元 04 松开
SP5	I11.2	低液位检测	LS106	I15.3	夹紧单元 04 夹紧
RS45	I12.0	举升机下降 H02	LS107	I15.4	夹紧单元 05 松开
RS46	I12.1	举升机上升 H02	LS108	I15.5	夹紧单元 05 夹紧
RS49	I12.2	停止器下降 H02	RS101	I15.6	气压检测 H02

表 5-4　系统输出地址定义表

符号	地址	注释	符号	地址	注释
HR9	Q0.0	自动	HR15	Q3.5	三色灯（红色）
HW10	Q0.1	自动确认指示	HY16	Q3.6	三色灯（黄色）
HW3	Q0.2	原位指示	HG17	Q3.7	三色灯（绿色）
HR4	Q0.3	主控柜急停指示	SQL1A	Q4.0	传送台水平 H01
HA1	Q0.4	蜂鸣器	SQL1B	Q4.1	传送台倾斜 H01
KA15	Q0.5	加热器	SQL2	Q4.2	制动阀动作 H01
KM1	Q0.6	1# 传送电机正转接触器	SQL3A	Q4.3	举升机上升 H01
KM2	Q0.7	1# 传送电机反转接触器	SQL3A	Q4.4	举升机下降 H01
KM3	Q1.0	2# 传送电机正转接触器	SQL4A	Q4.5	停止器下降 H01
KM4	Q1.1	2# 传送电机反转接触器	SQL4A	Q4.6	停止器上升 H01
KM5	Q1.2	3# 传送电机正转接触器	SQL5A	Q4.7	定位压紧锁夹紧 H01
KM6	Q1.3	3# 传送电机反转接触器	SQL5A	Q5.0	定位压紧锁松开 H01
KM7	Q1.4	4# 传送电机正转接触器	SQL6A	Q5.1	定位压紧缸下降 H01
KM8	Q1.5	4# 传送电机反转接触器	SQL6A	Q5.2	定位压紧缸上升 H01
KA2	Q1.6	1# 预压前进 H01	HG5	Q5.3	1# 操作盒完成指示
KA3	Q1.7	1# 预压返回 H01	HR6	Q5.4	1# 操作盒急停指示
KA4	Q2.0	2# 预压前进 H01	KA16	Q5.5	水阀
KA5	Q2.1	2# 预压返回 H01	SQL11A	Q6.0	举升机上升 H02
KA6	Q2.2	3# 预压前进 H01	SQL11B	Q6.1	举升机下降 H02
KA7	Q2.3	3# 预压返回 H01	SQL2A	Q6.2	停止器下降 H02
KA8	Q2.4	主包前进 H01	SQL2B	Q6.3	停止器上升 H02
KA9	Q2.5	主包返回 H01	SQL13A	Q6.4	UNIT 单元夹紧 H02
KA10	Q2.6	回油阀	SQL13B	Q6.5	UNIT 单元松开 H02

符号	地址	注释	符号	地址	注释
KA11	Q2.7	1# 包边前进 H02	SQL14A	Q6.6	传送台水平 H02
KA12	Q3.0	1# 包边后退 H02	SQL14B	Q6.7	传送台倾斜 H02
KA13	Q3.1	2# 包边前进 H02	SQL5	Q7.0	制动阀动作 H02
KA14	Q3.2	2# 包边后退 H02	HG7	Q7.1	2# 操作盒完成指示
KM9	Q3.3	5# 传送电机正转接触器	HR8	Q7.2	2# 操作盒急停指示
KM10	Q3.4	5# 传送电机反转接触器			

(3) 硬件组态初始化

首先对 PLC 以及分布式 I/O 站进行组态，如图 5-6 所示。然后对 HMI 进行组态，如图 5-7 所示。最终整个系统完成后如图 5-8 所示。

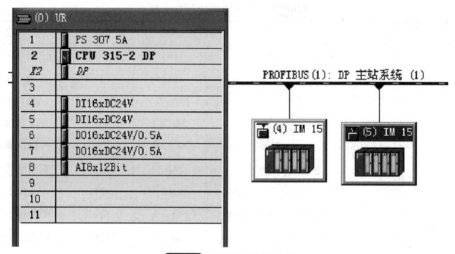

图 5-6　系统硬件组态图

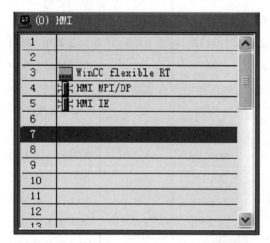
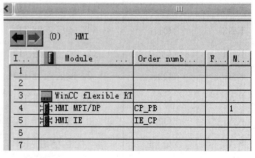

图 5-7　HMI 组态图

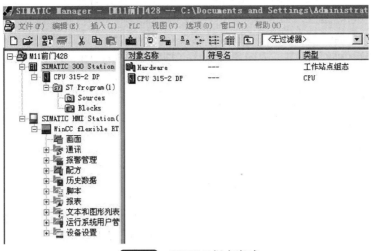

图 5-8 STEP 7 组态完成

(4) PLC 梯形图程序设计

设计 PLC 梯形图，首先要对现场的各种机械设备动作时序、传感器检测元件检测信号、电磁阀执行元件时序进行分析，图 5-9 为本系统程序设计流程图。

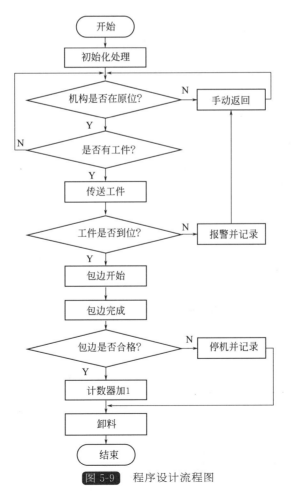

图 5-9 程序设计流程图

全部程序分为 3 个块，分别是 FC1 指示程序，FC2 报警程序和 FB2 动作程序，这三个块全部在 OB1 中循环运行。

① 指示程序　指示灯程序包括三色灯程序、各个机构（传送台、举升机、定位压紧、预压、主包）的原位指示程序、故障复位程序、报警声程序，图 5-10 为主包原位程序。

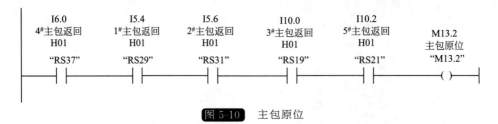

图 5-10　主包原位

② 报警程序　报警程序包括低油位报警、气压不足报警、主控柜急停报警、1# 与 2# 从站急停报警、油温报警、油压报警、预压前进主包不在原位报警、主包前进预压没有返回报警以及各种机构的超时报警，图 5-11 为传送台故障报警程序，图 5-12 为油温超高报警程序，图 5-13 为定位压紧锁超时报警程序，图 5-14 为主包前进预压没有返回报警程序。

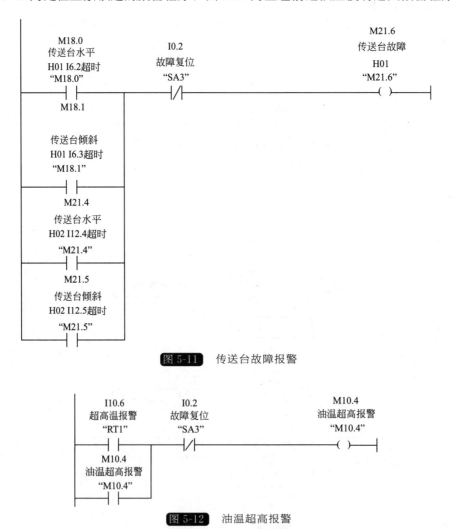

图 5-11　传送台故障报警

图 5-12　油温超高报警

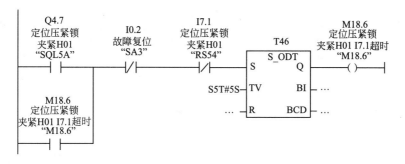

图 5-13 定位压紧锁超时报警

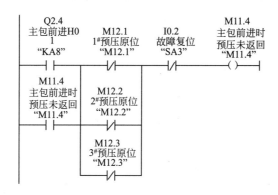

图 5-14 主包前进预压没有返回报警

③ 动作程序 动作程序则是各个机构按照机械顺序进行动作的过程，是整个程序的核心，包括制动阀动作、前后传送台动作、1#～5#传送电机动作、举升机上升下降、停止器上升下降、定位压紧松开压紧、预压前进返回、主包前进返回等。图 5-15 为传送台动作程序，图 5-16 为 2#预压前进程序，图 5-17 为 2#预压返回程序，图 5-18 为 2#预压完成程序。

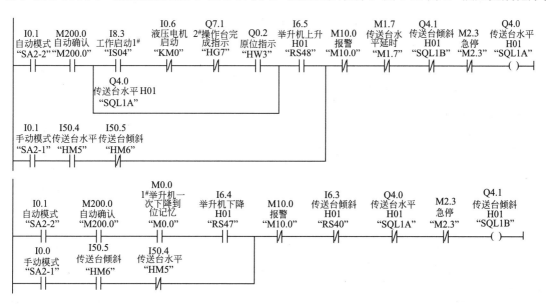

图 5-15 传送台动作程序

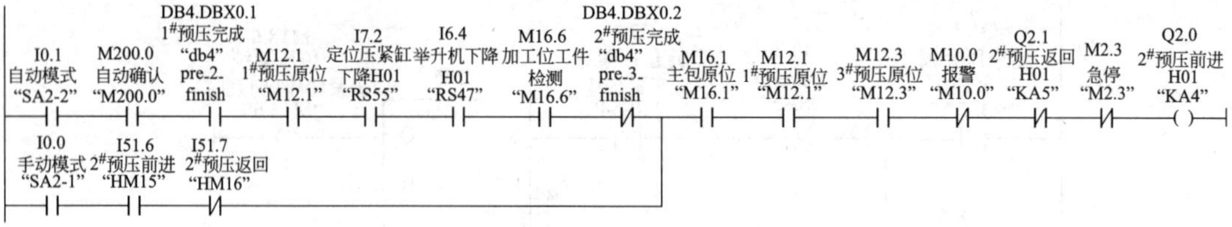

I0.1 自动模式 "SA2-2" — M200.0 自动确认 "M200.0" — DB4.DBX0.1 1#预压完成 "db4" pre-2- finish — M12.1 1#预压原位 "M12.1" — I7.2 定位压紧缸举升机下降 下降H01 "RS55" — I6.4 加工位工件 H01 "RS47" — M16.6 检测 "M16.6" — DB4.DBX0.2 2#预压完成 "db4" pre-3- finish — M16.1 主包原位 "M16.1" — M12.1 1#预压原位 "M12.1" — M12.3 3#预压原位 "M12.3" — M10.0 报警 "M10.0" — Q2.1 2#预压返回 H01 "KA5" — M2.3 急停 "M2.3" — Q2.0 2#预压前进 H01 "KA4" —( )

I0.0 手动模式 "SA2-1" — I51.6 2#预压前进 "HM15" — I51.7 2#预压返回 "HM16"

图 5-16　2# 预压前进程序

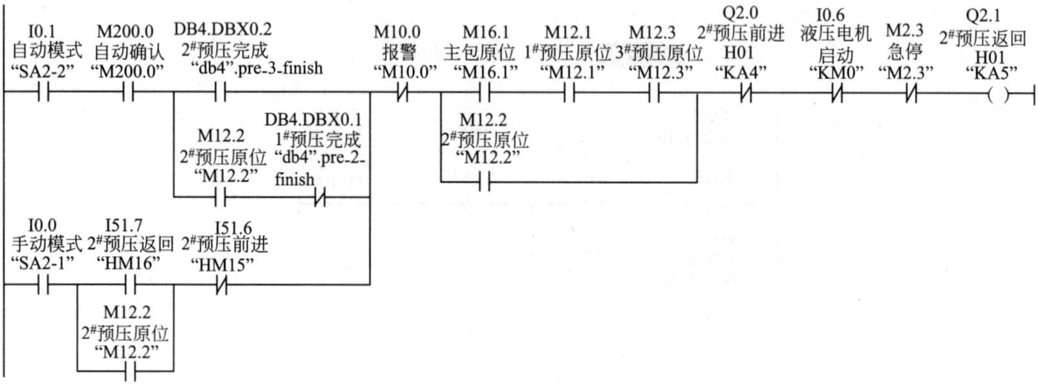

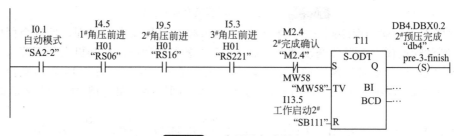

I0.1 自动模式 "SA2-2" — M200.0 自动确认 "M200.0" — DB4.DBX0.2 2#预压完成 "db4".pre-3-finish — M10.0 报警 "M10.0" — M16.1 主包原位 "M16.1" — M12.1 1#预压原位 "M12.1" — M12.3 3#预压原位 "M12.3" — Q2.0 2#预压前进 H01 "KA4" — I0.6 液压电机 启动 "KM0" — M2.3 急停 "M2.3" — Q2.1 2#预压返回 H01 "KA5" —( )

M12.2 2#预压原位 "M12.2" — DB4.DBX0.1 1#预压完成 "db4".pre-2-finish

M12.2 2#预压原位 "M12.2"

I0.0 手动模式 "SA2-1" — I51.7 2#预压返回 "HM16" — I51.6 2#预压前进 "HM15"

M12.2 2#预压原位 "M12.2"

图 5-17　2# 预压返回程序

I0.1 自动模式 "SA2-2" — I4.5 1#角压前进 H01 "RS06" — I9.5 2#角压前进 H01 "RS16" — I5.3 3#角压前进 H01 "RS221" — M2.4 2#完成确认 "M2.4" — T11 S-ODT
S — Q　DB4.DBX0.2 2#预压完成 "db4". pre-3-finish —(S)
MW58 "MW58" —TV　BI …
I13.5 工作启动2# "SB111" —R　BCD …

图 5-18　2# 预压完成程序

5.1.4 包边机人机界面设计

(1) WinCC flexible 组态软件功能特点

WinCC flexible 是西门子公司工业全集成自动化（TIA）的子产品，是一款面向机器的自动化概念的 HMI 软件。WinCC flexible 通过组态用户界面可以操作和监视机器与设备，它提供了对面向解决方案概念的组态任务的支持。HMI 上可以设计出能够根据控制过程动态变化的画面，将整个控制过程实时监控，操作人员可以设置被控对象的参考值，以便于在系统不安全情况下产生报警。WinCC flexible 与 WinCC 十分类似，都是组态软件，只不过前者基于触摸屏，而后者则基于工控机。

随着工艺过程日趋复杂，人们对机器和设备功能的要求不断增加，对操作人员来说很重要的一点是如何获得最大的透明性，人机界面（HMI）解决了这个问题。对一个系统来说，HMI 是人（操作员）与过程（机器/设备）之间的接口，PLC 是控制过程的实际单元。因此，在操作员和 WinCC flexible（位于 HMI 设备端）之间以及 WinCC flexible 和 PLC 之间均存在一个接口。HMI 系统可以承担以下任务：过程透明化，过程可以被操作人员通过 HMI 控制，能够把过程值进行归档，报警信息可以被显示出来，可以记录过程值和报警信息,可以通过自身软件管理过程和设备的参数。

WinCC flexible 集生产自动化和过程自动化于一体,实现了相互之间的整合,已经应用在各种工业领域中,包括:纺织工业、汽车工业、钢铁行业、机械工业、材料加工处理行业、环保行业、石油化工行业、运输行业、医疗器械行业、造纸行业、装配制造行业等。

WinCC flexible 可以与 STEP 7 很好地集成在一起,它们之间的连接通信是靠过程变量来实现的。在 STEP 7 中创建项目后就应将触摸屏进行组态。WinCC flexible 可以方便地通过西门子工业网络 PROFIBUS 进行数据采集并以变量标签的形式插入到数据库中。

(2) 监控界面设计

图 5-19 为监控起始画面,起始画面包括了主要的电气设备状态画面,各个工作区主要工作状态、包边机构的工作状态以及进入其他界面的按钮。例如,想要知道当前产量,只需要点击"产量操作"按钮,则可以进入图 5-20 产量操作画面中,可以看到当前产量。

另外还有时间参数设定画面(图 5-21)、传感器状态画面(图 5-22)、机构运行状态画面(图 5-23)等。参数设定画面可以显示当前参数并进行设置。状态画面可帮助操作维修人员了解设备实际状况。

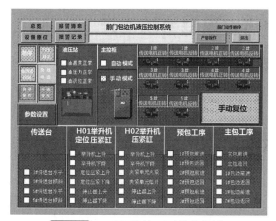

图 5-19　HMI 监控画面总体设计图

图 5-20　产量操作画面

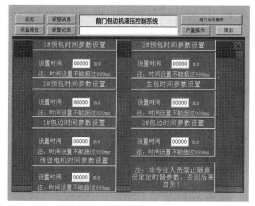

图 5-21　时间参数设定画面

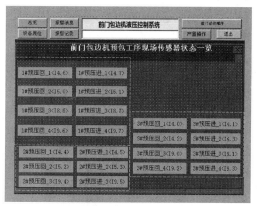

图 5-22　传感器状态画面

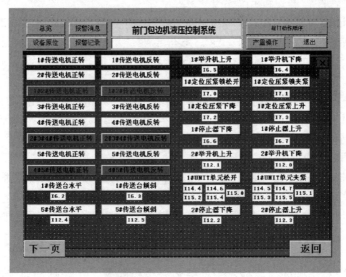

图 5-23　机构运行状态画面

5.2　基于 S7-300 PLC 的水套加热炉控制系统设计

水套加热炉是一种油气田专用加热设备，主要用于油气集输过程中，将原油或天然气等井采物进行加热并控制其温度波动在一定范围内，以便进行下一步操作。水套加热炉一般以天然气或轻油为燃料，常压下运行，炉内工质水在密闭的炉体内进行换热，被加热介质通过热传导来提升温度。由于炉内水为循环使用，故日常补水极少，炉内水质稳定，不易结水垢。水套加热炉在油田地面工程中应用广泛，其加热效率高、使用寿命长、维护简便等优良特性使其成为油气集输过程中首选加热设备。

5.2.1　水套加热炉控制系统总体结构

水套加热炉的控制系统主要由控制层、现场执行层和监控层所组成，现场执行层的各类设备均安装在加热炉工作现场，控制层与监控层的各类设备安装在控制柜及远程操作台。控制层主要由 PLC 及其模块构成，是整个加热炉控制系统的核心部分，它如同大脑一般指挥着加热炉系统的运行。所有现场输入信号均进入控制层进行处理，所有现场输出控制信号均由控制层给出。

现场执行层主要包括加热炉各机械部分上的传感器、变送器、执行机构等，传感器和变送器主要负责检测加热炉各类型的过程参数并将其转换为 4～20mA 标准电信号，然后将信号传送给 PLC；执行机构主要负责接收 PLC 给出的信号，并作出相应的动作。

监控层主要由人机界面和远程操作站组成，主要负责流程图的显示、各类参数的显示与调节、历史趋势图的显示以及报警的记录等工作。控制系统整体性能优良与否是决定水套加热炉能否安全、可靠运行的关键。系统硬件结构如图 5-24 所示。

5.2.2　加热炉燃烧器选型

加热炉系统采用意大利百得（BALTUR）公司所生产的 TBML160PN 型全自动一体化油气两用燃烧器。当 TBML160PN 油气两用燃烧器选用燃气作为燃料时，燃烧器的输出功率可根据负载及温度要求来调节，输出火量的大小根据输出功率的不同而改变；当选用燃油作

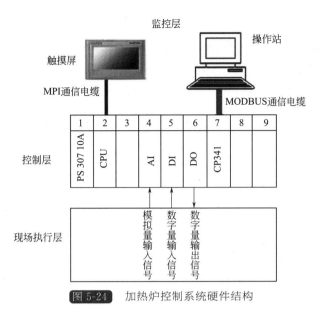

图 5-24 加热炉控制系统硬件结构

为燃料时，燃烧器仅提供"大火量"（高负荷）输出和"小火量"（低负荷）输出两种输出方式。

考虑到现场工况及经济效益等因素，燃烧器最终选用燃油作燃料。系统以被加热物料出口处的温度为主控参数，通过 PLC 编程实现燃烧器大火量、小火量的自动切换，保证燃烧器的出火量和被加热介质热需求之间的动态平衡。燃烧器控制系统原理框图如图 5-25 所示。

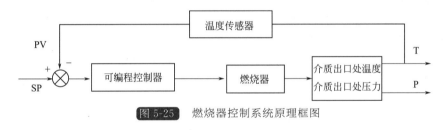

图 5-25 燃烧器控制系统原理框图

TBML160PN 型全自动一体化油气两用燃烧器特性如下。

① 天然气、轻油双燃料燃烧器，选用燃油作为燃料两段火压力分级运行（大/小火）。

② 可在燃烧头部分自动完成助燃空气和燃料的混合，通过调节助燃空气和燃烧头，可使燃烧过程充分且稳定。

③ 燃料系统能够完成燃油的过滤、减压、稳压。

④ 鼓风系统自动化程度高，可为燃烧器提供助燃空气，吹扫功能的实现无需通过 PLC 编程，直接通过电控箱设定即可为加热炉提供符合系统要求的吹扫。

⑤ 燃气检漏装置可以自动检测燃气泄露，以充分保证系统运行安全。

⑥ 燃烧器壳体由耐腐蚀、耐磨损的特殊铸件制成。

本水套加热炉系统中燃烧器需具备自动点火、火焰监测、燃油（气）自动检漏控制、按要求对炉膛进行吹扫、多项联锁保护等功能，选用百得 TBML160PN 型油气两用燃烧器可完全满足系统工艺需求。通过燃烧器自带的电控箱设定好参数后，燃烧器能够自动完成上述自动点火、自动吹扫、自动送风助燃、火焰监测、故障切断保护等功能，无需通过 PLC 程序实现，在很大程度上降低了编程者的工作量。

5.2.3 PLC 及其模块选取

在油田相关工业领域内，PLC 的选型主要依据系统工艺要求、控制对象特性以及甲方用户需要等方面来做出选择。选取合适型号、符合编程人员编程习惯的 PLC 及其模块不仅能顺利完成控制任务，还能够节约一定的成本。针对油田用水套加热炉控制系统，PLC 的选型原则如下。

① 系统特性。PLC 多适用于逻辑量控制为主模拟量控制为辅的系统，在开关动作频率高、逻辑关系复杂、编程实现烦琐的控制场合，选用合适的 PLC 及其模块能使其技术特性被发挥到最佳。

② 逻辑量、开关量输入输出点数。PLC 输入/输出模块选型的首要决定因素即为系统所需输入/输出（I/O）点数的多少，所选用 I/O 模块的 I/O 点数必须大于或等于系统所需 I/O 点数，通常必须保证 15%～30% 的 I/O 裕量，方便系统后续调整和更改。

③ 电压等级及输出功率。选用合适的电压等级可以提高 PLC 的抗干扰能力。

④ 通信及特殊功能。如果 PLC 需要连接远程上位机或者需要构成网络信息系统，则需要根据系统要求选取合适的通信模块。另外，若系统需要双机热备冗余或进行高速计数等特殊功能，则需选择对应的特殊功能模块以便完成系统要求。

⑤ 其他因素。譬如 PLC 的外形特性、系统结构、设置条件、现场工况、经济因素、售后服务、使用熟悉程度等。

水套加热炉控制系统输入输出要求为：逻辑变量为 12 点输入、8 点输出；模拟变量为 6 点输入。工作现场为埃及沙漠地区，昼夜温差较大、干燥、多风沙、容易出现极端天气状况，工况十分恶劣。综合分析上述因素后选择德国 SIEMENS 公司生产的 S7-300 系列 PLC，以保障在此极端工况下控制系统运行安全稳定。

S7-300 是一种通用型模块化 PLC 系统，S7-300 系列各型号的 CPU 及模块被广泛应用于各类中、大型自动化工业控制领域。S7-300 PLC 具有模块化、功能繁多、性能强大、稳定可靠、简单易用、无需安装散热器、便于分布式配置等优点，使其成为众多工业自动化场合首选控制器。

S7-300 PLC 具有如下显著优点：① 扫描周期短，处理速度快；② 编程方式多样，编程难度小；③ 指令集涵盖面广，功能丰富；④ 可靠性高，抗干扰能力优异；⑤ 连续运行故障率低，寿命长；⑥ 模块化结构，灵活性好，通用性强。

PLC 具体输入/输出分配如表 5-5 所示。

表 5-5　系统 I/O 分配表

信号类型	信号名称	信号形式	地址
逻辑量输入	消音	常开节点	I16.0
逻辑量输入	复位	常开节点	I16.1
逻辑量输入	自动/手动操作	常闭节点	I16.2
逻辑量输入	启动	常开节点	I16.3
逻辑量输入	燃烧器运行	常开节点	I16.4
逻辑量输入	燃烧器综合故障	常开节点	I16.5
逻辑量输入	膨胀罐液位高	常开节点	I17.4
逻辑量输入	膨胀罐液位低	常开节点	I17.5

信号类型	信号名称	信号形式	地址
逻辑量输入	燃油（气）压力高	常开节点	I17.6
逻辑量输入	燃油（气）压力低	常开节点	I17.7
逻辑量输入	盘管超压	常开节点	I18.0
逻辑量输入	空气压力低	常开节点	I18.1
逻辑量输出	警铃	常开节点	Q26.0
逻辑量输出	警灯	常开节点	Q26.1
逻辑量输出	燃烧器停止指示灯	常开节点	Q26.2
逻辑量输出	燃烧器运行指示灯	常开节点	Q26.3
逻辑量输出	燃烧器大火	常开节点	Q26.4
逻辑量输出	燃烧器小火	常开节点	Q26.5
逻辑量输出	预留备用	常开节点	Q26.6
逻辑量输出	预留备用	常开节点	Q26.7
模拟量输入	介质出口温度	两线制 4～20mA	AIW0
模拟量输入	水浴温度	两线制 4～20mA	AIW2
模拟量输入	介质入口温度	两线制 4～20mA	AIW4
模拟量输入	排烟温度	两线制 4～20mA	AIW6
模拟量输入	介质出口压力	两线制 4～20mA	AIW8
模拟量输入	介质入口压力	两线制 4～20mA	AIW10

综合考虑 PLC 模块特性、信号输入输出点数以及现场工况等因素后，系统电源选用 PS 307 10A 电源模块；CPU 模块选用 CPU 315F-2DP 故障安全型模块；模拟量输入信号共计 6 个，均为两线制 4～20mA 信号，故模拟量输入模块选用 FAI6×15bit 故障安全型模块；逻辑量输入信号共计 12 个，考虑到预留备用点的情况，故数字量输入模块选用 FDI24×DC 24V 故障安全型模块；逻辑量输出信号共计 8 个，故数字量输出模块选用 FDO8×DC 24V/2A 故障安全型模块；通信模块选用 CP 341-RS 422/485 模块。以上模块均通过安全完整性等级（SIL）认证并附 SIL 认证相关文件，可适用于沙漠地区的极端工况，提升了系统的可靠性。PLC 卡件表如表 5-6 所示。

表 5-6　PLC 卡件表

名称	订货号	规格	数量
电源模块	6ES7 307-1KA01-0AA0	额定输入电压；120/230V AC；输出容量：24V DC/10A	1
CPU 模块	6ES7 315-6FF04-0AB0	256KB 主存储器；0.1ms/1000 条指令；最多可扩展 32 个模块；MPI/DP 组合接口	1
模拟量输入模块	6ES7 336-4GE00-0AB0	AI6×15Bit，输入范围（额定值）：0～20mA/4～20mA	1
数字量输入模块	6ES7 326-1BK02-0AB0	DI24×DC 24V	1
数字量输出模块	6ES7 326-2BF41-0AB0	DO8×DC 24V/2A	1
通信模块	6ES7 341-1CH02-0AE0	物理接口：RS-422/RS-485	1

5.2.4　人机界面选型

如今，可视化已成为大多数控制系统标准功能的一部分，水套加热炉控制系统通过友好的人机交互界面（HMI）使过程状态和过程控制实现可视化，方便现场操作人员通过 HMI 获取加热炉实时运行数据，并进行相关操作。

考虑到系统特性、成本因素以及恶劣的工作环境，控制系统人机界面选用德国 SIEMENS 公司生产的 Smart Line 700 触摸屏。Smart Line 700 为 7.0inLCD-TFT 显示屏，有效显示区域为 154.08mm×85.92mm，分辨率为 800×480 像素，256 色。Smart Line 700 触摸屏具有 RS-232、RS-422/RS-485、以太网等外部接口，通信方式可按需自由选择。触摸屏组态完毕并成功与 CPU 进行通信后，用户可直接通过 Smart Line 700 HMI 进行触摸操作，十分快捷方便。西门子 Smart Line 700 触摸屏实物图如图 5-26 所示。

在加热炉控制系统中，Smart Line 700 触摸屏通过 MPI 协议与 CPU 相连从而进行数据交换。为了便于调试，触摸屏组态用计算机可直接使用工业以太网线连接触摸屏，随时修改 HMI 组态画面。

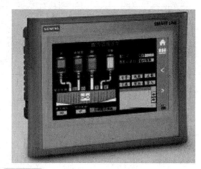

图 5-26　Smart Line 700 触摸屏实物图

5.2.5　现场仪表选型

过程控制系统一般为负反馈控制系统，主要由被控对象、传感器与变送器、控制器、执行机构四部分组成。其中，传感器与变送器属于检测仪表，是过程控制系统的基本组成部分，是实现生产过程自动化必不可少的工具。检测仪表将生产过程中有关的工艺参数准确及时地测量出来，并转换为标准信号，如 4～20mA DC 电流信号，送往控制装置或显示装置。

(1) 温度传感器的选型

考虑到现场测温工艺要求以及沙漠地区的极端天气情况，介质出口温度检测仪表、介质入口温度检测仪表、水浴温度检测仪表均选用日本理化 RKC ST-23 温度传感器，排烟温度检测仪表则选用日本理化 RKC ST-23L 温度传感器。

日本理化 RKC ST-23/23L 温度传感器为 K 型热电偶温度传感器，RKC ST-23 温度传感器测量范围为 −30～150℃，RKC ST-23L 温度传感器测量范围为 −30～400℃，分辨率为 0.1℃，完全满足系统要求。RKC ST-23/23L 温度传感器热响应时间在 1.8s 以内，中低温稳定性好，耐磨蚀，耐潮湿，价格相对便宜，广泛应用于工业生产中各类温度测量场合。系统温度测量回路硬件框图如图 5-27 所示。

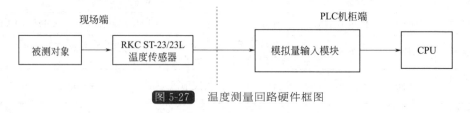

图 5-27　温度测量回路硬件框图

RKC ST-23/23L 温度传感器采用两线制方式接入 PLC，其输入信号为 4～20mA 直流信号。水浴温度传感器结构图如图 5-28 所示，用螺纹连接方式连接到炉体的连接套管上，信号线从传感器接线盒连接到控制柜。加热炉其余部位温度传感器的结构与之类似。

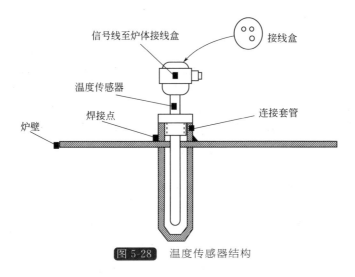

图 5-28 温度传感器结构

(2) 压力变送器的选型

根据系统工艺要求及现场工况，介质出口压力检测仪表、介质入口压力检测仪表均选用罗斯蒙特 3051C 型差压变送器，其量程为 0～15MPa，输出信号为 4～20mA DC 信号，具有极性反接保护功能。罗斯蒙特 3051C 型差压变送器壳体材料为全不锈钢制造，工作温度 −30～85℃，防雷、防水、防振动、防电磁干扰，可适应工业自动化、化工工艺、航空应用等工况恶劣的工业现场。

罗斯蒙特 3051C 型差压变送器采用两线制方式接入 PLC，其输入信号同样为 4～20mA 直流信号。系统压力测量回路硬件框图如图 5-29 所示。

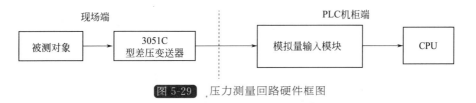

图 5-29 压力测量回路硬件框图

(3) 水位计的选型

加热炉系统选用江南自动化仪表制造有限公司 UHZ-103 型磁性浮子液位计。炉内加水后需保证无漏水及漏气现象，此时液位计能正确指示炉内液位。当炉内工质水的液位超过限位后液位计会输出报警信号，通过对应的继电器动作将信号传输给 PLC。UHZ-103 型磁性浮子液位计高低水位示意图如图 5-30 所示。

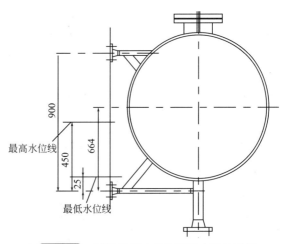

图 5-30 磁性浮子水位计高低水位示意图

5.2.6 PLC硬件组态与编程方式选择

(1) 用户程序中的块

STEP 7 以块的形式管理用户程序和数据。在 STEP 7 软件中，通过程序块内部或者程序块之间不断调用各类型的块，以实现程序运行与控制任务。

西门子 S7-300 系列 PLC 在执行加热炉项目的控制程序时，主要通过系统调用组织块（OB）的形式来实现各个控制功能，所有的控制程序都通过 OB 块来调用实现，PLC 开始运行后各个 OB 块将被串联起来，其中所包含的块将被结构化调用，然后循环扫描不断运行。加热炉 PLC 控制程序所调用的块如图 5-31 所示。

STEP 7 中包含的用于编写控制程序的逻辑块类型及其简要描述如表 5-7 所示。

(2) PLC硬件组态

在编写加热炉控制程序时，首先应当建立项目文件，接着必须对项目进行硬件组态。硬件组态的任务即为根据工程项目实际情况，在 STEP 7 硬件组态界面中先插入机架，而后依次插入对应的模块，组态一个与工业现场实际硬件型号、硬件配置、硬件排列完全相同的系统。通过硬件组态，STEP 7 软件确定了系统 CPU 及其模块的型号与数量、各硬件的连接方式、PLC 输入/输出信号的地址，为控制程序的编写与应用做好了准备工作。

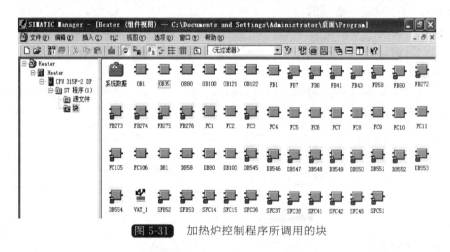

图 5-31　加热炉控制程序所调用的块

表 5-7　用户程序逻辑块类型

名称	简要描述
组织块（OB）	操作系统与用户程序的接口，决定用户程序的结构
系统功能块（SFB）	集成在 CPU 模块中，通过 SFB 调用一些重要的系统功能，有存储区
系统功能（SFC）	集成在 CPU 模块中，通过 SFC 调用一些重要的系统功能，无存储区
功能块（FB）	用户编写的包含经常使用的功能的子程序，有存储区
功能（FC）	用户编写的包含经常使用的功能的子程序，无存储区
背景数据块（DI）	调用 FB 和 SFB 时用于传递参数的数据块，在编译过程中自动生成数据
共享数据块（DB）	存储用户数据的数据区域，供所有的块共享

加热炉项目硬件组态的步骤如下。

① 新建加热炉项目后，双击项目名下"硬件"图标，进入系统硬件组态界面。

② 选择 SIMATIC 300 文件下 RACK-300 中的 Rail，生成机架，并放置所需要的模块。依次插入 PS 307 10A 电源模块、CPU 315F-2DP、FAI6×15bit 模拟量输入模块、FDI24×DC24V 数字量输入模块、FDO8×DC24V/2A 数字量输出模块、CP 341-RS422/485 通信模块，与实际工程中所选用模块的型号与安装顺序完全相同。

③ 依次双击组态界面的各个模块，在弹出的参数配置窗口中设置各模块的参数，进行正确的设置后系统硬件组态完毕。加热炉系统 PLC 硬件组态及 CPU 参数配置图分别如图 5-32、图 5-33 所示。

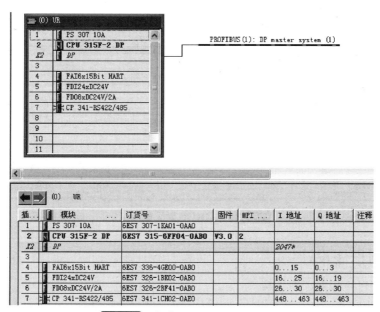

图 5-32 加热炉系统 PLC 硬件组态

(3) STEP 7 编程方式的选择

STEP 7 为编程人员提供了线性化、模块化、结构化三种程序设计方式以满足不同的控制要求，三种编程方法的特点如下。

① 线性化编程　较为简单直接的编程方式，所有控制程序均放在主程序 OB1 中，通过 OB1 循环调用，适用于控制要求比较简单、功能单一的控制场合。

② 模块化编程　将较为复杂的程序划分为复数个逻辑块，不同的逻辑块包含不同的逻辑功能。

③ 结构化编程　将非常复杂的控制程序划分为小任务，通过相应的逻辑块来完成所对应的任务。程序执行时所产生的大量数据和变量存储在数据块中，调用时将实参赋值给形参。

考虑到加热炉所实现的功能的复杂性，故用户程序主要采用结构化编程方式，将复杂的控制程序拆成多个功能块并相互调用，无论是程序的编写还是程序的阅读都很大程度上变得更为简单易懂。通过结构化编程，系统的调试与查错也变得相对容易，工作人员无需对整体程序进行大面积改动，只需对程序中相对应的部分进行测试和修改，即可顺利完成调试与查错。

加热炉系统的编程采用梯形逻辑图（LAD）和语句表（STL）两种编程语言，其中梯形逻辑图为主要编程语言。梯形图编程语言具有形象、直观、易用等特点，编程人员易于掌握和应用。

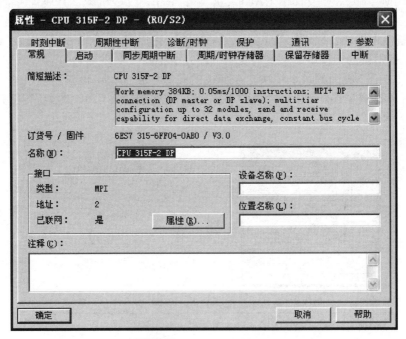

图 5-33　CPU 参数配置窗口

5.2.7　控制程序设计

(1) 加热炉 PLC 控制程序结构

当 S7-300 PLC 上电后，其 CPU 变为运行状态，在 CPU 循环扫描运行程序之前，系统会率先执行启动程序组织块 OB100 对整个程序进行初始化。OB100 仅执行一个扫描周期。

OB100 执行完毕后，CPU 会进入主程序循环块 OB1，在 OB1 中，系统将会从用户程序的第一条指令开始依次执行 OB1 中的指令。当 OB1 中所有指令都执行完毕后，系统映像区将被刷新，接着马上开始新一轮的扫描，不断循环。在系统断电或者出现特殊情况之前，主程序 OB1 的循环扫描不会停止。

加热炉主程序 OB1 中包括：I/O 分配模块 FC3，其主要作用为定义输入输出点，并将 I/O 点与中间变量关联起来，方便后续编程时调用；FC4 模拟量转换模块，其主要作用为工程量的转换以及报警比较；安保联锁模块 FC5，其主要作用为介质入口温度、介质出口温度、排烟温度、水浴温度、介质入口压力、介质出口压力的报警、屏蔽报警、联锁等；PLC 自动运行模块 FC9，主要用于燃烧器的自动/手动模式的切换；仿真运行模块 FC10，主要用于 PLC 的仿真运行；Modbus 通信模块 FC11，主要用于设置 Modbus 通信各参数及相关功能。

加热炉用户程序还包括定时中断组织块 OB35，在系统硬件组态中双击 CPU 315F-2DP，设置 OB35 的周期性中断为 200ms，系统将每隔 200ms 执行一次 OB35 中的 PID 温度控制功能块 FB58。通过 FB58 功能块与 FC9 中积分分离 PID 数据处理程序之间的配合，系统可实现积分分离式 PID 温度控制，最终达到优化控制方式、降低系统损耗、节约燃料等目标。

除主程序组织块 OB1、定时中断组织块 OB35 块外，用户程序中还包含有一些故障处理组织块，如：时间出错组织块 OB80、编程出错组织块 OB121、I/O 访问出错组织块 OB122 等，一旦发生上述故障，CPU 将会在第一时间调用相应的组织块。若在故障处理组织块中编写程序，则在发生上述故障时 CPU 会做出相应动作。若不下载上述故障处理 OB 块，当发生故障时 PLC 将停止运行程序，跳转到"STOP"模式。此处的故障处理组织块中并未编写任何程序，一旦发生故障，PLC 将不予理会故障继续运行，对一般性的故障可以达到容错的效果。加热炉控制程序结构图如图 5-34 所示。

块(符号), 实例数据块(符号)	局部数	语言(调	位置	局部数据(用于块)
S7 程序				
OB1 [最大: 348+40]	[26]			[26]
FC3 (F_MAIN)	[34]	LAD	NW 2	[8]
FB273 (F_CTRL_1), DB549	[224]	F-调用		[190]
FB272 (F_IO_CGP), DB547 (F_DI)	[348]	F-调用	- - - - -	[314]
FB272 (F_IO_CGP), DB546 (F_AI)	[348]	F-调用	- - - - -	[314]
DB551	[34]	F-调用		[0]
FC1 (F_OB1)	[34]	F-调用		[0]
DB550	[34]	F-调用		[0]
FB276, DB552	[36]	F-调用		[2]
FB274 (F_CTRL_2), DB550	[222]	F-调用		[188]
FB272 (F_IO_CGP), DB548 (F_DO)	[348]	F-调用	- - - - -	[314]
FB275 (F_DIAG_N), DB554	[96]	F-调用		[62]
FC5 (UIA)	[80]	LAD	NW 3	[54]
FB80 (MODB_341), DB80	[122]	LAD	NW 3	[42]
FC4 (UTA)	[106]	LAD	NW 10	[26]
DB100 (FOR_MODBUS)	[80]	LAD	NW 10	[0]
FC4 (UTA)	[106]	LAD	NW 11	[26]
FC4 (UTA)	[106]	LAD	NW 12	[26]
FC4 (UTA)	[106]	LAD	NW 13	[26]
FC4 (UTA)	[106]	LAD	NW 14	[26]
FC4 (UTA)	[106]	LAD	NW 15	[26]
FC10 (Get_Peak)	[54]	LAD	NW 4	[28]
DB100 (FOR_MODBUS)	[54]	LAD	NW 2	[0]
DB1 (Tp_Op)	[54]	LAD	NW 15	[0]
FC8 (One_Order)	[62]	LAD	NW 18	[8]
FC8 (One_Order)	[62]	LAD	NW 18	[8]
FC106 (UNSCALE)	[70]	LAD	NW 21	[16]
FC9 (Auto)	[46]	LAD	NW 5	[24]
DB100 (FOR_MODBUS)	[46]	LAD	NW 2	[0]
FC7 (ITOS5T)	[78]	LAD	NW 4	[32]
FC7 (ITOS5T)	[78]	LAD	NW 21	[32]
FC7 (ITOS5T)	[78]	LAD	NW 28	[32]
FC7 (ITOS5T)	[78]	LAD	NW 29	[32]
FC11	[38]	LAD	NW 6	[12]
OB35 (CYC_INT5)	[26]			[26]
OB80 (CYCL_FLT)	[20]			[20]
OB100 (Start_UP)	[20]			[20]
OB121 (PROG_ERR)	[20]			[20]
OB122 (MOD_ERR)	[20]			[20]
DB545 (F_GLOBDB)	[0]			[0]
FC6 (DI_Delay)	[0]			[0]
FB1 (OIL_Process)	[0]			[0]
FB41 (CONT_C)	[74]			[74]
FB43 (PULSEGEN)	[34]			[34]

图 5-34　加热炉控制程序结构图

(2) I/O 分配模块

用户程序共使用了 12 个开关量输入点，其中包括消音、复位、PLC 自动/手动切换控制等；8 个数字量输出点，其中包括警灯、警铃、燃烧器点火控制运行、燃烧器大火力/小火力切换等；以及 6 个模拟量输入点，其中包括介质出/入口温度、介质出/入口压力等。通过将 I 变量及 O 变量与相应的 M 变量对应起来，可以在后续编程中直接统一使用 M 变量，方便用户程序的编写和后续的阅读。

(3) 模拟量转换模块

模拟量转换模块主要对系统采集的模拟量进行处理，在 OB1 每一循环扫描周期的前部，通过调用工程量转换模块 FC105，将温度传感器和压力变送器读到的模拟量信号转换为所对应的工程量信号，并将其作为对应块的参数，传送到调用块。加热炉仪表系统均采用两线制变送器，模拟量输入信号均为 4～20mA 直流信号。PLC 模拟量输入卡件选用

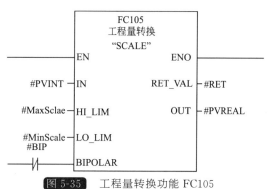

图 5-35　工程量转换功能 FC105

AI6×15 位安全模块，在投入使用之前需根据输入信号的类型(4～20mA DC)来选择其量程，并在硬件组态中做出对应的设置。

工程量转换功能 FC105 如图 5-35 所示，其中 HI_LIM、LO_LIM 引脚分别为工程量信号的高、低限位。

除将采集到的模拟信号转换为工程量信号就地显示外，模拟量转换模块还会连续四次调用报警比较块 FC2，分别比较读入的模拟量数据是否高于其高高限位、高限位，或低于其低限位、低低限位。如果超过限位，则系统会将报警信号送至相应的状态位，以便报警能够顺利执行。报警比较功能 FC2 如图 5-36 所示。

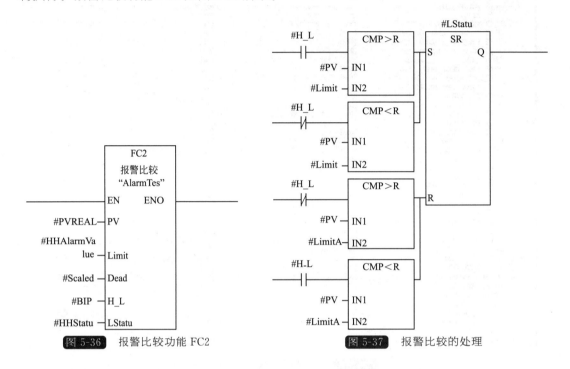

图 5-36　报警比较功能 FC2　　　　图 5-37　报警比较的处理

报警比较的处理如图 5-37 所示，其中♯H_L 为上/下限报警比较，♯PV 为被测对象测量值，♯Limit 为限位，♯LimitA 为限位加/减死区的值，♯LStatu 为对应报警位。

① 当♯H_L 为 1 时执行上限报警比较，若测量值♯PV 大于限位值♯Limit 则对应报警位♯LStatu 置位为 1，报警产生；当测量值♯PV 在死区范围内波动时报警依旧持续；当测量值♯PV 低于限位减死区的差值♯LimitA 时，复位优先寄存器 SR 会将♯LStatu 复位为 0，从而取消报警。

② 当♯H_L 为 0 时执行下限报警比较，若测量值♯PV 小于限位值♯Limit 则对应报警位♯LStatu 置位为 1，报警产生；当测量值♯PV 在死区范围内波动时报警依旧持续；当测量值♯PV 高于限位加死区的和值♯LimitA 时，复位优先寄存器 SR 会将♯LStatu 复位为 0，从而取消报警。

设置报警死区可避免被测对象在限位处波动时所造成的频繁报警，以达到减少误操作、减少报警系统损耗等目的。报警死区的大小通常设定为满量程的 2%，也可根据工业现场实际状况进行必要的更改。

(4) 安保联锁模块

安保联锁模块主要负责在系统发生故障时报警联锁的处理，以及实时在线监测系统的运行数据。为保障安全运行，系统会将燃烧器运行状态、介质出、入口温度、水浴温度、燃烧器综合报警等状态通过 MPI 协议发送给西门子 Smart Line 700 触摸屏，通过 RS-485-Modbus RTU 协议发送给远程操作站的工控机。安保联锁模块功能流程图如图 5-38 所示。

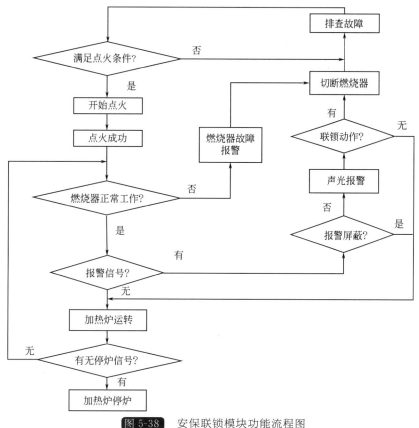

图 5-38　安保联锁模块功能流程图

当介质出/入口压力、介质出/入口温度、水浴温度、水浴液位等指标超过高限位或低于低限位时，系统会将其对应的报警位置为 1。所有指标的报警位依次存放在 MD116 中，当 MD116 为 0 时则表示系统无任何报警状态，当 MD116 非 0 时系统将会触发报警状态，具体表现为警灯闪烁、警铃鸣响并触发相应联锁动作。若报警位相应的联锁动作位为 0，则只进行声光报警而不切断燃烧器，若报警位相应的联锁动作位为 1，则在报警的同时需切断燃烧器。

成功排除故障后，按下并释放"试音/消音"按钮或按下复位按钮后，警铃将停止鸣响，警灯将熄灭，表明报警状态已成功解除。若故障尚未排除，按下并释放"试音/消音"按钮或按下复位按钮后依旧将关闭警铃，但警灯将由闪烁状态变为常亮状态，表明报警状态未解除，此时现场工作人员应当继续排查故障，直至系统恢复正常运行。

当有新报警产生时，警铃将重新开始鸣响，警灯将重新开始闪烁（即使警灯处于常亮状态下也将重新开始闪烁），提示有新的报警状态产生。报警处理梯形图如图 5-39 所示。

工作人员通过在上位机或触摸屏上的操作，可屏蔽非报警位，以便判断新报警状态的变化。还可指定需要联锁的位：将报警状态与需要联锁的位相与，如果报警状态中某一位为 1 且对应的指定需要联锁的位也为 1，则表明发生此故障报警时需要联锁动作，此时燃烧器将迅速关闭，以保障生产安全；如果报警状态中某一位为 1 但相对应的指定需要联锁的位为 0，则表明发生此故障报警时不需要联锁动作，燃烧器会继续工作，但报警将一直持续。指定需要联锁的位默认状态下全部设置为 1，联锁动作的处理如图 5-40 所示。

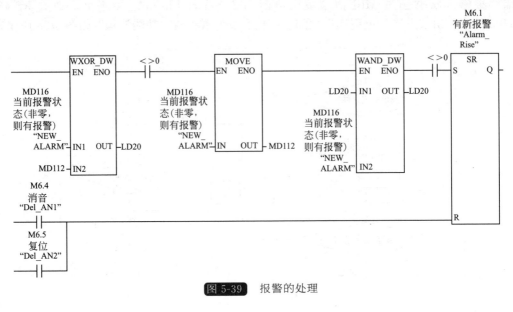

图 5-39　报警的处理

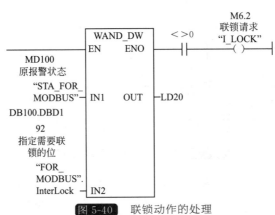

图 5-40　联锁动作的处理

（5）Modbus 通信模块

Modbus 通信模块主要用于 Modbus 通信的处理，通过调用 FB80 功能块，将 S7-300 PLC 设定为 Modbus 通信从站并配置好各项参数。如若想实现远程监控和操作等功能，只需将 Modbus 通信网络中的上位机设置为 Modbus 通信主站，通过主站传送指令呼叫从站，PLC 成功应答后即可读取所要监控的数据，或者进行远程控制。其中，从站地址设为"2"，通信速率为 9600kbps，数据位"8"位、校验位"偶"、停止位"1"。当 Modbus 通信失败时，CPU 会在 5s 后再次进行初始化。FB80 功能块的配置如图 5-41 所示。

（6）燃烧器控制模块

燃烧器控制模块是用户程序中的核心部分，是整个加热炉控制系统的核心部分。为减少操作人员的劳动强度、保障生产安全、提高系统稳定性，实现被加热对象的自动温控意义重大。

燃烧器的控制方式有两种，分别是"手动控制"和"自动控制"，可通过触摸屏面板上的按钮来切换。燃烧器选用燃油作为燃料，故只有高负荷（大火量）模式和低负荷（小火量）模式。触摸屏点选"大火"按钮则燃烧器会按大火方式运行，点选"小火"按钮则燃烧器会按小火方式运行。经验丰富的操作工可以通过手动控制来保证出口物料的温度达到要求，但手动控制模式无法适应现代工厂的无人值守、高速生产、安全可靠的自动化发展方向，故需通过 S7-300 PLC 编程实现被加热物料温度的自动控制。

S7-300 PLC 自带 PID 温度控制功能块 FB58，编程时可直接调用。FB58 功能块用于控制有连续或脉冲控制信号的温度处理过程，编程人员可在 FB58 功能块或其背景数据块中很方便地设定项目所需参数。

在脉冲燃烧控制中，通过自动计算，PID 温度控制功能块会按比例将模拟量输出转变为 PWM 输出，加热炉温度脉冲调节输出的基本原理可由公式（5-1）表示。

$$\text{Out} = \text{Duty cycle} \times \text{Period} \tag{5-1}$$

式中，Duty cycle = Width/100，Period 为燃烧周期。

在硬件组态中设定定时中断组织块 OB35 的定时中断时间为 200ms，即每隔 200ms CPU 会调用一次 OB35。通过 OB35 调用 PID 温度控制功能块 FB58，其背景数据块配置为 DB58。在满足 PLC 自动控制条件时 FB58 使能，系统开始进行 PID 温度自动控制。由于系统仅需保证盘管出口处物料温度达到要求，故测量值 PV 为介质出口温度。设定值 SP 可通过触摸屏或上位机进行赋值。配置参数时需注意脉冲发生器采样时间 CYCLE_P 应和 OB35 的中断时间保持一致。

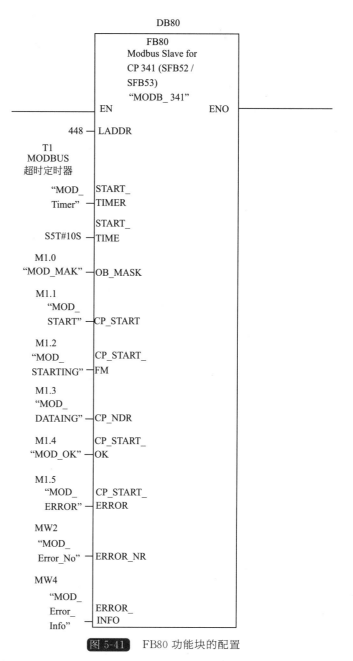

图 5-41 FB80 功能块的配置

系统的比例、积分、微分参数可在触摸屏或上位机上完成设置，或在 DB58 块中完成设置。PID 温度控制功能块 FB58 及其背景数据块 DB58 的配置分别如图 5-42、图 5-43 所示。

积分分离 PID 控制算法的表达式为：

$$u(k) = K_{\mathrm{p}}e(k) + \beta K_{\mathrm{I}} \sum_{i=0}^{k} e(i) + K_{\mathrm{D}} \frac{e(k) - e(k-1)}{T_{\mathrm{s}}} \tag{5-2}$$

式中，T_{s} 为采样周期；β 为积分分离的开关系数。积分分离式 PID 脉冲控制具体实现步骤如下：

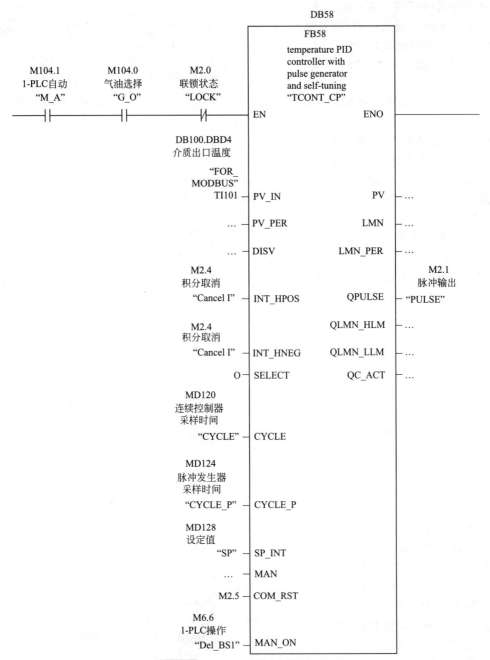

图 5-42　PID 温度控制功能块 FB58

① 根据实际情况，人为设定积分分离阈值为 $\varepsilon(\varepsilon>0)$。设定系统响应曲线变化率为 k，系统稳态误差为 $e(t)$，积分分离条件为 P。

② 将 k 与 $e(t)$ 相乘，得到 P。

③ 当 $P>\varepsilon$ 时，$\beta=0$，系统采用 PD 控制，减小系统超调量，提升系统的快速性，使其能够更快地进入稳态过程。

④ 当 $P\leqslant\varepsilon$ 时，$\beta=1$，系统采用 PID 控制，以消除系统静态误差，保证系统的控制精度。

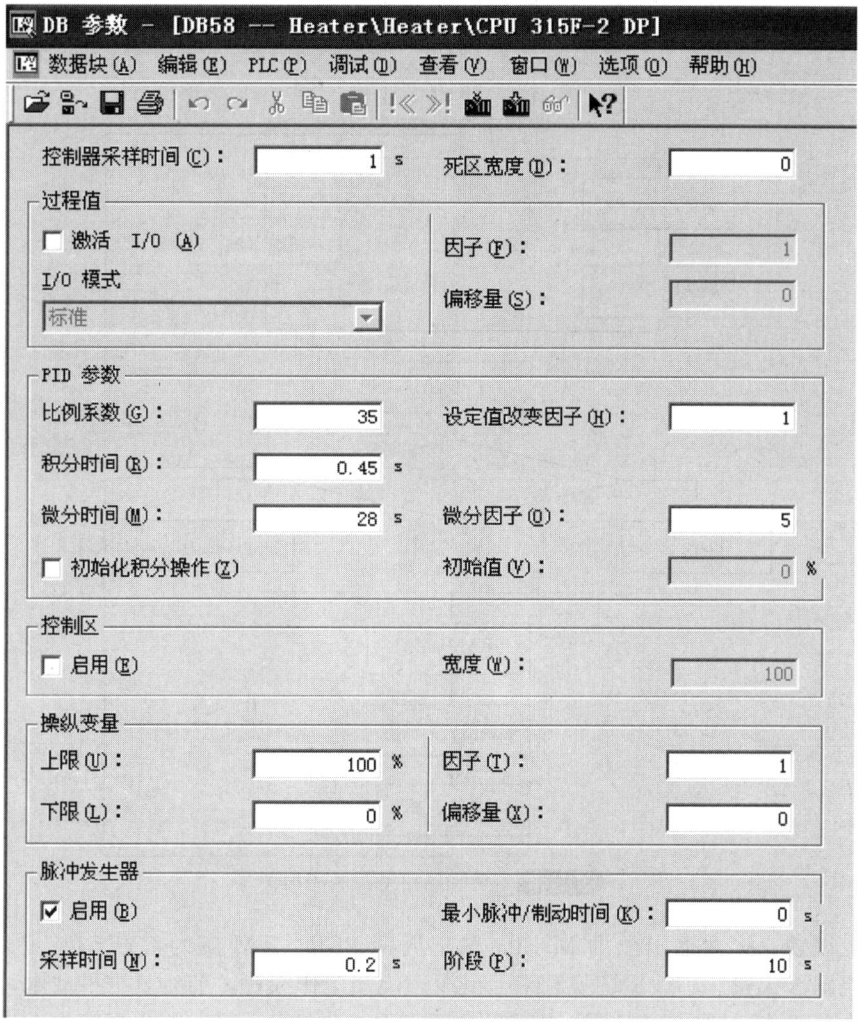

图 5-43　FB58 背景数据块 DB58 参数

燃烧器自动控制流程图如图 5-44 所示。

在 1s 脉冲的上升沿，将介质出口温度测量值 PV1 送至 MD140，1s 脉冲的下降沿，将介质出口温度测量值 PV2 送至 MD144，积分分离阈值 ε 放在 MD160 中。系统响应曲线变化率 $k=(PV2-PV1)/T_s$，其中，T_s 为连续控制器采样时间，即 1s。同时，在 1s 脉冲的每个下降沿，将介质出口温度设定值 MD128 与介质出口温度测量值 DB100.DBD4 相减，得到偏差值 $e(t)$，放在 MD148 中。系统功能的实现如图 5-45 所示。

将系统响应曲线变化率 k 与偏差值 $e(t)$ 相乘，得到积分分离条件 P，放在 MD156 中。将积分分离条件 P 与积分分离阈值 ε 进行比较，当 $P>ε$ 时积分分离位 M2.4 为 1，执行积分分离，以 PD 方式控制燃烧器加热介质出口温度；当 $P≤ε$ 时积分分离位 M2.4 为 0，不执行积分分离，以 PID 方式控制燃烧器加热介质出口温度。由于系统特性会随时间改变而发生变化，为达到更好地控制效果，比例、积分、微分参数及积分分离阈值需随系统特性的变化而进行修改。本系统积分分离阈值默认为 0.02。

FB58 块输出信号为 PWM 脉冲信号，脉冲发生器需在 DB58 中勾选才能启用脉冲输出。输出 PWM 波的占空比由 FB58 自动计算得出，周期时间可在 DB58 中设置，也可在触摸屏

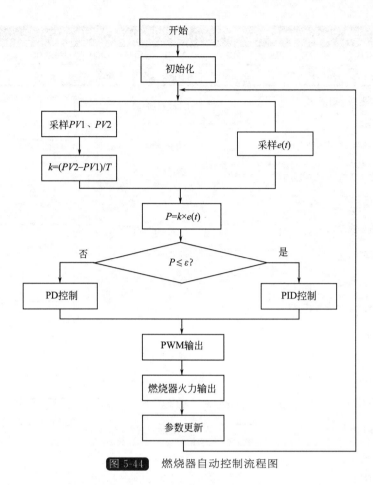

图 5-44   燃烧器自动控制流程图

或上位机上设置。脉冲输出位为 M2.1，输出周期 PER_TM 应为 CYCLE_P 的整数倍。为降低燃烧器大火量、小火量切换频率，减少燃烧器工作损耗，节约其维护成本，在温度控制精度允许范围内，输出 PWM 波的周期时间应适当设置大一些。在本系统中，脉冲输出周期时间默认设置为 10s。

5.2.8   人机界面设计

加热炉系统在油田地面工程中立于相当重要的地位，建立一套可维护其安全稳定、长期运行、性能优良的加热炉整体控制体系是相关工程师的重要工作。人机界面是上述体系中不可或缺的一环，是现代工业控制领域人机交互的重要设备之一。水套加热炉 HMI 可在实际生产过程中实时记录系统的运行状况，并将所采集到的数据进行归类显示，HMI 还具有部分参数的配置、流程图的显示以及趋势画面的显示等功能。

(1) 主操作界面

合肥通用机械研究院水套加热炉系统采用 PLC 自动控制方式时，所有的操作都可通过 Smart Line 700 人机界面完成。HMI 主操作界面如图 5-46 所示。

系统运行主界面以系统流程图的形式显示加热炉的各种状态，它显示出系统运行时所有的过程参数及过程状态。主界面以形象的系统流程模拟图画面为背景，将数据直观地显示在触摸屏上，方便操作人员观察。HMI 主操作界面上各区域功能如下。

① "燃烧器状态"显示燃烧器的运行状态及是否故障状态，分别为燃烧器"运行"或"停

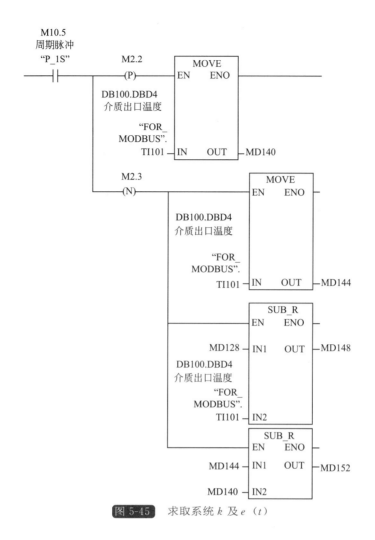

图 5-45　求取系统 k 及 e（t）

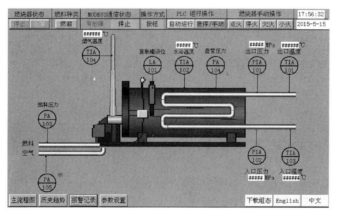

图 5-46　HMI 主操作界面

止"状态以及燃烧器"正常"或"故障"状态。

　　② "燃料种类"指定系统使用"燃油"还是"燃气"作为燃烧器的燃料，点击按钮进行切换，按钮显示当前使用燃料种类。默认选用"燃油"。

③"MODBUS 通信状态"显示通信模块工作状态及数据交换状态。

④"操作方式"显示当前操作方式是由 PLC 自动操作，还是由柜体按钮操作。

⑤"PLC 运行操作"。当处于 PLC 操作方式时，可以选择自动运行或手动运行，手动运行按钮也作为急停按钮，即：自动运行状态下，点击"急停/手动"按钮时，燃烧器将停止工作。手动操作时，启动燃烧器后，切换到自动时，燃烧器将保持工作状态，若有联锁停车条件存在，则燃烧器停止工作。

⑥"燃烧器手动操作"。手动操作时，通过相应按钮操作燃烧器运行："点火""停火"按钮将启动或停止燃烧器的点火操作。燃烧器火力的大小通过"大火""小火"按钮完成操作。采用燃气作为燃料时，按下"大火"按钮将加大燃烧器火力，松开按钮时保持原有火力；按下"小火"按钮将减小燃烧器火力，松开按钮时保持原有火力；采用燃油为燃料时，按下"大火"按钮燃烧器将按大火方式运行，按下"小火"按钮燃烧器将按小火方式运行。

⑦主操作界面右上角显示当前的日期和时间，左下角可按"主流程图""历史趋势""报警记录""参数设置"按钮切换界面，右下角可按"English""中文"按钮切换系统语言。

(2) 参数设置界面

参数设置界面主要用于设置加热炉运行过程中的各类参数。"模拟量参数量程及报警参数设置"中可更改被测量的限位，过程变送器量程变化后也通过此处修改。"开关量参数报警状态及报警联锁设置"完成开关量的报警参数、联锁参数及工作状态的设置，设置方式为点击按钮后在下拉菜单中直接选定。"PID 及其他控制参数设置"用于 P、I、D、设定值 SP、积分取消阈值及脉冲输出周期的设置，设置方式为点选对应窗口后通过数字输入界面进行数据的设定。参数设置界面如图 5-47 所示。

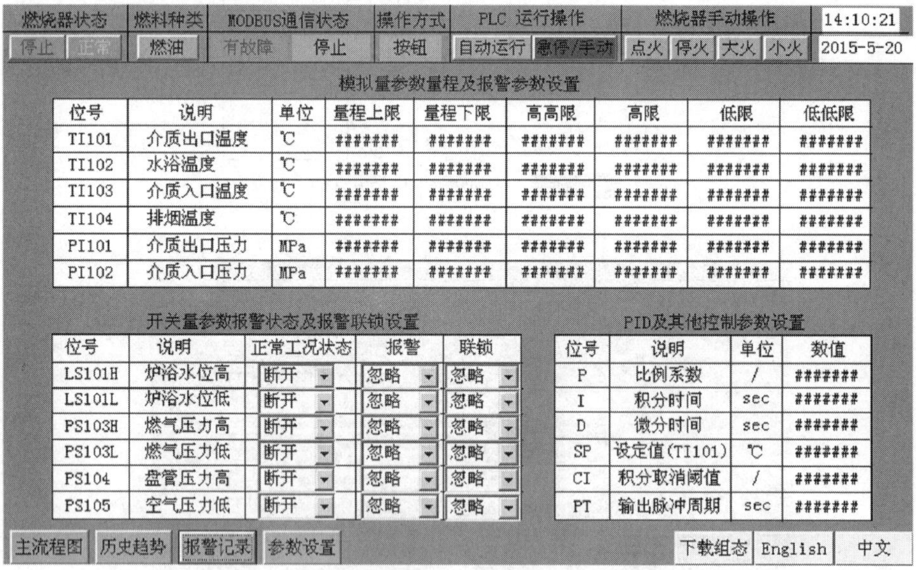

图 5-47 参数设置界面

(3) 报警记录界面及历史趋势界面

报警记录界面如图 5-48 所示，用于显示及记录加热炉系统运行过程中的报警信息，下方按钮用于报警确认以及过滤报警信息。

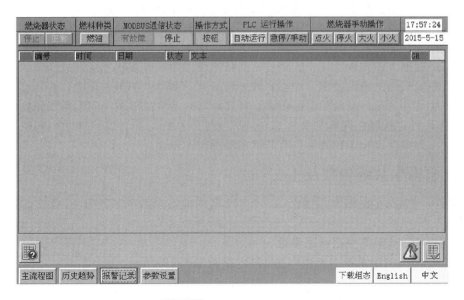

图 5-48　报警信息记录界面

历史趋势界面如图 5-49 所示，用于记录各被测对象状态曲线的变化趋势，数据采集时间为 1s。通过画面下方窗口可了解各变量实时状态及所对应曲线的颜色等信息，趋势画面下方各个按钮可对趋势图进行放大、缩小、暂停监控、移动坐标轴等操作。

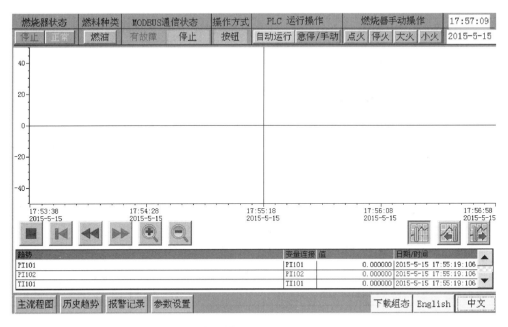

图 5-49　历史趋势界面

5.3　基于双 S7-300 PLC 卡轨车冗余控制系统的设计

随着采掘综合机械化的发展，采掘效率大大提高，煤炭运输问题也日趋严重，研制新型的井下辅助运输设备势在必行。卡轨车运输系统是一种无级绳机械传动牵引系统，它的运输能力与运输距离无关，而且能够实现双向牵引和双向运输，其主要的优越性体现在坡段较长且有起伏线路的巷道中，它具有无极绳绞车的多项优点，同时它克服了无极绳绞车运输工人摘钩难、劳动强度大、安全性能差的缺点，而且不再需要铺设双轨才能完成作业的缺点。现场要求卡轨车有较高的运输效率，能够实现无级调速，有健全的保护功能，而且能够实时监测监控系统中的各项运行参数和运行状态，并且能够对各种故障进行实时判断和处理。采用可编程控制器 PLC 控制的绳牵引卡轨车变频调速控制系统对提高煤矿辅助运输系统的安全性、可靠性、连续性以及运输效率具有非常重要的现实意义。

5.3.1 卡轨车系统参数及工艺

KSD140J 卡轨车控制核心由两套 S7-300 PLC 构成冗余系统，两套 PLC 实时通信，共享数据。

(1) KSD140J 卡轨车主要技术参数

KSD140J 变频控制绳牵引卡轨车主要技术参数如表 5-8 所示。

表 5-8　KSD140J 卡轨车主要技术参数

序号	参数名称	数值
1	最大牵引力	140kN
2	牵引速度	0～3m/s
3	爬坡能力	≤30°
4	运输距离	2200m
5	主绳轮直径	1900mm
6	尾绳轮直径	1640mm

(2) KSD140J 卡轨车配套电气件性能参数

KSD140J 卡轨车电气件性能参数如表 5-9 所示。

表 5-9　卡轨车电气件性能参数

名称	型号	额定功率	额定电压	工作电压	工作制
主电机	YBBP-400S-6	280kW	660/1140V	660V	连续
风冷电机	YBF2-100L2-4	3kW	660/1140V	660V	连续
电液推动器	BED301/6	0.445kW	660V	660V	连续
泵站电机	YBK2-100L2-4	3kW	380/660V	660V	连续
泵站压力控制器	YTKB-25	—	—	—	—
泵站换向阀	24GDBI3-H10B-T	—	—	—	—

(3) KSD140J 卡轨车性能指标

① 变频器性能指标　变频器采用隔爆型四象限变频器，机芯为 ABB 产品，冷却方式为风冷，输出频率为 0.5～63Hz 连续可调，0.5～50Hz 为恒转矩调节，50～63Hz 为恒功率调节。当卡轨车减速制动或长距离下坡时，能够实现电动机的能量再生制动，且具有过压、欠压以及过热保护，允许电机长时间过载(1.2 倍)运行，短时间过载(1.8 倍)运行 1min，保证变频器不会损坏。

② 卡轨车功能指标

a. 显示屏显示卡轨车运行电流、电压、速度、卡轨车位置、运行里程、电气故障等参数，且位置显示误差不大于 1m。

b. 显示屏能够显示故障性质、故障分析原因并且能够记录故障发生的时间。

c. 操作台设置有手动/自动转换开关，可实现自动、手动控制。

d. 电控系统可以提供 5 挡速度选择，用于实现手动控制和分挡自动控制卡轨车最高运行速度。

e. 操作台设有工作/检修转换开关，检修状态下便于对各种功能的单独调试和检修。

f. 电控系统设有机头、机尾越位保护，此处利用磁钢和磁开关实现越位保护。当越位开关动作时，电控系统紧急停车。

g. 电控系统设有钢丝绳打滑保护，即当高速轴与低速轴的轴编码器读数转换后结果不一致时，电控系统紧急停车。

h. 电控系统设有主电机温度和减速机温度保护，当系统检测到温度值超高一定范围后，电控系统停车。

i. 电控系统设有紧绳器限位保护，当紧绳器失效时，电控系统紧急停车。

j. 系统具有闸瓦间隙保护，闸瓦间隙限位开关动作后，卡轨车紧急停车。

k. 控制系统具有 4 个沿线急停和泄漏急停功能，当任何一个急停动作后，卡轨车紧急停车。

l. 卡轨车控制系统具有超速保护功能，当卡轨车运行速度超过每挡速度 10% 或卡轨车运行速度超过系统最大速度 15% 时，卡轨车紧急停车。

m. 控制系统具有转载点和变坡点功能，自动模式下，当选择转载点后，卡轨车自动运行至该转载点时，能够自动减速停车，期间如遇到变坡点，卡轨车自动减速运行。

n. 卡轨车运行的起点和终点之间设置四个校准装置，确保显示卡轨车运行位置的准确。

o. 卡轨车具有以太网通信接口，便于调度室观察卡轨车运行状态。

p. 该系统设置有紧急制动闸功能，紧急制动闸动作时，卡轨车紧急停车。

5.3.2 PLC 控制系统硬件设计

(1) 控制核心 PLC 组成

KSD140J 卡轨车控制系统主要核心为两套 S7-300 PLC 及相应的数字量输入、输出模块，模拟量输入、输出模块，FM 350-2 计数模组，IM 365 扩展模块构成的冗余系统。

① CPU 模块，控制系统采用两套 6ES7 315-2EH14-0AB0 模块，该模块具有两个以太网接口以及两个 DP 接口，供电电源为 24V。

② 电源模块，电源模块采用 6ES7 307-1BA01-0AA0 模块，输出电压为 24V，电流为 2A。主要为 CPU 模块和其他模块提供电源。

③ 数字量输入模块 6ES7 321-1BH02-0AA0，该模块为 16 点数字量输入，额定输入电压为 24V。本系统中，该模块主要用于采集操作台开关量信号，如启动、停止等信号。

④ 数字量输出模块 6ES7 322-1HH01-0AA0，为 16 点继电器输出模块，负载电压为 DC 24～120V、AC 24～230V，主要用于驱动电磁阀、继电器、接触器等。本系统中主要用于驱动继电器和 24V 指示灯。

⑤ 模拟量输入模块 6ES7 331-7NF00-0AB0，该模块具有 8 路模拟量输入，通过组态编程可以设置为电流、电压型输入。分辨率为 15 位＋符号位，分辨率可以通过组态编程进行更改。但是，电压型和电流型输入的接线方式不同，需根据实际情况选择接线方式。然而，电流型输入还需要根据实际传感器的输出进行接线，分为 2 线制和 4 线制接法。该模块主要

用于采集电压变送器、温度变送器、隔离栅和配电器的输出信号。

⑥ 模拟量输出模块 6ES7 332-5HB01-0AB0，该模块具有两路模拟量输出。同样地可以通过编程将输出设置为电流型或电压型信号。分辨率为 12 位。其电流型和电压型接线方式不同，需要根据实际需要选择不同的接线方式。本系统中该模块用于为变频器提供速度信号。

⑦ 计数器模组 6ES7 350-2AH01-0AE0，该模组是具有计量功能的 8 通道计数器模块，计数范围为 −31～+31 位，输入信号频率最大为 20kHz，主要应用在需要对输入信号计数、对缺省计数值进行高速响应、频率测量或速度测量领域。该模组的计数方式有连续计数、单次计数和循环计数三种，根据不同的需要可以进行不同选择。8 个通道可以设置成不同的工作模式：频率测量、旋转速度测量、周期持续时间测量和计量。

⑧ 接口模块 6ES7 365-0BA01-0AA0，此接口模块主要用于对机架的扩展，当系统组态时，如果一个机架不够，需要扩展另外一个机架时，需要增加该接口模块。IM 365 模块不具备通信功能，用该模块扩展机架时，后面不能增加功能模块等其他需要通信功能的模块。

(2) 外围信号器件组成

① 固态继电器隔离板 KGC-16，主要用于隔离本安回路和非本安回路。系统中，该隔离板主要用于操作台本安按钮与 PLC 输入端的电气隔离。操作台输入的控制信号（如启动、停止等信号）通过固态继电器隔离后，输入到 PLC 中，然后通过软件程序控制系统。

② 温度变送器 AT-A-200℃，其功能为：将电机内的 PT100 热电阻信号转换成标准电压信号。控制系统中模拟量输入模块采集该电压信号，并将其转换成数字信号参与程序控制。该温度模块用于检测主电机温度。

③ 配电器 DM355，主要功能是将一路电流信号转换成双路电流信号。该配电器主要是将减速机温度、变频器转速、变频器电流信号转换成双路电流信号，分别输入至两套控制系统中的模拟量输入模块。

④ 频率量输入隔离栅 GS8054-EX，作用是脉冲信号进行隔离并将其输入转换成两路信号。该模块用于隔离并转换轴编码器的输入信号，将其输出信号分别输入到两套控制系统中的计数器模组中。

⑤ GEFF 隔离栅 NAR-G1110P-A，该模块主要是将手柄的输出信号转换成两路电流信号，输入到两套控制系统的模拟量输入模块中。

⑥ 增量型轴编码器 ZKT-15A-51.2B-G24C，系统调试时选用该型号轴编码器，其供电电压为 24V DC，每圈脉冲数为 512，输出方式为集电极开路输出。

(3) 矿用隔爆型变频器组成

变频器采用石家庄煤矿机械有限责任公司的 D7260 型矿用隔爆型变频器。该矿用隔爆型变频器分为左右两个隔爆腔，左腔内放置元器件，右腔内为矿用变频器。采用沈阳辽通电气有限公司的矿用变频器，其核心为 ABB 产品，视窗能够显示变频器的当前转速、电流、频率等参数，通过按钮可以更改变频器的参数。变频器采集启动器的输出信号，控制变频器的输出转速。同时，变频器返回变频器信号，如变频器运行、准备、故障信号，PLC 接收该信号后，控制相应的电机运行及停止。

该变频器主要控制元器件有：输入滤波器、接触器、输入电抗器、升压电抗器、滤波电容、充电电阻等。输入滤波器对输入电源进行滤波，滤除高频杂波。输入电抗器、升压电抗器、滤波电容构成 LCL 滤波系统。升压电抗器主要是为了避免变频器运行和回馈时将电网电压拉低而增加的。充电电阻主要功能是为变频器内部电解电容充电，变频器得电时，变频器内部的电解电容通过充电电阻充电，当检测到电解电容电压即母线电压达到一定数值时，变频器控制接触器吸合将充电电阻短接。

（4）磁力启动器

控制系统采用石家庄煤矿机械有限责任公司的矿用隔爆兼本质安全型磁力启动器 QJZ-200 380(660)，控制系统的核心部件如 PLC、接触器、继电器、隔离开关等均放置在该箱体内。

5.3.3　双 S7-300 PLC 冗余控制系统软件设计

（1）系统的控制流程

该控制系统的流程图如图 5-50 和图 5-51 所示。

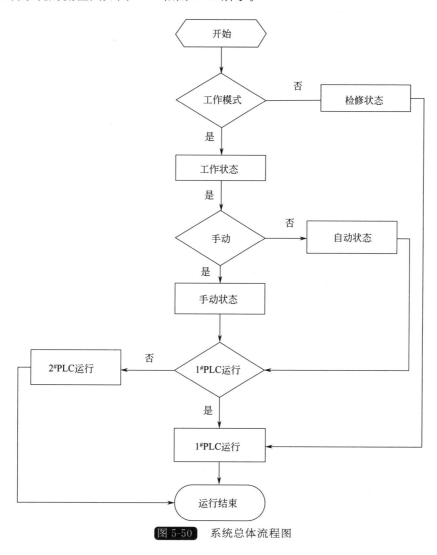

图 5-50　系统总体流程图

图 5-50 为系统的总体流程图，由图中可以看出该控制系统分为工作模式和手动模式两种工作模式，工作模式下又分为手动操作和自动操作两种操作方式。图 5-51 给出了控制系统工作模式的程序流程图，由图中可以看出系统的启动功能和停止功能中各个执行单元的启停顺序相反。

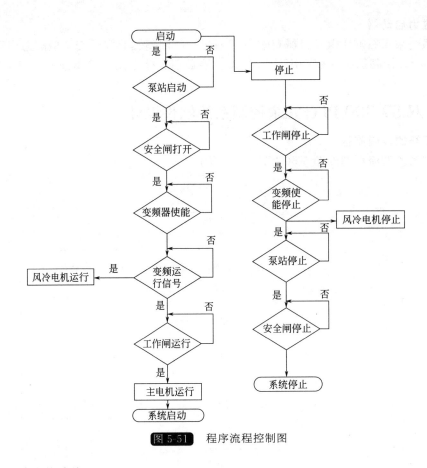

图 5-51 程序流程控制图

(2) 系统启停功能

根据产品性能要求，系统启动功能的部分代码如图 5-52 所示。

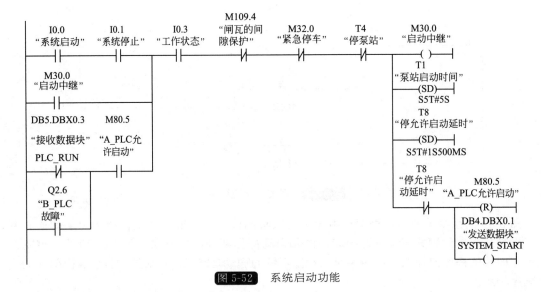

图 5-52 系统启动功能

图 5-52 给出了卡轨车系统启动功能部分代码，可以看出，当系统处于"工作状态"时且没有故障的情况下，按下"系统启动"按钮，"启动中继"得电并且自保，同时，泵站电机启

动5s。

图 5-52 中的 DB5.DBX0.3 与 DB4.DBX0.1 为两套 PLC 的通信数据，此时，强制选择按钮指向 A_PLC。DB5.DBX0.3 为传送的启动信息，即当 B_PLC 没有运行或 B_PLC 故障且 A_PLC 允许启动时，系统自动启动。DB4.DBX0.1 为 A_PLC 向 B_PLC 发送的启动信息，当 B_PLC 接收到该信息时，B_PLC 准备启动，一旦 A_PLC 故障后，B_PLC 自动运行。图 5-22 中的代码为 A_PLC 的代码，B_PLC 代码与其相似。

系统启动后，各电机将会相继启动，图 5-53 为油泵启动和电磁阀（安全闸）的部分代码。

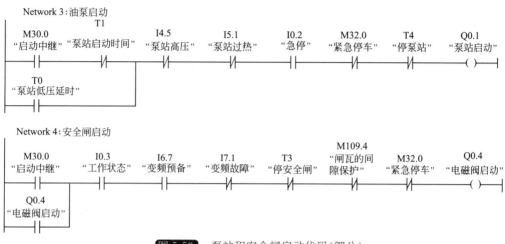

图 5-53　泵站和安全闸启动代码（部分）

由图 5-53 可以看出，当系统中继启动后泵站启动 5s，当 PLC 检测到泵站压力控制器的高压信号后，泵站停止启动，相应地，当检测到低压信号时，泵站再次启动。当收到变频器返回的变频预备信号且变频无故障时，启动电磁阀（安全闸）。图中的 T3 和 T4 为按下"系统停止"按钮时，停止泵站和停止安全阀的时间。

安全闸打开后，推动操作手柄变频器就可以启动变频器和电液推杆电机（工作闸）。图 5-54 给出了变频器使能和工作闸启动代码。

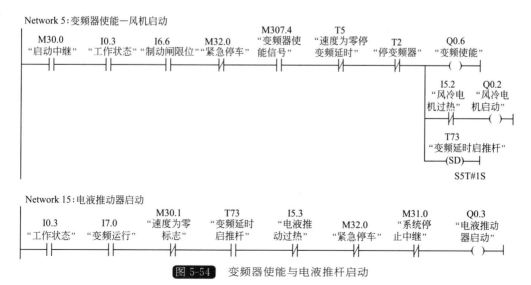

图 5-54　变频器使能与电液推杆启动

当 PLC 检测到安全闸的限位开关动作后，推动操作手柄，"变频器使能"信号得电，此时变频器启动，同时变频器向 PLC 返回"变频运行"信号，PLC 接收到该信号后，经过延时（T73），电液推杆电机启动。

图 5-54 中的"速度为零标志"为系统检测到变频器速度低于一定值后输出的信号，即：当操作手柄重新扳回零位后，PLC 检测变频器速度，速度低于一定值后，停止电液推杆电机，延时一定时间后（T5），停止变频器使能。图 5-55 为检测系统速度为零时的代码。

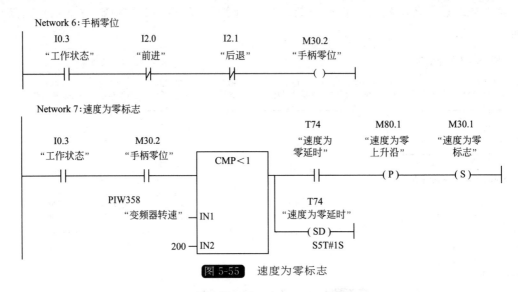

图 5-55　速度为零标志

由图 5-55 可以看出，当系统处于工作状态时，操作手柄处于零位时，对系统运行速度进行检测，当检测到变频器反馈的转速信号小于 200 时，经过 1s 延时，置位速度为零标志，此时，控制系统停止运行。

图 5-56 为"变频器使能信号"代码。可以看出，变频器使能信号是在手动状态和自动状态下给定的，手动状态下，当扳动操作手柄时，变频器使能信号输出；自动状态下，当选择转载点后，系统会处于"允许前进"或"允许后退"两种状态，在这两种状态下，分别扳动手柄至前进或后退位置，变频器输出使能信号。

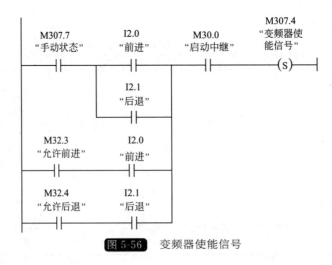

图 5-56　变频器使能信号

系统停止功能如图 5-57 所示。当按下"系统停止"按钮或者泵站电机过载、风冷电机过

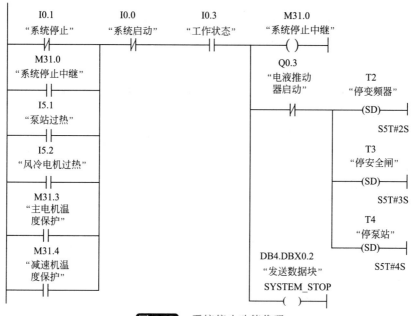

图 5-57 系统停止功能代码

载、主电机温度超高和减速机温度超高后，系统停止中继得电，延时相应的时间后，各电机停止工作，同时将"系统停止"信号传送给另一个 PLC。

（3）系统保护功能

卡轨车系统具有多种保护，不同保护对应系统停止状态不同。系统停止状态有两种：一是紧急停车，二是正常停车。紧急停车就是指当卡轨车系统出现故障后，所有电机同时停止工作，而正常停车是指当卡轨车系统出现故障后，卡轨车按照系统停止功能中的顺序停车。

紧急停车包括机头、机尾越位保护，钢丝绳打滑保护，闸瓦间隙保护，紧绳器限位保护，沿线急停保护，泄露急停保护，超速保护，急停，变频器故障以及电液推动器过载保护。

正常停车包括泵站电机过载保护、风冷电机过载保护、主电机温度超高保护以及减速机温度超高保护。

图 5-58 给出了超速保护的部分代码，可以看出在不同速度模式下，系统可以选择 5 种不同速度，当卡轨车运行速度超过设置的每挡速度最大值时，显示屏显示超速保护并紧急停车。速度保护屏蔽使能是不需要超速保护时所使用的功能。

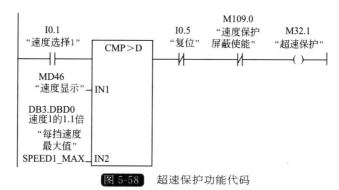

图 5-58 超速保护功能代码

图 5-59 为钢丝绳打滑保护功能，当卡轨车系统实时检测高、低速轴编码器的读数，当检测到每秒内高、低速轴编码器差值的比值大于系统设置的"高低速轴比值"（MD4）时，认为系统发生钢丝绳打滑故障，卡轨车系统紧急停车。

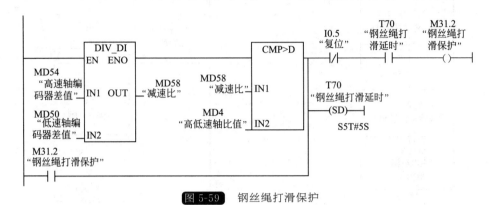

图 5-59　钢丝绳打滑保护

图 5-60 给出了泵站电机过热保护和风冷电机过热保护的代码。

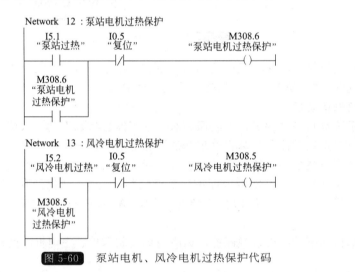

图 5-60　泵站电机、风冷电机过热保护代码

系统还具有故障显示功能，便于操作者了解卡轨车故障的原因。图 5-61 给出了故障显示的部分代码。该代码中 DB 块 DB11 用于故障记录，S7-300 PLC 中的 DB 块具有断电保持的功能，当系统突然断电并重新上电后，断电前的故障会记录下来，在操作台的显示屏上显示。

（4）系统显示功能

卡轨车控制系统具有速度显示、卡轨车位置显示、运行里程显示功能，其中卡轨车位置和运行里程应该具有断电保持的功能。

① 速度显示　速度的检测是通过低速轴编码器在 1s 时间间隔内的读数，并通过演算得到。计算公式如式（5-3）所示。

$$MD46 = \frac{MD50 \times MD200}{5120} \qquad (5-3)$$

式中　MD46——速度计算值，精确到厘米；

　　　　MD50——1s 内轴编码器差值；

　　　　MD200——托绳轮周长，mm。

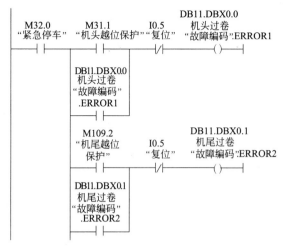

图 5-61 故障显示代码(部分)

式（5-3）中 5120 的意义为：轴编码器每转一周输出 512 个脉冲，托绳轮的周长单位为毫米，5120 就是将速度值精确到厘米。速度显示的部分代码如图 5-62 所示。

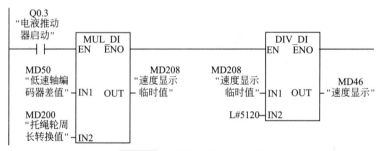

图 5-62 速度显示代码(部分)

② 卡轨车位置显示 卡轨车位置显示也是通过轴编码器在 1s 时间内的输出脉冲数通过累加演算得到。但是与速度不同的是，卡轨车系统带有位置校准功能，同时，位置显示应具有断电保持功能，即断电后重新上电位置不能改变。具体的计算公式如式（5-4）所示。

$$MD24 = \frac{(MD0 + MD50) \times MD200}{51200} \tag{5-4}$$

式中   MD24——位置显示值，精确到分米；

MD0——位置显示临时值；

MD50——1s 内轴编码器差值；

MD200——托绳轮周长，mm。

式（5-4）中，51200 同速度显示中的 5120 类似，只是精度有所不同，速度的精度为厘米，位置的精度为分米。式中的 MD0 为断电保持量，目的是记录卡轨车的当前位置，MD50 为轴编码器的差值，用于记录托绳轮载 1s 内所转的圈数。当卡轨车行驶到校准位置时，MD0 则需要根据轴编码器的计数值进行换算。计算公式如式（5-5）所示。

$$MD24 = \frac{PID376 \times MD200}{51200} \tag{5-5}$$

式中   PID376——低速轴编码器计数值。

由于校准位置为一磁开关，即为开关量信号，当卡轨车驶离校准位置时，式（5-5）虽然也可以继续显示卡轨车位置，但当卡轨车系统断电时，轴编码器计数器会清零，重新上电后，卡轨车位置会显示为0。因此，需要在卡轨车驶离校准位置时，利用式（5-4）进行速度显示，具体代码如图 5-63 所示。

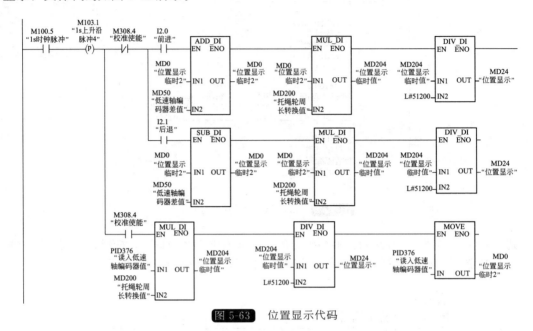

图 5-63　位置显示代码

图 5-63 中的"校准使能"的意义是当卡轨车行驶到校准位置时，该信号置位，驶离校准位置时，该信号复位。

③ 卡轨车里程显示　卡轨车的里程为卡轨车总共行驶的距离，不同于卡轨车的位置，卡轨车的里程要区分卡轨车的前进和后退，即卡轨车前进或后退时里程值均要累加。然而卡轨车里程的值一般较大，因此采用浮点数来计算卡轨车的里程。具体的计算公式如式（5-6）所示。

$$MD268 = \frac{(MD284 + MD20) \times MD276}{5.12 \times 10^5} \tag{5-6}$$

式中　MD268——里程显示值，精确到米，浮点数；
　　　MD284——低速轴编码器差值，浮点数；
　　　 MD20——里程显示临时值，浮点数；
　　　MD276——托绳轮周长，浮点数。

式（5-6）中，5.12×10^5 的意义为：轴编码器旋转一周产生 512 个脉冲，同时卡轨车里程显示的精度为米，因此，将该脉冲数扩大 1000 倍。

图 5-64 为卡轨车里程显示的部分代码。

(5) 速度选择功能

卡轨车控制系统具有 5 挡速度选择功能，而且速度选择需要在卡轨车停止运行的状态下进行选择，同时在手动状态和自动状态下卡轨车在各挡速度模式下运行的状态也不相同。

① 手动模式和自动模式的切换　卡轨车控制系统具有手动/自动模式闭锁功能，即当选择手动状态下，即使旋动按钮至自动状态，卡轨车依然按照手动模式进行，这也是出于安全角度来设计的。图 5-65 给出了卡轨车手动模式和自动模式的切换功能代码。

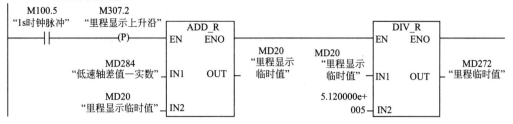

Network 6:里程显示临时值

图 5-64　里程显示代码(部分)

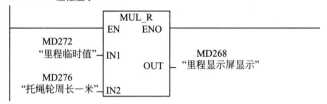

Network1：模式选择—手动

Network2：模式选择—自动

Network3：Title：

图 5-65　手动/自动模式切换代码

② 速度选择　速度的选择需要在卡轨车停止运行的状态进行，在卡轨车运行过程当中不允许进行速度的更换，以免造成事故。当速度选择以后，卡轨车的运行状态不同，控制变频器的输出也不同。手动状态下，卡轨车根据操作手柄的状态控制变频器的输出。当卡轨车处于自动状态时，变频器的输出则需要根据卡轨车运行过程中是否遇到变坡点或转载点来确定。图 5-66 给出了卡轨车速度选择功能代码。

在卡轨车停止状态，并且操作手柄在零位时进行速度的选择，然后推动操作手柄，卡轨车电液推杆启动。如果卡轨车运行在手动状态则根据操作手柄的位置控制变频的输出。如果卡轨车运行在自动状态，在没有减速停车信号之前且没有到变坡点或离开变坡点时，卡轨车按照一定的速度运行；如果遇到变坡点时，卡轨车按照预设的减速倍数运行，这两种运行方式中操作手柄不再起作用。当接收到减速停车信号时，卡轨车按照预设的速度减速运行。最后，当运行行至转载点时，卡轨车停车。

图 5-66 中的 Q2.1，A_PLC 运行的意思是此时控制卡轨车运行是 A_PLC，当 A_PLC 故障时，自动切换到 B_PLC，此时控制卡轨车运行的是 B_PLC，相应地图 5-66 中 A_PLC 运行变为 B_PLC 运行。

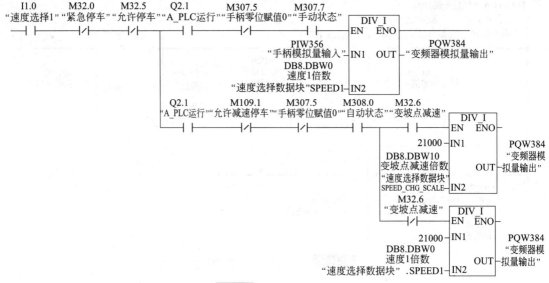

图 5-66　速度选择代码

(6) 转载点选择功能

卡轨车系统中预置有 10 个转载点，转载点就是煤矿井下运输工人或货物的地方，转载点功能主要是针对自动模式的，手动模式不具备此功能。转载点功能就是当操作人员选择转载点后启动卡轨车，卡轨车就会运行至转载处并减速停车。该功能具体实现方式如下。

① 转载点选择　操作人员需要在卡轨车停止运行的状态下，通过操作台上的转载点选择按钮进行转载点的选择。

② 卡轨车启动　转载点选择后，根据显示屏上的提示"允许前进"或"允许后退"向上或向下推动操作手柄，此处的"允许前进"和"允许后退"的意思是当卡轨车的位置超过转载点的位置时，卡轨车只允许后退，相反地只允许前进。

③ 卡轨车减速停车　当卡轨车运行至离转载点一定距离后，开始减速运行，减速的目的是减小卡轨车的运行惯量使卡轨车能够准确停车；当卡轨车运行至转载点时停车，同时显示屏上提示"允许停车"。

图 5-67 为转载点选择功能代码。

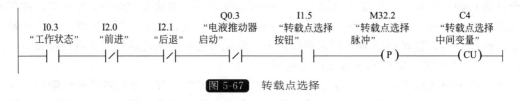

图 5-67　转载点选择

再次启动卡轨车运行时，按下复位按钮，等到显示屏上的"允许停车"提示消失，按照上面步骤操作即可。图 5-68 给出了卡轨车"允许前进"和"允许后退"的功能代码。

图 5-69 给出了卡轨车提前减速停车和允许停车功能代码。MD212 为卡轨车提前减速停车位置，当卡轨车当前位置超过卡轨车提前减速停车位置时，变频器输出变小从而实现卡轨车减速，行驶至距离转载点 10m 的地方时，允许卡轨车停车，此时变频器输出为 0，卡轨车自由减速停车。L♯100 为 100dm，该值需要根据实际情况现场调试。

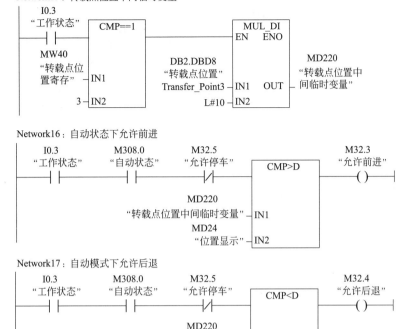

Network15：转载点位置中间临时变量

Network16：自动状态下允许前进

Network17：自动模式下允许后退

图 5-68　运行前进和后退功能

(7) 变坡点功能

图 5-70 给出了变坡点功能的部分代码。变坡点是指卡轨车轨道坡度变化的位置，和转载点功能一样。卡轨车运行在自动模式下，本系统在坡的两端各放置一个磁开关。当卡轨车前进行驶至变坡点时，前面的磁开关动作，此时卡轨车减速上坡；当卡轨车离开变坡点时，后面的磁开关动作，卡轨车恢复原先的速度行驶。相反地，当卡轨车后退行驶至变坡点时，卡轨车运行速度和前进时相反。本系统共有 5 个变坡点。

(8) 参数设置及密码设置功能

卡轨车控制系统中，操作台上的隔爆显示箱内配备的显示屏上能够设置控制系统的参数，如转载点的位置、轨道长度、校准点位置等重要参数。由于隔爆显示箱比较笨重不容易拆装，因此，从方便性角度考虑，将参数设置功能用 PLC 实现，不用再打开显示箱。另外，这些参数一旦设置完成后，不允许随意更改，除非有特殊情况且有密码的情况下才允许更改参数。

① 密码设置功能　卡轨车控制系统的密码由四位数组成，通过操作台上的参数选择和递增、递减按钮来实现。具体代码如图 5-71 所示。通过参数选择按钮选择参数后，相应的显示屏上的密码为变为蓝色(如 DB10.DBX8.1 置位)，此时通过递增和递减按钮输入密码，四位密码输入正确后，显示屏将显示参数设置界面，操作者就可以根据实际需要修改参数。M108.7 和 M109.7 为上升沿，因为加法模块在一个扫描周期内加 1，如果不加上升沿，一旦按下递增或递减按钮后加法模块所加的数字不为 1。

Network18：提前减速停车

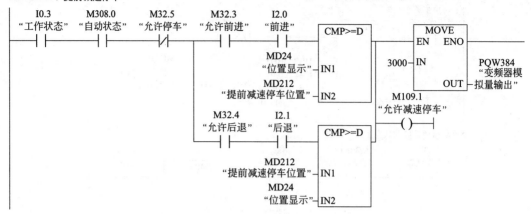

Network19：自动模式下允许停车变量

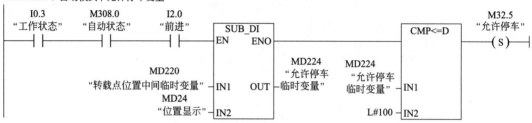

Network20：自动模式下允许停车变量

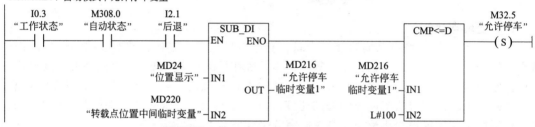

图 5-69　前减速停车和允许停车功能代码

Network1：前进一变坡点减速　　　　　　　　Network2：前进一变坡点取消减速

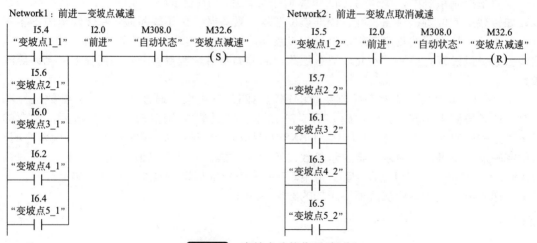

图 5-70　变坡点功能代码（部分）

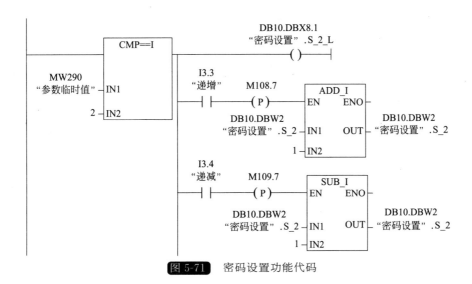

图 5-71　密码设置功能代码

② 参数设置功能　卡轨车系统中共有 31 组参数需要设置，图 5-72 为参数设置的部分代码。需要设置的参数通过参数选择按钮进行选择，选中后该组参数会变成蓝色，同时通过递增或递减按钮对参数进行设置。参数设置功能增加了备用按钮的使用，这是由于参数的设置值一般较大，因此每次加 1 操作无法满足实际的需要。由图 5-72 可以看出，当使用备用按钮后，每按一次递增按钮参数增加 100（根据实际参数不同而不同）。同样地，每按一次递减按钮参数减少 1 或 100。

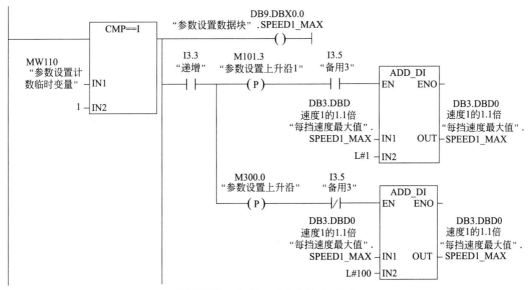

图 5-72　参数设置功能代码（部分）

(9) FM 350-2 计数功能

FM 350-2 为 8 通道智能型高速计数模块，可以直接与 24V 增量型轴编码器相连，具有连续/单次/周期计数、频率/速度、周期测量以及比例器等多种工作方式。此处使用其单次计数模式，单次计数的工作原理为：在单次计数工作模式中，起始值和结束值以及主计数方向均可以通过组态完成（起始值为 0；最大值为 147483647；主计数方向为向上计数）。当计数值达到最大值时，此时再接收到一个脉冲，计数将会回到零并冻结计数，即不管再接收到多少个脉冲，计数值均不会再改变。图 5-73 给出了 FM 350-2 的组态方式。

要使用 FM 350-2 模块需要先安装模块附带的光盘中的库并拷贝到项目中，安装后就可以按照图 5-74 进行组态。组态前应首先选择 FM 350-2 的 DB 数据块，此处选择的数据块为 DB1，DB 块是 PLC 与 FM 350-2 通信的桥梁。建立好 DB 块后，就可以对 FM350-2 模块进行编程，编程中涉及几个 FC 功能块：FC2、FC3 以及 FC4 等。

FC2 在计数功能中控制 FM 350-2，其主要功能是初始化 DB 块并接收 FM 350-2 模块的反馈信号等，在程序中必须循环调用，不允许在中断程序中使用。

FC3 装载 FM 350-2 的计数值，设计中利用该功能进行校准点位置的装载，主要实现方式为：首先，打开软件门并向 DB 块中相应的位中写入需要装载的值和写任务号，然后调用 FC3。

FC4 读取 FM 350-2 的计数值，和 FC3 功能相似，同样需要打开软件门并向 DB 块相应位写入读任务号，就可以读出 FM 350-2 的计数值，设计中并没有使用该功能而是直接通过模块地址读取计数值，图 5-74 给出了通道的组态图。

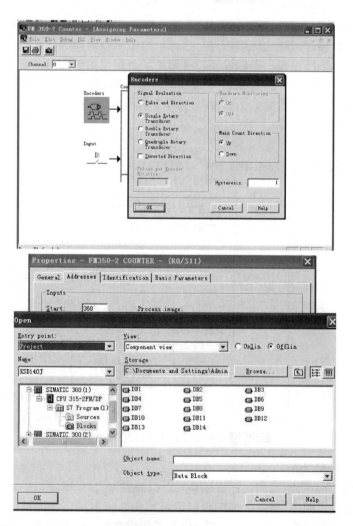

图 5-73　FM 350-2 组态

通道组态好之后，就可以通过 PID376 和 PID380 读取 FM 350-2 的计数值，其中 PID376 和 PID380 为模块的地址＋8 和＋12。

要使用 FC3 功能首先要调用 FC2 并打开相应通道的软件门并写入装载值，如图 5-75 所示。

由图 5-75 可知，程序首先调用了 FC2，并指定了其与 PLC 通信的数据块 DB1(DB＿NO＝w♯16♯1)，接着打开软件门 0 和 1(DB1.DBX23.0 和 DB1.DBX23.1)。软件门打开后，就应该向 DB 块相应的位中写入装载值。最后，将写工作号写入相应的位并调用 FC3，就可以实现装载值写入 FM 350-2 模块，如图 5-76 所示。

通过以上步骤就可以实现卡轨车校准点值的写入功能。

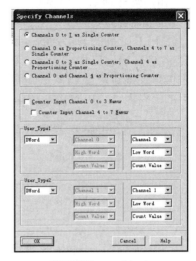

图 5-74 通道组态

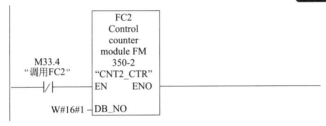

Network6：打开软件门

Network7：机头校准装载值

图 5-75 装载值写入

(10) 两套 PLC 之间的通信

控制系统为两套 PLC 控制器的冗余系统，因此，冗余的实现是关键。

① PLC 之间的通信判断　两套 PLC 之间相互通信，其中一套 PLC 发生故障时，另外一套 PLC 开始运行并按照上一套 PLC 的运行状态运行。因此，两套 PLC 之间应该有一个标志信号来判断两套 PLC 的运行状态，即心跳信号。图 5-77 给出了两套 PLC 的心跳信号，上面的代码为 A_PLC 的心跳信号，下面的代码为 B_PLC 的心跳信号。

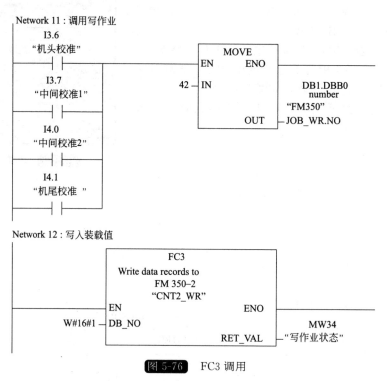

图 5-76　FC3 调用

图 5-77 中的 DB4 为发送数据块，用于存储所需发送的数据，如系统启动、系统停止、PLC 运行、心跳等信号；M100.5 为占空比为 50% 的 1s 时钟脉冲。通过心跳信号就可以判断两套 PLC 是否有故障。

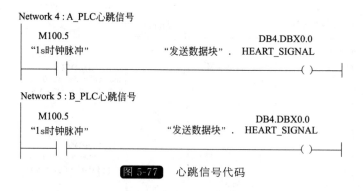

图 5-77　心跳信号代码

图 5-78 给出了 A_PLC 中对 B_PLC 的心跳检测功能代码。DB5 为接收数据块，用于接收 B_PLC 的通信数据，如系统启动、系统停止、PLC 运行、心跳等信号。通过对心跳信号计时（图中的 T6、T7）1.5s，当检测到任一个心跳信号定时器置位后，均认为 PLC 发生故障，同时将接收到的系统启动和系统停止信号复位。B_PLC 的心跳信号检测功能与之类似。

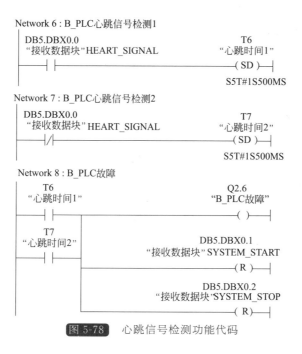

图 5-78　心跳信号检测功能代码

② PLC 之间的主-从切换　本系统通过操作台上的强制开关进行选择。将旋钮选择强制 A _ PLC，则 A _ PLC 为运行 PLC，B _ PLC 为冗余 PLC；反之，B _ PLC 为运行 PLC，A _ PLC 为冗余 PLC。

③ PLC 运行使能　确定好主从 PLC 后，需要通过对两套 PLC 通信数据的检测来确定哪套 PLC 处于运行状态。系统通过强制按钮和通信数据判断 PLC 的运行状态。例如，当强制按钮为强制 A _ PLC 且 B _ PLC 没有运行或者 B _ PLC 处于故障状态，此时 A _ PLC 处于运行状态，具体代码如图 5-79 所示。同理 B _ PLC 允许运行功能代码与此类似。A _ PLC 允许运行后就可以控制系统的启动等功能。

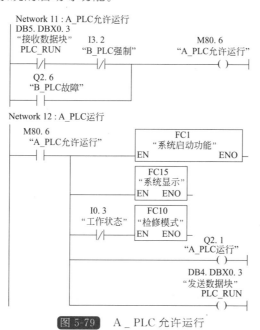

图 5-79　A _ PLC 允许运行

④ 启动功能切换 当 A _ PLC 启动后突然发生故障，B _ PLC 启动并保持 A _ PLC 的运行状态。A _ PLC 启动后会向 B _ PLC 发送系统启动信号，B _ PLC 接收到该信号后处于准备启动的状态，若检测到 A _ PLC 故障后，B _ PLC 启动，启动后将收到的启动信号复位，防止不能停止运行。具体代码如图 5-80 和图 5-81 所示。可以看出，当 A _ PLC 系统启动后，B _ PLC 接收到启动信号后 B _ PLC 允许启动，A _ PLC 故障或停止运行后 B _ PLC 启动。

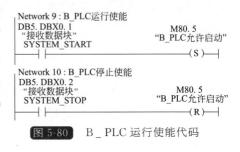

图 5-80 B _ PLC 运行使能代码

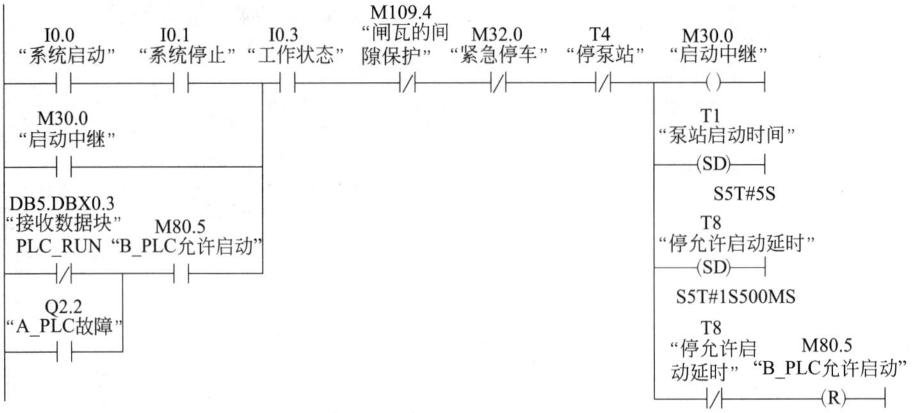

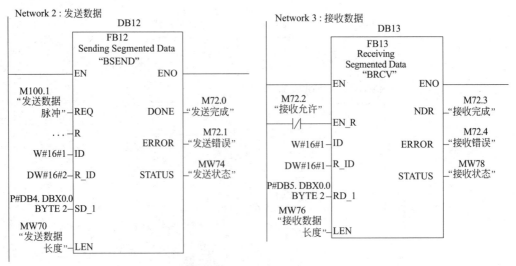

图 5-81 B _ PLC 启动代码

⑤ PLC 之间的数据通信 实现两套 PLC 之间的通信，首先要通过网络组态建立一条两套 PLC 之间的通信链路，链路建立完成后，在程序中只需要调用系统通信功能块就可实现两套 PLC 之间的数据交换。具体代码如图 5-82 所示。DB4 和 DB5 分别用于发送和接收 PLC 运行状态数据；ID 为组态时建立的数据链路标识；R _ ID 为通信数据组号，此处使用两组通信数据号来区分两套 PLC 发送的数据。

图 5-82 通信功能代码(部分)

(11) 检修模式

检修模式主要是对各个电机进行单独调试，部分代码如图 5-83 所示。

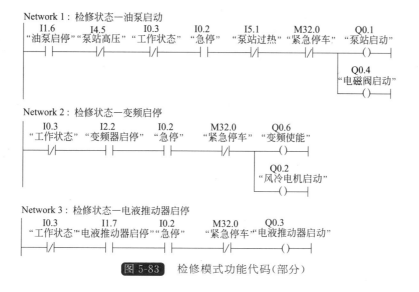

图 5-83　检修模式功能代码（部分）

5.3.4　显示屏设计

系统显示屏采用富士公司的 V810CD，10.4 英寸触摸显示屏，24V 直流供电，与 PLC 采用 RS-485 通信。

(1) 显示屏与 PLC 通信

显示屏与 S7-300 PLC 通信采用 RS-485 通信方式，波特率为 187.5kbps，数据长度为 8 位，停止位 1 位，奇偶校验采用偶校验，站号为 2。详细设置如图 5-84 所示。

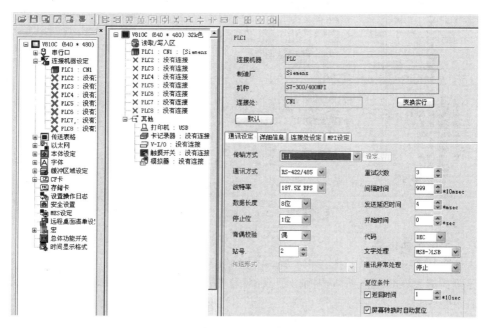

图 5-84　显示屏连接设置

显示屏和 PLC 连接设置完成后，需要对显示屏的读取/写入区进行设置。

读取区：PLC 对显示屏发出有关显示和命令的区域，最低务必需要设置 3 个连续的字。显示屏读入这 3 个字，按照其内容显示和动作，如表 5-10 所示。

写入区：写入显示屏屏幕号和覆盖层，蜂鸣器状态，读取区域及显示屏本体显示动作状态区域，占用连续 3 个字节，PLC 和显示屏的通信需要利用这 3 个字节，显示屏结束动作时，将读取区域 n（子命令/数据）的内容写入到写入区域 n 中。写入区配置如表 5-11 所示。

表 5-10　读取区设置

地址	内容	动作
n	子命令/数据	显示屏接收 PLC 数据
$n+1$	指令屏幕状态	显示屏接收 PLC 数据
$n+2$	指令屏幕号	显示屏接收 PLC 数据

表 5-11　写入区配置

地址	内容	动作
n	与读取区域内容相同	显示屏向 PLC 发送数据
$n+1$	屏幕状态	显示屏向 PLC 发送数据
$n+2$	显示屏幕号	显示屏向 PLC 发送数据

读入区和写入区采用数据块 DB6，设置如图 5-85 所示。

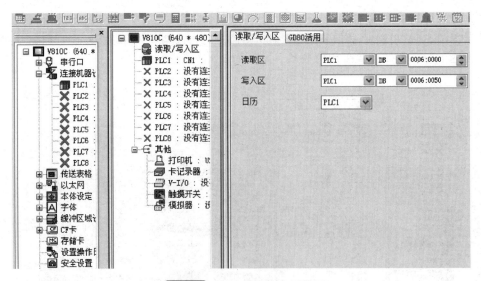

图 5-85　读入区和写入区设置

（2）显示屏页面设置

卡轨车控制系统显示屏一共有 6 个界面：起始界面、运行参数界面、I/O 状态界面、故障显示界面、密码界面以及参数界面。图 5-86 为卡轨车运行参数界面，也是卡轨车运行系统显示的核心界面。

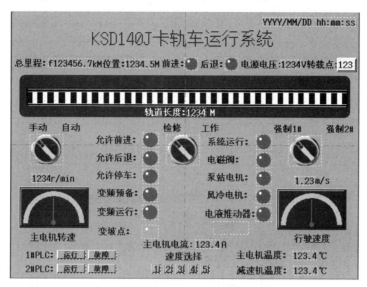

图 5-86　卡轨车运行参数

图 5-86 为卡轨车运行参数界面，通过该界面操作人员可以清楚地了解卡轨车当前运行状态。系统显示屏与 S7-300 PLC 通信，而且 S7-300 PLC 中数据构成与其他 PLC（如三菱PLC）不同，S7-300 PLC 中双字格式如 MD100 由 MW100 和 MW102 组成且 MW100 为高字节，同时显示屏中对应变量没有 MD 变量。因此，变量对应时应该特别注意。图 5-87 给出了位置显示变量的对应方法。

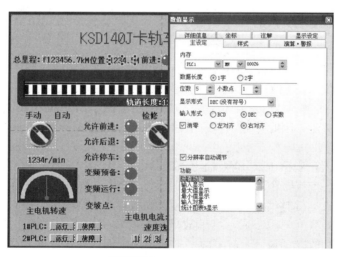

图 5-87　变量对应设置

变量对应时数据长度为 1 字，内存为 MW26，数据位数为 5 位其中小数点为 1 位，输入形式为十进制整数。然而，PLC 程序为了保证中间运算部分的数据精度，卡轨车位置变量采用 MD24 双字格式，MD24 由 MW24 和 MW26 组成，MW24 为高字节，MW26 为低字节。卡轨车的位置范围可以由一个字表示，因此，变量对应时只需要将 MD24 的低字节对应即可。另外，图 5-87 的小数点选择 1 位主要原因是由于 PLC 程序中卡轨车位置的单位是分米，而显示屏上显示的单位为米，因此需要将 MW26 增加一位小数点。由图 5-87 还可以看出总里程的显示采用的是浮点数形式，因此，变量的对应与十进制整数的对应方式有所不同，浮点数在计算机内占用 2 个字节空间，数据格式如表 5-12 所示。单精度浮点数由 32 位组成，分为符号位、阶码位以及尾数位。为了保证精度符号位和阶码位是必需的，而尾数位在浮点数表示中所占的比重没有前两者高，因此，在所需精度范围内尾数位要求可以适当放宽标准。图 5-88 给出了总里程变量的对应方式。

表 5-12　单精度浮点数格式

浮点数	符号位	阶码	尾数
单精度 32 位宽	[31]	[30: 23]	[22: 0]

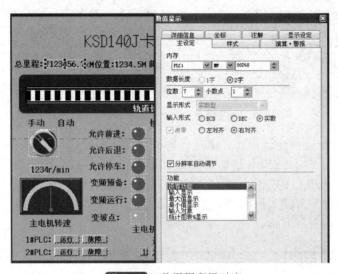

图 5-88　总里程变量对应

由图 5-88 可以看出，总里程对应变量为 MW268，数据长度为 2 字，位数 7 位，小数点 1 位，输入形式为实数。PLC 程序中总里程变量为 MD268，同样地，MW268 为高字节 MW270 为低字节，变量 MW268 中包括浮点数的符号位、阶码位和部分尾数位；MW270 为浮点数的剩余尾数位，因此，显示屏总里程变量应该对应 MW268，这样才能保证显示数据的准确性。

为了方便操作人员观察 PLC 输入输出点的状态，设计中增加了 PLC 的 I/O 状态界面，如图 5-89 所示，通过该界面操作人员可以清晰地了解 PLC 当前的输入输出状态。

当系统突然停止运行时，为了便于操作者了解系统停止的原因，控制系统中增加了故障显示界面和故障记录界面，用于显示当前故障和先前发生故障的记录，如图 5-90 所示。图中包括故障显示区和故障记录区，故障显示区显示当前的故障：急停、钢丝绳打滑、泵站过载、风冷电机过载、机头/机尾越位、紧绳器限位 1、紧绳器限位 2、泄漏急停、闸瓦间隙保护、超速保护、液压推杆过载保护、变频器故障以及 4 个沿线急停。故障记录区用于显示卡轨车系统所发生故障的时间以及所发生的故障。其中，红色字体为发生故障，蓝色字体为故障解除。所有故障按时间排序，便于操作者了解系统发生故障的时间。

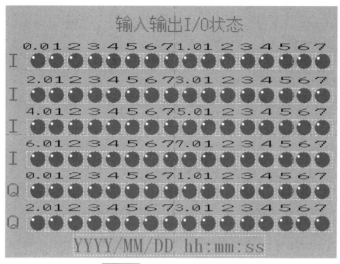

图 5-89 PLC I/O 状态显示

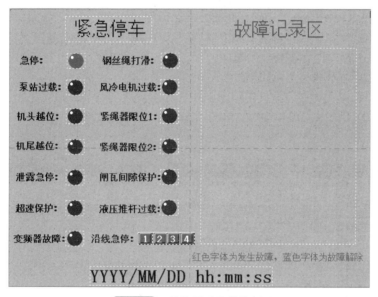

图 5-90 故障显示及故障记录

　　系统中具有密码设置功能和参数设置功能。参数设置功能如图 5-91 所示,用于专业人员根据实际工况对系统进行参数的修改。

　　由图 5-91 可知,通过参数设置功能可以对速度最大值、校准值、5 挡速度倍数、10 个转载点、轨道长度、变坡点速度、托绳轮周长、轨道长度、减速比等参数进行设置。

5.3.5 远程通信设计

　　卡轨车控制系统远程通信采用 OPC(OLE for Process Control) 通信方式。

(1) OPC 简介

　　OPC 是以 OLE/COM 机制作为应用程序的通信标准,同时它规范了接口函数,这样可以在不知道现场设备是什么形式的情况下,客户都能够通过统一的方式访问现场设备,保证

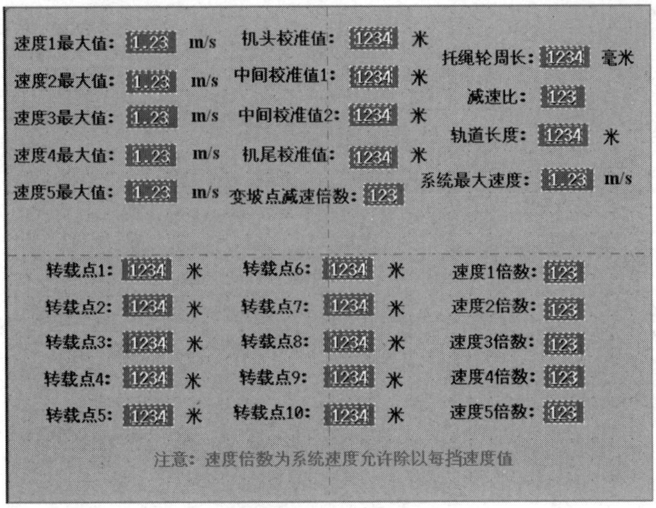

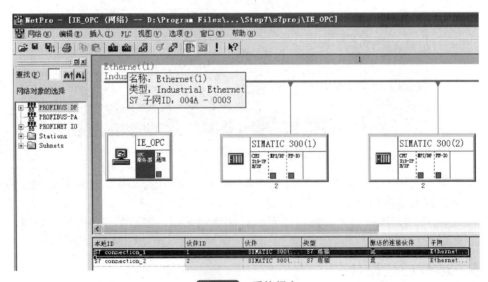

速度1最大值: 1.23 m/s
速度2最大值: 1.23 m/s
速度3最大值: 1.23 m/s
速度4最大值: 1.23 m/s
速度5最大值: 1.23 m/s
机头校准值: 1234 米
中间校准值1: 1234 米
中间校准值2: 1234 米
机尾校准值: 1234 米
变坡点减速倍数: 123
托绳轮周长: 1234 毫米
减速比: 123
轨道长度: 1234 米
系统最大速度: 1.23 m/s
转载点1: 1234 米
转载点2: 1234 米
转载点3: 1234 米
转载点4: 1234 米
转载点5: 1234 米
转载点6: 1234 米
转载点7: 1234 米
转载点8: 1234 米
转载点9: 1234 米
转载点10: 1234 米
速度1倍数: 123
速度2倍数: 123
速度3倍数: 123
速度4倍数: 123
速度5倍数: 123
注意: 速度倍数为系统速度允许除以每挡速度值

图 5-91　参数设置功能

了软件对客户的透明性。通过 OPC 标准以及 DCOM 技术，开发商完全可以开发一个开放的、可互操作的控制系统软件，OPC 通常采用客户端/服务器模式，这样可以以 OPC 服务器的形式提供给用户，并把开发访问接口的任务放在第三方厂家和硬件生产厂家，解决了软、硬件厂商的矛盾，完成了系统的集成，提高了系统的开放性和可互操作性。

(2) 组态王与 PLC 通过 OPC 通信

卡轨车控制系统中井上工控机采用组态王软件。西门子的 SIMATIC NET 软件提供了 OPC 功能，本系统采用该软件进行设计。系统通过以太网方式实现通信，组态方式如图 5-92 所示。

NetPro - [IE_OPC (网络) -- D:\Program Files\...\Step7\s7proj\IE_OPC]
网络(N) 编辑(E) 插入(I) PLC 视图(V) 选项(P) 窗口(W) 帮助(H)
查找(F)
网络对象的选择
PROFIBUS DP
PROFIBUS-PA
PROFINET IO
Stations
Subnets
Ethernet(1)
名称: Ethernet(1)
类型: Industrial Ethernet
S7 子网ID: 004A - 0003
IE_OPC
SIMATIC 300(1)
SIMATIC 300(2)
本地ID
伙伴ID
伙伴
类型
激活的连接伙伴
子网
S7 connection_1
S7 connection_2
S7 连接
Ethernet...

图 5-92　系统组态

由图 5-92 可以看出，组态了一个名为 IE _ OPC 的 SMIATIC PC 站点，该站点由 OPC 服务器和 IE 通用网卡组成，OPC 服务器和组态王或其他工控软件中的 OPC 客户端构成客户/服务器模式，IE 通用网卡，即计算机网卡用于 PLC 与 OPC 服务器通信。组态完成以后，需要在装有组态软件的计算机或工控机中安装 SIMATIC NET 软件，软件安装后将组态信息分别下载到 PLC 和计算机或工控机中，计算机或工控机中下载完成后的站点配置如图 5-93 所示。

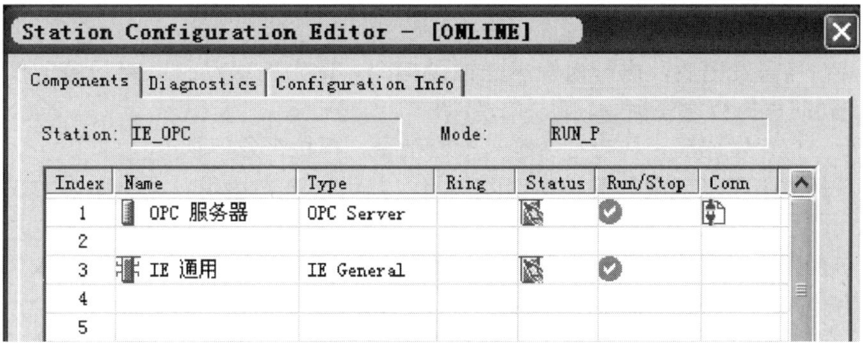

图 5-93 计算机站点配置

计算机站点配置完成后，通过计算机或工控机安装的 SIMATIC NET 软件中的 OPC Scout 可建立需要与组态软件连接的数据。OPC Scout 身也是一个 OPC 客户端，可以通过它进行数据通信的验证。验证通过后，需要在组态软件中进行 OPC 客户端设计，本系统采用的组态软件为组态王。

5.4 基于西门子 S7-400 系列 PLC 的原料煤储运系统的设计

5.4.1 原料煤储运系统概况

(1) 原料煤储运系统主要装置

某煤化工公司 60 万吨醇氨联产项目原料煤储运系统包括两部分：仓前和仓后。

仓前储运系统包括 2 台叶轮给煤机；6 台胶带输送机（2 条 1 配仓胶带输送机，2 台 3 胶带输送机 A、B，2 台大倾角胶带输送机 A、B）；28 台电动卸料器；4 台电动翻板；2 台除铁器；6 台除尘器；7 台通风机等设备。

仓后储运系统包括 4 台环形给煤机；10 条胶带输送机（2 台 4# 胶带输送机 A、B，2 台 5# 胶带输送机 A、B，2 台 6# 胶带输送机 A、B，2 台 2# 配仓胶带输送机 A、B，2 台 3# 配仓胶带输送机 A、B）；28 台电动卸料器；6 台电动翻板；6 台除铁器；6 台除尘器；7 台通风机等设备。

(2) 原料煤储运系统工艺控制要求

原料煤储运集中控制系统具有如下控制要求：系统中设备有"集控""就地"两种控制工作方式。一般系统运行在"集控"工作模式下，各设备均按照逆煤流顺序启动。开车前，将各设备就地控制操作箱上的控制方式选择转换开关切至"自动"位置，当 PLC 检测所有信号无误后，PLC 发出启动预告信号 30s。在此期间如果 PLC 未接到任何禁启、急停信号，则系统根据前后闭锁关系自动启停，同时检测各检测保护设备的状况。运行"就地"工作模式时，操作员手动操作按钮启动/停止胶带机，所有保护设备均投入使用。工作方式的改变，只有在胶带输送机不转时进行；胶带输送机运行时，不能改变其工作控制方式。

① 程序设计中，报警停车等故障信号自动保持，即一旦发出故障信号，即使经维修后信号消失，计算机内仍保留信号故障状态，这时复位指令可以清除故障保持信号。

② 胶带输送机按照逆煤流顺序启动；正常停车按照顺煤流顺序停车，并具有闭锁功能。

③ 系统具有胶带机低速打滑、机头溜槽堵塞、沿线拉绳急停和一级跑偏、二级跑偏等多种保护。下面简单介绍它们信号发生后的动作情况。

a. 拉线开关：信号发出后马上发出急停指令，系统可以识别哪个急停开关动作，发出拉线开关声光报警。

b. 煤堵塞：信号发出后，执行堆煤声光报警指令和急停指令。

c. 跑偏：信号发出后，执行跑偏声光报警指令，此为一级动作，当报警时间超出一定时间段时，同时再执行急停指令，此为二级动作。

d. 打滑：信号发出后，执行打滑声光报警指令，再执行急停指令。

④ 对设备故障和工艺参数的异常实时报警，并进行声光提示，系统状态对位显示，更便于维护。

⑤ 可与视频监控系统配合，实时监视皮带机重点部位运行情况，以确保人员及设备的安全；具有喊话、打点通信功能，基本实现无人值守。

⑥ 胶带运输机就地控制操作箱上设启动、停止、启动预警按钮，设备启动前发出预警信号，提示有关人员应立即远离设备；现场可随时停车，若设备由集控启动，控制系统接到现场停车信号后，可作急停处理，实施故障停车操作。

5.4.2　PLC 控制系统总体设计

原料煤储运系统控制系统采用西门子控制系统，PLC、控制器是西门子 S7-400H 冗余控制器，通过工业以太网实现控制器与工程师站、操作员站的通信，通过 PROFIBUS 过程现场总线实现现场 I/O 信息的获取，工程师站用于维护和临时修改程序，操作员站进行远程控制操作。

工程师站及操作员站均配有支持工业以太网的 CP1613 硬网卡，以分担主机 CPU 的负荷；控制站采用了功能强大的西门子冗余控制器 CPU 417-4H。控制站配有工业以太网通信模块 CP 443-1；控制站与工程师站、操作员站之间配备了工业交换机 ESM，使工业以太网通信速率可以达到 100Mbps；控制站与现场 I/O 之间采用了冗余 12Mbps 现场总线 PROFIBUS；所有背板都具有带电可插拔功能；工程师站编程软件采用 STEP7 V5.4 WinCC RC 1024 V6.2 版本组态软件进行运行监控画面编程组态；通信部分采用西门子 S7-RedConnect 通信软件。

操作员站编程软件采用 WinCC RT 1024 组态软件进行运行监控画面编程组态；通信部分采用西门子 S7-RedConnect 通信软件。原料煤储运系统控制系统配置图如图 5-94 所示。

根据可靠性和性能以及 I/O 点数要求，原料煤储运系统控制系统配置冗余 S7 417-4H 一套，PLC 系统由 S7 417-2DP 的 CPU 带 2 个远程 I/O 站组成。同时增加一台 PLC 工程师站，用于维护和临时修改程序。

一套 S7-400H PLC，包括：① 1 个安装机架 UR2-H；② 2 个电源模块 PS 407 10A；③ 2 个容错中央处理器 CPU 417-4H；④ 2 个通信模块 CP 443-1；⑤ 2 个以太网交换机 SCALANCE X204-2，DC 24V，0.22A/LINK；⑥ 2 根光缆。

一个 ET 200M 分布式 I/O 设备，包括：① 6 个接口模块 IM 153-2；② 10 个数字量输入模块 SM 321；③ 9 个数字量输出模块 SM 322；④ 7 个模拟量输入模块：SM 331；⑤ 1 个模拟量输出模块：SM 332；⑥ 2 个 OLM 光纤链路模块，用于远程 I/O 光纤通信；⑦ 必备的附件，如 PROFIBUS 屏蔽电缆及网络连接器等。

西门子 S7-400H PLC 控制系统进行编程组态，组态包括控制功能和显示功能两部分。

经过对系统控制量的研究，根据系统的控制要求，统计出其需的信号输入点、信号输出控制点。同时又对各种 PLC 性能指标、适用性、认知程度等进行比较，最后选择了西门子

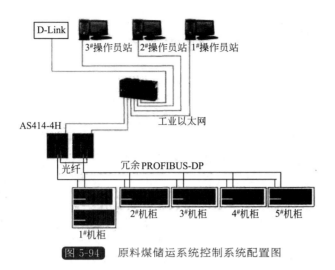

图 5-94 原料煤储运系统控制系统配置图

可编程控制器（PLC），它是一种叠装结构型的 PLC，指令丰富，功能强大，可靠性高，适应性好，结构紧凑，便于扩展，性价比较高。控制精度高，运行速率快，控制功能性好，可以较好地实现集中控制和就地分散控制。

5.4.3 PLC 控制系统硬件选型

(1) PLC 硬件设计选型

SIMATIC S7-400 系列 PLC 使模块化结构设计各个单独模块之间可以进行单独组合和扩展，从而使控制系统设计更加灵活，满足不同的应用需求。编程器 PG 用来为 S7-300 PLC 编制程序，使用编程电缆连接编程器和 CPU。通过 PROFIBUS 电缆可以实现 S7-300 CPU 之间的通信以及与其他 SIMATIC S7 PLC 进行通信。一根 PROFIBUS 总线电缆可以连接多个 S7-400。S7-400 PLC 的主要组成部分有导轨（RACK）、电源模块（PS）、中央处理器（CPU）、接口模块（IM）、信号模块（SM）、功能模块（FM）。它通过 MPI 网的接口直接与编程器 PG、操作员面板 OP 和其他 S7-400 PLC 相连。

原料煤储运系统 PLC 控制系统设计中选用的模块如下：中央处理器 CPU 417-4H；电源模块 PS 407（10A）；远程控制单元 ET 200M/LINK；IM 153-2；通信模块 CP 443-1；数字量输入模块 SM 321；数字量输出模块 SM 322；模拟量输入模块 SM 331。模拟量输出模块 SM 332。西门子 S7-400H PLC 控制系统硬件配置选型如表 5-13 所示。

表 5-13　西门子 S7-400H PLC 控制系统硬件配置选型表

序号	设备名称	型号、规格	出厂号
1	电源模块	PS 407 10A. B;	6ES7 407-0KR02-0AA0
2	中央处理器	CPU 417-4H，V4.5.2	6ES7 417-4HT14-0AB0
3	数字量输入模块	SM 321 DI 16×DC24V	6ES7 321-1 BH02-0AB0
4	数字量输出模块	SM 322 DO 16×DC24V/0.5A	6ES7 322-1 BH01-0AB0
5	模拟量输入模块	SM 331 AI 8×12Bit	6ES7 331-7 KF02-0AB0
6	模拟量输出模块	SM 332 AO 8×12Bit	6ES7 332-5 HF00-0AB0
7	接口模块	IM 153-2	6ES7 153-2 BA02-0XB0
8	以太网交换机	SCALANCE X204-2，DC 24V 0.22A	6ES7 204-2 BB10-2AA3

序号	设备名称	型号、规格	出厂号
9	PROFIBUS 光纤通信模块	Ci-PF22	6ES7 Ci-PF22
10	远程控制单元	ET 200M/LINK	6ES7 153-2BA02-0XB0
11	标准串行通信模块	CP 443-1，V2.0	6ES7 443-1EX20-0XE0
12	标准串行通信接口	CP 342-5，PROFIBUS-DP	6GK7 342-502-0XE0

(2) PROFIBUS-DP 总线及 ET 200M/LINK 选型

① ET 200M/LINK SIMATIC ET 200M/LINK 是采用模块化的设计，方便安装于控制柜。且与 SIMATIC S7-400H I/O 模块及功能模块兼容，安全性高。支持"热插拔"功能，适合过程控制中危险区域使用，远程扩展使用等特殊情况。ET 200M 是高密度配置的模块化 I/O 站，保护等级为 IP20。它可以用 S7-400H 可编程控制器的信号、功能和通信模块扩展。它也适宜于与冗余系统一起使用。最大数据传输速率为 12Mbit/s。ET 200M/LINK 也可以在运行过程中在有电源情况下配置 S7-400H I/O 模块的有源总线模块，其余模块仍继续运行。ET 200M/LINK 由以下部分组成：

• IM 153-2 接口模块：用于与 PROFIBUS-DP 现场总线的连接。

• 各种 I/O 模块：用总线连接器连接或插入在有源总线模块内，总线连接器设计，在运行过程中不能更换模块；有源总线模块设计，在运行过程中能更换模块。

• S7-400H 自动化单元的所有 I/O 模块都可应用（功能和通信模块只用于 SIMATIC S7/M7 主设备）。

• HART 模块。ET 200M/LINK 最多可扩展 8 个 I/O 模块，每个 ET 200M 的最大地址区：128 字节输入和 128 字节输出。ET 200M/LINK 通过 RPOFIBUS-DP 与 PLC 控制柜连接通信。

② PROFIBUS 总线 PROFIBUS 是世界上最大的开放式工业现场总线网络之一，它的技术性能使其可以用于工业自动化的一切领域。这种网络能够支持 32 个节点，最高运行速度为 12Mbps。与大多数现场总线系统一样，PROFIBUS 能够减少运营成本，提高生产效率，加快新品上市时间，并改善产品质量。与标准 4～20mA 控制不同，PROFIBUS 能够在由一根双绞线电缆组成的单一总线网段上支持 32 个工作站。

5.4.4 PLC 控制系统软件设计

(1) 集中控制系统软件流程

西门子的 S7-400H 系列 PLC 所用的编程语言是西门子开发的 STEP 7，这是一种可运行于通用微机中，在 Windows 环境下进行编程的语言。将它通过计算机的串行口和一根 PC/MPI 转接电缆与 PLC 的 MPI 口相连，即可进行相互间的通信。通过 STEP 7 编程软件，不仅可以非常方便地使用梯形图和语句表等形式进行离线编程，经过编译后通过转接电缆直接送入 PLC 的内存中执行，而且在调试运行时，还可以在线监视程序中各个输入输出或状态点的通断状况，甚至可以在线修改程序中变量的值，给调试工作也带来极大的方便。原料煤储运控制系统软件流程图如图 5-95 所示。

该集中控制系统共有三种工作方式。集控方式下，胶带机和给煤机根据生产工艺流程预先编制的程序来集中控制启停、各种保护均投入；就地方式下，胶带机和给煤机由操作员控制手动按钮通过 PLC 分别控制它们的启停，保护也均投入；检修方式下，胶带机和给煤机也采用手动按钮通过 PLC 分别控制启停，但是保护可根据需要有选择地进行投入，各故障

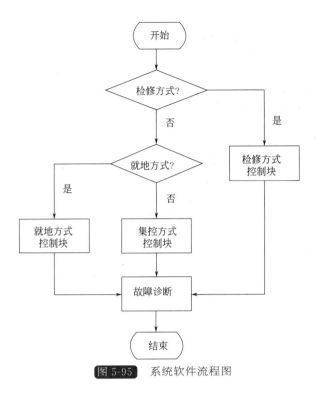

图 5-95　系统软件流程图

的投入选择可在显示屏内进行控制。

（2）系统软件设计

① 硬件组态　项目屏幕的左侧选中该项目，在右键弹出的快捷菜单中选择"Insert New Object"插入 SIMATIC 400 Station，可以看到选择的对象出现在右侧的屏幕上。如图 5-96 所示。

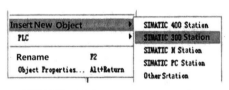

图 5-96　插入 SIMATIC 400 Station

双击右侧生成的 hardware 图标，在弹出的 HWconfig 中进行组态，在菜单栏中选择"View"选择"Catalog"打开硬件目录，按订货号和硬件安装次序依次插入机架、电源、CPU，如图 5-97 所示。

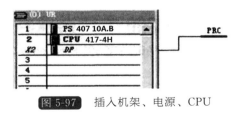

图 5-97　插入机架、电源、CPU

插入 DP 时会同时弹出组态 PROFIBUS 画面，选择新建一条 PROFIBUS（1），组态

PROFIBUS 站地址，点击"Properties"键组态网络属性如图 5-98 所示。

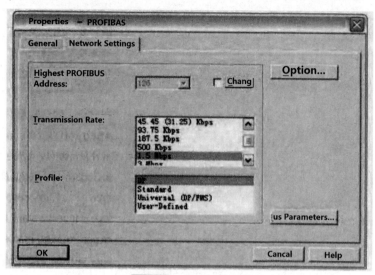

图 5-98 组态网络属性

② 控制方式选择 通过现场操作柱或操作箱上的三位置选择转换开关来选择系统的工作方式，任何时候只能处于一种工作方式。胶带输送机和叶轮给煤机、环形给煤机在运行的时候，工作方式不可改变。在操作员站监控系统画面上可以由显示灯来表示系统当前的工作方式。

集控方式下，按下操作员站监控系统画面上的启动/停止控制按钮，各条皮带按设好的程序启停，启动允许信号可以由逆煤流的前一条皮带启动一段时间后给出，停止信号可以由顺煤流的前一条皮带停止一段时间后给出，时间设定与胶带运行速度有关，以胶带上煤流全部卸载完毕为最佳。

③ 模拟量的处理 胶带输送机的运行状况在原料煤运输中起着重要作用，因此，有效地监测故障，及时采取预防措施，避免重大事故发生，尽量减少损失是非常必要的。胶带输送机常见的故障有以下几种：跑偏、打滑、断带、撕裂、堵煤等，同时为了避免一些无法监测的而又非常恶劣的事故发生，在胶带输送机的沿线，每隔 80～100m 设置一个拉线急停开关。根据监测各种故障的传感器类型或方法，并确定了输出信号类型。故障信号分为两类：一类为数字信号，当输出为"1"时，即是报警信号，收到信号后，对信号进行处理，或是皮带紧急停机，或是只发出声光报警，当输出为"0"时，胶带运行正常，无故障发生；另一类为模拟量信号，传感器输出的模拟量信号是标准的电压或是电流信号，通过模拟输入模块，将电压或电流信号转化成数字形式，但是需要知道它所测的真实值，如温度传感器，输出 9V，需要得到 9V 对应的温度值，因此需要对输入 PLC 的数值进行处理。

参 考 文 献

［1］ 高正中，张仁彦，隋涛，等. 西门子 S7-200 PLC 编程技术及工程应用. 北京：电子工业出版社，2010.

［2］ 赵全利，等. 西门子 S7-200 PLC 应用教程. 北京：机械工业出版社，2014.

［3］ 黄志坚. 液压伺服比例控制及 PLC 应用. 北京：化学工业出版社，2014.

［4］ 徐意. 基于 S7-200 PLC 的变频调速电梯控制系统的研究. 杭州：浙江工业大学，2010.

［5］ 王藤. 基于 S7-200 PLC 的闸门卷扬启闭机智能测控系统设计与研究. 昆明：昆明理工大学，2013.

［6］ 章宏义. 基于 LabVIEW 的泵-马达综合试验台 CAT 系统研究与开发. 广州：广东工业大学，2012.

［7］ 章宏义，黄志坚. 基于 LabVIEW 的齿轮泵性能测试与分析. 液压与气动，2012，（2）.

［8］ 阳胜峰，吴志敏. 西门子 S7-300/400 PLC 编程技术. 北京：中国电力出版社，2010.

［9］ 廖常初. S7-300/400 PLC 应用技术. 第 3 版. 北京：机械工业出版社，2011.

［10］ 黄志坚. 液压控制及 PLC 应用. 北京：中国电力出版社，2012.

［11］ 马平. 基于 S7-300 PLC 的车门包边机控制系统研究. 秦皇岛：燕山大学，2013.

［12］ 刘叶浩. 基于 S7-300 PLC 的加热炉控制系统设计. 武汉：武汉工程大学，2015.

［13］ 牛占卫. 基于双 S7-300 PLC 卡轨车冗余控制系统的研究与实现. 石家庄：河北科技大学，2014.

［14］ 张庆忠，占敏. 西门子 S7-400 系列 PLC 在原料煤储运系统中的应用. 变频器世界，2014，（8）.